///////////// 设 / 计 / 人 / 类 / 学 / 丛 / 书 /////////////

主　编：段胜峰　　执行主编：李敏敏　　执行副主编：王胜利

设计学与人类学

Design and Anthropology

【英】温迪·冈恩（Wendy Gunn）
【澳】杰瑞德·多诺万（Jared Donovan）　编

陈　兴　史芮齐　译

中国轻工业出版社

图书在版编目（CIP）数据

设计学与人类学 /（英）温迪·冈恩，（澳）杰瑞德·多
诺万编；陈兴，史芮齐译. —北京：中国轻工业出版社，
2021.4

ISBN 978-7-5184-3311-7

Ⅰ.①设… Ⅱ.①温… ②杰… ③陈… ④史… Ⅲ.①
设计学—研究②人类学—研究 Ⅳ.① TB21 ② Q98

中国版本图书馆 CIP 数据核字（2020）第 247901 号

责任编辑：李　红　　责任终审：张乃东　　整体设计：锋尚设计
策划编辑：毛旭林　　责任校对：朱燕春　　责任监印：张　可

出版发行：中国轻工业出版社（北京东长安街6号，邮编：100740）
印　　刷：三河市万龙印装有限公司
经　　销：各地新华书店
版　　次：2021年4月第1版第1次印刷
开　　本：720×1000　1/16　印张：22
字　　数：300千字
书　　号：ISBN 978-7-5184-3311-7　定价：58.00元
邮购电话：010-65241695
发行电话：010-85119835　传真：85113293
网　　址：http://www.chlip.com.cn
Email：club@chlip.com.cn
如发现图书残缺请与我社邮购联系调换
180141K2X101HYW

创造性与知觉的人类学研究

丛书编辑：蒂姆·英戈尔德，英国阿伯丁大学

本系列丛书探讨了人类社会和文化生活中，感知、创造力与技能之间的关系，其共同目标在于超越人类学和物质文化研究的既定方法，这些已有的方法将人类居住的世界视为完整物体的存储库，这些物体已经存在并可用于分析。与上述方法不同的是，本系列丛书关注的是创造过程，不断地把这些物体带入存在，也不断地把与物体纠缠的人们带入存在。

所有的创造性活动都需要动作或姿态，本系列丛书特别关注于理解这些创造性活动和它们所产生的铭文之间的关系。同样，在考虑人工制品的历史时，这些研究并非将它们作为已完成的物体纳入人际关系网络，而是突出了制作者兼使用者的技能，以及随之而来的转变。

本系列丛书将以跨学科为导向，持续关注跨学科实践：关注与其他学科一起做人类学的方法，而不是做从属于这些学科的人类学。通过跨学科的人类学，本系列丛书的目的在于达到一种既全面又渐进的理解，与其说是致力于实现最后的综合，不如说是致力于开辟探索的道路。

本系列其他书目

《想象风景：过去、现在、未来》编者：莫妮卡·雅诺夫斯基、蒂姆·英戈尔德

《重绘人类学：物质、运动、路线》编者：蒂姆·英戈尔德

《与景观对话》编者：卡尔·本尼迪克森、卡特琳·安娜·伦德

《步行的方式：民族志和步行的实践》编者：蒂姆·英戈尔德、乔·李·弗根斯特

编者

温迪·冈恩

丹麦，南丹麦大学

杰瑞德·多诺万

澳大利亚，昆士兰科技大学

撰稿人简介

贝娜迪特·布洛格（Benedicte Brogger），挪威工作研究所研究主任，挪威商学院创新与经济组织学院副教授。她的研究兴趣在人类学、行动研究、创新研究之间的交叉领域。布洛格在贸易和加工行业的企业发展进程中广泛开展工作，并在马来西亚和新加坡的华人中进行了长期的实地考察。近期，她的文章发表在《社会人类学》（2009）、《挪威人类学杂志》（2010）、《经济与工业民主》（2010）等期刊上。

雅各布·布尔（Jacob Buur），马斯·克劳森研究所（Mads Clausen Institute）设计教授，"桑德堡参与式创新研究中心"（SPIRE）研究主任。他研发了通过"行动研究"吸引用户进行设计的方法，并率先使用视频来连接用户研究和创新。在此之前，布尔在丹佛斯公司管理"用户中心设计小组"已有十年。他为挖掘机设计了操纵杆，为加热和制冷控制器以及变频器设计了用户界面。布尔是《设计视频：聚焦以用户为中心的设计过程》（斯普林格出版社，2007）的联合编辑，并撰写了大量与设计和创新的参与式流程相关的文章。

丹尼斯·戴（Dennis Day），南丹麦大学语言与交流研究所副教授，具有语言人类学的背景。他的研究兴趣主要围绕交际障碍、通信技术、全球化交际过程的民族学方法论和谈话分析研究。近期，他的文章《会员分类分析》发表在卡罗尔·夏佩尔（Carol A. Chapelle）所编的《应用语言学百科全书》（布莱克威尔出版社，2012）中。

杰瑞德·多诺万（Jared Donovan），昆士兰科技大学交互设计专业讲师。他的研究兴趣包括：设计人类学、人类互动手势、手势界面和有形交互。他最近在南丹麦大学马斯·克劳森研究所完成了"桑德堡参与式创新研究中心"的博士后研究，主要关注以用户为中心的设计和设计的关键方法。

史蒂芬·多雷斯蒂恩（Steven Dorrestijn）在特文特大学进行博士研究。他的博士研究侧重于技术产品对用户行为的影响。

他认为，如果能够预见这种影响，设计实践会大大改善。为实现这一目标，他的论述着重于：①制定一个框架来预测产品对用户实践的影响；②将该框架转化为设计实践；③系统地解决由行为导向产品的明确设计而产生的道德问题。2005—2006年，多雷斯蒂恩在法国政府的资助下到巴黎学习哲学；2004年于特文特大学科学、技术、社会哲学专业硕士毕业。他曾在《哲学与实践》（2008）和《哲学与技术》（2012）等期刊上发表文章。

佩尔·埃恩（Pelle Ehn），瑞典马尔默大学艺术与传播学院教授。他的研究兴趣在于设计、信息技术、民主与参与。出版作品包括：《面向工作的计算机人工制品设计》（劳伦斯·埃尔鲍姆出版社，1988）；《参与式设计和民主化创新》（与埃林·比约文松Erling Bjorvinsson、皮—安德斯·希尔格伦Per-Anders Hillgren合著，参与式设计会议，悉尼，2010）；同时，他也是《设计事物》（麻省理工学院出版社，2011）的作者之一。

温迪·冈恩（Wendy Gunn），南丹麦大学马斯·克劳森研究所设计人类学副教授。她的研究兴趣包括：环境感知和物质文化，学习与知识传统，信息理论与系统开发。目前，她正与汤·奥托（Ton Otto）、瑞秋·夏洛特·史密斯（Rachel Charlotte Smith）合作编辑《设计人类学：

理论和实践》（此书现已出版，译者注）。本书从人类学家参与"设计人类学"发展的角度考虑了该学科的新兴领域。

克劳斯·哈弗（Claus Have）的研究兴趣集中在参与过程中"出现"，以及作为关系活动的自发性问题。他在丹麦DACAPO剧院小组工作多年，该小组以论坛剧院传统为基础，旨在促进组织内部的转型。

保罗·赫克特（Paul Hekkert），代尔夫特理工大学工业设计学院形式理论专业教授。他的研究兴趣包括：产品体验、美学、社会设计、设计驱动创新。赫克特与马修·凡·迪克（Matthjis van Dijk）合著了《设计愿景：创新者指南》（BIS出版社，2011）。

蒂姆·英戈尔德（Tim Ingold），阿伯丁大学、社会人类学专业教授。他在拉普兰开展了民族志实地考察，并撰写了关于北极圈的环境、技术、社会组织，进化论，人与动物关系，语言和工具使用，环境感知和技术性实践等相关文章。他目前正在探索人类学、考古学、艺术和建筑之间的交叉领域。他最新的著作《活着：运动、知识、描述论文集》于2011年在劳特利奇出版社出版。英戈尔德撰稿并编辑了《重绘人类学》（阿什盖特出版社，2011）。他的文章《英国中石器时代晚期的空间建造》发表在奥布里·坎农（Aubrey Cannon）所编的《结构化世界：猎人——采集者思想和行动的考古学》（伦敦春分出版社，2011）一书中。

凯尔·基尔伯恩（Kyle Kilbourn），南丹麦大学技术与创新学院体验设计专业副教授。他从事福利技术开发的研究项目，包括"医院设备的自动消毒"和"病患在家"项目。他的研究兴趣包括：理解设计经验，设计与人类学的交叉点，以及医疗保健中的交互设计。

梅特·吉斯列夫·柯斯加（Mette Gislev Kjærsgaard），奥尔胡斯大学

文化与社会研究所博士后研究员。2011年，她以论文《实际与潜能之间：设计人类学的挑战》在这所大学获得了博士学位。她的研究兴趣包括：设计与创新过程、跨学科合作、人类学方法论。

亨利·拉森（Henry Larsen）在与拉尔夫·斯泰西（Ralph Stacey）、道格拉斯·格里芬（Douglas Griffin）、帕特里夏·肖（Patricia Shaw）的合作中，获得了他的第二个博士学位，研究复杂的反应过程。他的研究旨在从参与研究者的角度来理解组织动态。近期作品：文章《进入未知的风险与实践》发表在帕特里夏·肖和斯泰西编辑的《在机构变化中经历风险、自发性、即兴创作》（劳特利奇出版社，2005）一书中；文章《即兴剧院对机构变化的贡献》发表在拉塞·布尔·拉斯穆森（Lasse Buur Rasmussen）所编的《交互方式》（彼得·郎出版社，2009）一书中。

莱斯利·麦法迪恩（Lesley McFadyen），伦敦大学伯贝克学院考古学讲师。她从事史前建筑学，考古学与建筑学之间的思想史。近期作品：文章《练习、绘图、写作、物体》，发表在蒂姆·英戈尔德所编的《重绘人类学》（阿什盖特出版社，2011）一书中；文章《在英国中石器时代晚期建造空间》发表在奥布里·坎农所编的《结构化世界：猎人——采集者思想和行动的考古学》（伦敦春分出版社，2011）一书中。

汤·奥托（Ton Otto），澳大利亚詹姆斯·库克大学的教授和研究负责人，丹麦奥尔胡斯大学的人类学和人种学教授。1986年以来，他一直在巴布亚新几内亚进行实地考察。他的研究重点是社会和文化变革问题，包括宗教运动、政治和经济转型、战争、传统和身份政治、自然资源管理以及设计和干预过程。

他还撰写有关方法论和认识论问题的文章，并通过展览和电影参与到物质文化与视觉文化之中。他近期的作品包括：系列书籍《整体主义实验：当代人类学的理论与实践》（与尼尔斯·布班特Nils Bubandt合编，威利—布莱克威尔出版社）；两部电影《恩加特已逝：太平间传统研究》（与克里斯蒂安·苏尔·尼尔森Christian Suhr Nielsen、史蒂芬·达尔斯加德Steffen Dalsgaard合导），《文化实现团结》（与尼尔森合导）。

约翰·雷德斯托姆（Johan Redstrom），瑞典乌默奥设计学院教授。他的研究结合了哲学和艺术方法，侧重于实验设计和批判实践。近期出版书籍包括：《实践设计研究：实验室、现场、展厅》（与依波·科申Ilpo Koskinen、约翰·齐默尔曼John Zimmerman、托马斯·宾德尔Thomas Binder等合著，摩根·考夫曼出版社，2011）；《XLAB》（与阿格·埃里克森Agger Eriksen、宾德尔等合著，丹麦设计学院出版社，2011）。

麦克斯·罗尔夫斯塔姆（Max Rolfstam），瑞典隆德大学设计科学学院博士。他目前在奥尔堡大学商业与管理学院担任副教授，研究兴趣包括创新和创新政策，特别关注制度影响创新的可能性。罗尔夫斯塔姆曾在《国际公共部门管理杂志》和《科学与公共政策与创新：欧洲社会科学研究期刊》等期刊上发表文章，并参与了欧盟委员会发布的部分出版物。

格里耶·谢尔德曼（Griet Scheldeman），兰卡斯特大学环境中心博士后研究员。2006年，她在圣安德鲁斯大学获得社会人类学的博士学位，研究与糖尿病和胰岛素共存的年轻人的生活。为此，她在苏格兰和比利时进行了实地考察。最近，谢尔德曼开展了"理解步行和骑自行车"项目（由英国工程物理科学研究会资助，2008—2011年）的民族志研究部分。这是一个多学科项目，旨在调查人们在英国的可持续交通实践。她的研究兴趣集中在人与环境关系中的感知和创造过程。在挪威研究理事会的资助下，她目前在北极地区探索极地科学家野外实践中的创造力和即兴创作时刻。

尼可·特隆普（Nynke Tromp），代尔夫特理工大学博士研究员。她在代尔夫特理工大学获得了工业设计工程学士学位和交互设计硕士学位。2007年，凭借硕士论文《设计社会凝聚力》，以"优等学业成绩"毕业，并对设计师解决社会问题的可能贡献进行了初步探索。她的博士研究旨在为设计师提供知识和工具，使其可以为了社会利益，刻意设计产品对人类行为固有的隐性影响。

彼得-保罗·韦尔贝克（Peter-Paul Verbeek），特文特大学哲学学院技术哲学专业教授，国际硕士研究生项目"科学、技术、社会哲学"的主任。他是期刊《技艺：哲学与技术研究》的编辑，同时是"哲学与技术学会"的董事会成员。韦尔贝克的研究侧重技术的社会、文化角色、人与技术关系的伦理，以及人类学方面。他近期出版了书籍《事物做什么：对技术、代理、设计的哲学思考》（宾夕法尼亚州立大学出版社，2005），在这本书中他分析了技术如何调节人类的行为和经验，以及工业设计的应用。他还与其他学者合作编辑了系列书籍《用户行为与技术设计——塑造消费者与技术的可持续关系》（斯普林格出版社，2006），内容有关技术与行为之间的相互作用，及其与技术设计和环境政策的相关性。

杰米·华莱士（Jamie Wallace），奥尔胡斯大学丹麦教育学院博士研究员。他的研究涉及工作生活的物质性，以及通过物品、技术、工具、材料来塑造工作实践的方式。他自己的专业领域涉及工程设计师和实践艺术家的相关领域。前期研究包括为设计师提供民族志研究，作为他的博士论文《不同的发明事项：设计工作是不同设计人工制品的转换》（2010）的论据。目前，他从事的民族志工作旨在影响新技术对教师和护士的实践。

前　言

　　本书的目的是挑战传统的关于设计和创造力本质的思考，在某种程度上承认人们的即兴技巧和感知敏锐度。本书结合理论调查和基于实验的实践文档，解决了有关设计和使用实物过程中方法创新的问题。在研究设计实践和使用实践之间的关系时，本书强调了合作在社会劳动中的重要性，设计的创造性来源于生产实践。具体来说，当前的人类学理论关于创新与即兴创作，交易、交换与人格之间的制度划分，这些理论被用于研究物体在技术或其他语境中所采取的形式，给予生产和消费过程中所处的性质以及社会组织应有的重视。我们认为，设计和制造是交织在使用的日常语境之中的。本书的主题在理解设计、生产、使用之间的关系，作为需要专门技能的参与形式。

　　策划本书的一个核心概念是为学科的相似性和差异性提供一个交会场所——"设计人类学"新兴领域的从业者可以在此互相学习。重要的是，通过将相似点和不同点结合起来，我们希望开辟一条探究之路，探究将人们吸引到设计过程和实践中意味着什么。本书分为三个主要部分："用户—生产者的感知"，需要专门技能的设计和使用实践，人与物之间的关系。每一部分都有一个导论，作为促进本部分作者对话的催化剂。导论作者蒂姆·英戈尔德、约翰·雷德斯托姆、彼得-保罗·韦尔贝克，分别具有人类学、设计学、技术哲学的背景，他们通过作者已经回答的基本问题来构建每个部分。

　　作者具有不同的学科背景是本书的一个积极的特点。我们认为，研究的重要之处在于所提出的问题应该通过实质性研究的结果来解决，而不是纯粹的抽象。作者为全球学术界和产业界的研究人员，他们被要求为扩展学术界和产业界对民族志实践的理解，以及为"设计人类学"新兴领域制定研究议程的长期研究目标而撰写篇目。在这本书中，作者把事物的形成置于更广泛的社会和环境语境中。

人类学、考古学、哲学、设计、工程、创新和戏剧研究等领域的研究者提供了各种理论见解，涉及人类感知、技能和创造力、设计和使用之间的相互关系，即兴创作和创新之间的区分，以及更广泛的用户群体参与事物设计的过程和实践。

本书是若干研讨班和工作坊的成果：南丹麦大学马斯·克劳森研究所新成立的"桑德堡参与式创新研究中心"（SPIRE）举办了一系列研讨会；2009年9月7日到9日在阿伯丁大学举办的"设计人类学"工作坊；2009年9月至12月，由斯特拉斯克莱德大学主办的"斯特拉斯克莱德大学高级研究所"（现为苏格兰大学洞察力研究所，是苏格兰六所大学的正式合作伙伴）举办的"为生活设计环境"系列工作坊；阿伯丁大学人类学系"设计人类学"的博士课程。我们要感谢所有的课程老师和参与者。

我们感谢蒂姆·英戈尔德、约翰·雷德斯托姆、彼得-保罗·韦尔贝克对各章节初稿所做的评论。本书的初稿得益于一位匿名审稿人的评论。最后能完成此书，要感谢雅各布·布尔和"桑德堡参与式创新研究中心"为我们提供了鼓舞人心的研究背景和慷慨的财政支持。

温蒂·冈恩、杰瑞德·多诺万

桑德堡，布里斯班

2012年8月

目 录

插图目录

第一章　设计人类学：导论

温迪·冈恩　杰瑞德·多诺万

　　"设计人类学"是一个新兴的领域，由多种实践构成。在大学教育方面，制度语境促进了不同的教授设计人类学的方法。在"桑德堡参与式创新研究中心"（Sonderborg Participatory Innovation Research Center，SPIRE），我们作为合作研究团队的成员，与具有人类学、设计、工程学、语言和沟通、商业和创新研究背景的研究人员一起工作。在此背景下，设计人类学实践旨在激发不同规模的不同设计方式，例如产品、服务、政策，以及工作关系。作为研究人员，我们与学生、公共部门、私营部门一道，经常发现自己面对的是与民族和地方相关的新情况，涉及的问题并不总是预先设定的。在本书的导论中，我们提出了一个设计的概念，远离以问题为导向的方法，远离一个使用环境的标准轨迹，远离"提出问题—解决问题"的套路。相反，我们认为世界更加多样化，我们需要囊括多种语境和实践。

　　与那些有着不同认知和行为方式的人交往，涉及自我的转变。无论是在人类学和设计的知识传统中，还是在设计师和用户之间，处理差异也需要发展参与的技能。与他人交往的核心是找到方法，想象自己进入另一个人的世界。然而，这并不意味着一个人想要成为另一个人，而是他们想要从彼此的实践中学习，以便建立更紧密的关系。我们认为，在使用与生产、设计与使用、人与物之间建立更密切的关系时，需要摒弃以问题为导向的设计方法。

通常，人们使用事物，远远超出了设计师的预期，这意味着在消费过程中人们会积极干预产品和系统的配置。因此，设计的过程不是强加结局，而是允许日常生活继续下去。根据蒂姆·英戈尔德（Tim Ingold）的相关理论，这种设计方法要求设计过程和实践中更灵活、有远见和富有想象①。

灵活的结构总是对环境中正在发生的波动做出反应，并且是不可逆转的，即它们不能恢复到原来的状态。远见不是预测未来，而是对不断变化的环境做出反应。至于想象，英戈尔德提出了一个问题，设计师的思考、梦想、想象是如何与那些将参与设计输出的人的实践联系在一起的？

本书的作者来自人类学、设计、哲学、考古学、工程学、戏剧和创新研究的不同分支学科。为了将这些知识传统之间的差异和相似融汇在一起，编辑要求作者聚焦三大主题：建立使用和生产、设计与使用、人与物三个层面之间的关系；目的是激发作者之间的对话，讨论在设计过

---

① 作为研究活动的一部分，本书的编辑在2009年组织了系列工作坊。其中一个校外研究项目为"为生活设计环境"。该项目的重点在于人们如何在日常生活中意识到他们与环境的联系和设计的意义。参与者包括学术界、商界、政界的代表。"桑德堡参与式创新研究中心"的项目成员对如何将两种不同的环境概念联系起来的辩论特别感兴趣：一、围绕着我们生活的环境；二、一个被投射的而不是生活的世界。

程和实践之间建立关系的潜力，以及人们在使用实践中所作所为的流动性。支撑我们探究的观点在于人、物、环境之间有意义的关系在日常活动中是从内到外地呈现的，因此，使用成为设计的一种形式。这种方法挑战了设计者的角色是物品创造者的观点。

在本书第一部分的导论中，英戈尔德提出"用户兼生产者"的概念，建立使用和生产之间的关系。他认为，在"发生"（enactment）的过程和实践中，人们成为熟练的实践者，而不是消费者。把产品或系统的被动消费者看作熟练的从业者，这一观念的转换实则是对消费者的概念提出了挑战，并关注挪用和技巧的本土化实践。将用户重新概念化为（或有可能成为）产品和系统的熟练实践者，需要不同的构思、设计、制作方案，使得人们能够在一生中发展技能，使此技能更丰富，而不是被削弱。在此实践中，通过使用，一个有意义的关系得以产生。英戈尔德构建本书第一部分的基本问题有：生产是否等同于制造，在观念中把它视为已完成的事物？还是像生活本身一样，将生产更好地理解为一种继续进行的过程？

被它相继产生的事物打断而不是终止？使用是否等同于消费？使用是否意味着磨损和（或）耗尽设备和材料？使用纯粹是工具性的吗？或者使用是将事物纳入一种习惯的活动模式的问题？

在工业革命期间，为了回应经济状况，实践的重点是设计和寻找最佳解决方案，使用还未被问题化。在本书第二部分的导论中，约翰·雷德斯托姆（Johan Redstrom）讨论到为了将过时的设计方法抛之脑后，需要对关系形式有不同的理解。为了在设计和使用之间建立关系，必须重新审视形式和相关行为的概念。他认为，设计和使用之间的对立，是形成了一定规模的产业，大规模生产和大规模消费的历史产物，是一个过渡状态，而非设计的基本条件。他提出了两个基本问题：为什么设计与使用的关系的不同形式如此难以表述？随着时间的推移，设计和使用之间的关系又如何？

为了理解（和建立）人与物之间的关系，彼得-保罗·韦尔贝克（Peter-Paul Verbeek）扩展了"中介"（mediation）的方法，在这种方法中，物体调节人，人调节物体。根据韦尔贝克的说法，这种中介的方法在过去几年中一直在发展，为人与物的主要分离提供了一种选择。这种方法已被用于指导设计实践，使设计师能够预测产品如何帮助塑造人类经验和人类实践。然而，为了进一步探讨物质事物与人格之间的关系，中介的方法应得到扩展。他提出了两个方向：一个方向是囊括人类和（技术）产品的配置和重新配置；另一个方向是与哲学人类学的传统建立联系。第三部分讨论的基本问题有：如何将人与物的关系概念化？"设计人类学"如何包含人与物的关系以及物的物质性？

桑德堡参与式创新研究中心

在写作和教学之余，本书的编辑还积极参与到"桑德堡参与式创新研究中心"的活动中。在以用户为中心的设计团队经过十五年的研究的基础上，将该中心设于南丹麦大学马斯·克劳森研究所。早在20世纪90年代，雅各布·布尔（Jacob Buur）和托马斯·宾德尔（Thomas Binder）便在丹佛斯公司（Danfoss）组建了研究小组，研究活动建立在斯堪的纳维亚参与式设计、行动研究、扎根理论、活动理论、民族方法学、人类学、哲学的基础之上。

在"参与式创新"的调查中，我们一直关注如何让有可能被排除在外的人们参与到协同设计和参与式创新活动中来。作为研究人员，我们都对实践如何指导理论进行探究，以及对理论本身又是如何成为实践的一种形式感兴趣。这当然提出了若干问题：学科取向如何影响我们对设计和使用实践关系的理解和构建？人类学家和设计师作为一个合作研究小组的一部分，是如何通过了解他人的实践来学习他人的实践的？

在"桑德堡参与式创新研究中心"的科研活动中，我们与不同学科、外部公司、工业伙伴、公共部门、当地社区保持长期密切合作。在我们的日常研究实践中，本书编辑参与到了"并置差异"和"整合事物"之中。将不同的知识和制度结构"并置"（juxtaposition）是对比和生成形式的正式方法①。按照佩尔·埃恩（Pelle Ehn）的说法，"整合事物"是指将设计和使用的示意动作更紧密地结合在一起。重点放在事物是如何形成的，而不是集中在设计的物品。设计和使用的示意动作被认为是向前和动态的动作，与人们在日常活动中实际做的事情的持久连续性相关，而不是回溯性的。我们参与到"室内气候和生活质量"项目当中，"桑德堡参与式创新研究中心"使我们能够合作探索有关环境的两种含义之间的困境——一种源于"技术—科学"的话语，导致解释灵活性下降；另一种属于本土化实践，具有多重意义。与此同时，我们关心的是人们在遇到环境控制系统时，如何参与和协调"持久连续性"。

在设计过程和实践中，挑战在于让那些被排除在外的人参与进

---

① 感谢我们的同事本·马修斯（Ben Matthews）和亨里克·斯普罗德（Henrik Sproedt）关于"并置"的评论，在研究合作和工作场所设计中，对比和避开了"固定性"。"并置与相互依存：合作活动和工作室设计"，桑德堡参与式创新研究中心研讨会，2010年10月。

来，设计时要承认人们的感性敏锐度和即兴创作技巧。正如一位参与者讨论道，"如果房间里都没有人，那么谈室内气候和生活质量就毫无意义"①。

因此，设计使行动成为可能，并允许通过持续不断的使用在实践中越发熟练。例如，在合作时，要重新规划室内气候产品和环境控制系统的开发中可以进行哪些创新，研究人员、公司合作伙伴、室内气候系统的用户对各种"类型问题"进行反思（本书第七章《从物品到可能性》）。类型问题包含在整个"室内气候和生活质量"项目当中，以唤起和激发人们对经验中其他被视为理所当然的方面的思考。类型问题这样被提出，使得在制作的过程中能够得到一个开放的反应。为了在这样一个开放式的设计实践中有所作为，研究者必须了解什么是"预先构建的"（pre-structured），什么是日常生活中正在发生的流动。把设计和使用向前的、示意动作归到一起，使得我们把创新的概念和物品看作是"及物关系"（transitive relations）。及物关系成为整体流动的一部分，在此过程中，设计涉及把我们和他人的生活联系起来。在这些实践中，在帮助人们想象和参与事物如何形成的社会和过程方面，材料发挥着核心作用。当然，流动性中存在摩擦和约束，但这正是即兴发挥的作用所在。

---

① 2010年，克里斯蒂安·克劳森（Christian Clausen）和温迪·冈恩参加了在"桑德堡参与式创新研究中心"举行的一系列室内气候工作坊活动。与此同时，研究人员在丹麦各地对工作坊参与者进行了广泛采访。采访时考虑到下列问题：知识如何（或有没有办法）从工作坊转移到更广泛的组织结构和系统中？公司和大学研究者在"室内气候与生活质量"的工作坊中学到了什么？

熟练的创新

　　对于创造潜力的需求，意味着我们的理论过程和产品应具有可生成的特征。这种方法不同于对新事物的创新描述，即回顾所做的事情的过程[①]。"回顾过去"导致对创新的描述着眼于以前的行为，且不同于人们生成形式的生活现实。根据英戈尔德的说法，回顾过去是正在进行的即兴创作的对立面，是对已经发生的事情的反应。相比之下，熟练的实践者参与到制作过程中，会通过流动和向前的动作创造形式。根据英戈尔德的说法，熟练的实践不是强迫他人。熟练的制造行为取决于对材料特性的理解；制造的创造性在于制造本身。制造总是处在转化的过程中，是流动的、即兴的。因此，制造让位于使用和设计，制造是一个进行的过程，其中的事情实际上并未完成。

　　正如他所说："完成永远不会结束。"相反，意义是在创造中产生的，技能不仅在于知道该何时把握，还在于知道该何时何地放手。英戈尔德关于理解技能的关键论点在于灵巧性。在尼古拉·伯恩斯坦（Nikolai Bernstein）的研究之上，他提出熟练和不熟练的区别在于熟练的从业者会不断调整他/她的动作来应对新出现的任务。动作不断地与任务的性质相协调。熟练的实践的核心是工作中的不确定性，而不是确定性和协调感知和行动。与"确定性"对立，在"不确定性"中工作，会不断地影响判断和灵巧性。不确定性的工艺包括边学边做，而不是先学后做。因此，行动不能被理解为一个人诉诸行动的、头脑中的一套指令。像这样的规则，并不是在行动的过程中调整，而是在其中形成。不

---

① 我们首先关注的是事物是如何形成的，而不是追溯创新的来源（从产品、服务或流程开始，然后向前追溯）。有关"设计人类学"中以物品为导向的研究方法，可参阅艾莉森·克拉克（Alison Clark）最近编辑的书目。

确定性的工艺具有叙述的品质，工具是有故事而非仅有功能，动作是通过实践习得的。

学习人类学和设计

人类学何时何地可以为设计实践提供信息？设计又何时何地可以为人类学实践提供信息？两个学科有完全不同的特性。每个学科都有其各自的方法和方法论。不过，这两个学科的从业者全都意识到互相学习的好处。然而，这并不意味着学科之间的区分可以模棱两可。在设计的合作过程中，从事"设计人类学"的人类学家带来了什么？从事"设计人类学"的设计师又带来了什么？

要回答何时何地事物呈现出不同的样态这一问题，人类学家带来了过程性的理解，给人一种不同的方式向前推进、思考、联系使用和设计的示意动作、民族和组织、工具、所有权、知识交易和转化。人类学家能够将理解变为当下的活动。人类学概念会带来惊喜；重建假设和关系。正如梅特·吉斯列夫·柯斯加（Mette Gislev Kjærsgaard）讨论道，在"设计人类学"的实践中，人类学的理论、概念、工具、分析框架可以作为整个设计过程的指导，而不是局限于设计开发的早期阶段。对于这两个学科而言，挑战在于找到描述新兴过程和非固定类别的方法。

共同努力

在人们的理解和行为过程中，人们并不总是以概念工具来表达关系、交易、价值、张力。参与到"设计人类学"之中，需要发展人们的人类学能力，以便重新构建设计师和用户、研究者和设计师、公司和消费者之间的关系，给参与到实践中的人们以不同的方式来理解自己的所作所为。正如詹姆斯·利奇（James Leach）谈论道，这能导致关系的重新配置和培养人们的人类学能力，同样也能导致由之前的关系构成的"过渡"（transitions）。民族志观察可以参与到协同设计的过程和实践中，促进相互影响并重建假设。民族志观察可以是一种参与的形式，也可以是"过渡"实践的一部分。这就为民族志实践的积极发展指明了方向，民族志实践有潜力成为改革实践的一部分，使相互学习成为可能。在设计过程中涉及民族志，并不意味着孤立的观察，相反，实践的展开是关注人与人之间的合作，并缩小观察和理解之间的差距。把民族志观察囊括到"设计人类学"之中，其作用在于揭示差异与跨界，以便让人们有一个更练达的方式知晓他们的行为，并提出多种不同的理解。

人类学能从设计中学到什么

设计是一个将人们聚集在一起的过程。在设计的合作过程中，将技术科学实践与非专业实践并置是可能的。这需要材料来证明科学技术模型不起作用。慢慢和人们接触，花时间和他们在一起，思考的材料不仅是记忆工具——这些材料也使社会关系成为可能。编织在一起的形式是混乱的，涉及材料、协作、制定、行动、操演的多样性。提供放慢进程的场所，朝向在行动中反思，为转变打开了微小的入口。这些都是不稳定的时刻，可以作为挖掘可能性的一种方式，揭示隐藏的含义，在小空间和大空间之间建立联系。

通过并置定量和定性的知识，产生的设计和人类学的联系可以重构可能性和创新潜力。这些实践并非具象的。在一起做东西的过程中，人们有可能"在彼此不了解的情况下，共渡难关"①。在这样的设计过程中，价值和自我的转换依赖于不同材料之间的持续运动（本书第十二章《民族志的新兴人工制品与设计的进程性参与》）。杰米·华莱士（Jamie Wallace）指出，除非在日常生活中，将知行分离，否则图像和物体之间不可能有联系，在思想和物质之间也没有界线。通过他的材料音符，他记录了非语言的流动过程，让人们参与到设计的过程中。他的材料音符也提出了一种在实践中记录转变的方法。在着手手头工作之时，设计不仅仅是设计师头脑中产生并在设计中实现的认知过程，设计也与材料的组合方式相关联，与此同时，办公室里的协作团队的运作方式也是社会性的。

小写的设计、大写的人类学（dA）

大写的设计、小写的人类学（Da）

大写的设计、大写的人类学（DA）

在七年的时间里，我们已经熟悉了不同的理解和实践设计人类学的方法。这些理解和实践依赖于方法论和学科的定位：dA（小写的设计、大写的人类学）——其理论贡献在于人类学，而非设计。就理论理解方

---

① 这句话为阿曼达·拉弗茨（Amanda Ravetz）在"桑德堡参与式创新研究中心"的研讨会上的评论。在斯特拉思克莱德大学的苏格兰高级研究所举办的"为生活设计环境"工作坊（一）和工作坊（二）中，参与者使用了各种各样的设计材料：视频剪辑、修补材料、A型框架、交叉比较的设计主题纸、木炭和纸张。我们面临的挑战是让参与者参与进来，使他们能够在为我们的研究做出贡献的同时，从他们的贡献中学到一些东西。通过材料来制作物品，探讨质疑技术科学概念的舒适性的设计主题。对许多参与者来说，挑战在于找到对材料做出反应的方法，并使这个过程中产生的想象变得有形。作为"桑德堡参与式创新研究中心"的研究人员，理解居住在"室内气候"意味着什么，也是研究领域的一部分。

面，设计跟随着人类学，或成为人类学研究的对象。Da（大写的设计，小写的人类学）——为设计服务的实地考察，框架设计源于以问题为导向的设计方法，而不是与人打交道。人类学为设计服务，譬如民族志研究用于确定设计要求。DA（大写的设计，大写的人类学）——设计和人类学，两个学科是相互学习的成果集合。

DA是一个转变，从人类学指导设计，到在设计和人类学中重新构建社会、文化、环境关系。

也许已经很清楚，我们对"设计人类学"的理解是为了把大写的设计和大写的人类学结合起来。当然，本书中的各个章节对于二者各有侧重。重要的是，"设计人类学"是一个新兴学科，不属于任何一个学科，也不是某个学科的下属学科。

从设计中来，与设计融合，为了设计（of, with and for design）

设计的人类学是为了人类学的理论发展，依赖于"设计人类学"的工作。产业的人类学关注的是在某一产业中，事物如何发生变化。某一产业的人类学是为产业服务的。研究必须有意义，人类学家个人的阐释也许不是最相关的。与产业融合的人类学关注于做人类学，以及与和你一起进行研究的人沟通是必不可少的。通过人类学和产业的融合，研究人员的目标是实现一种全面的、循序渐进的理解，与其说是为了实现最终的综合，不如说是为了开辟探索的道路。人类学和产业的融合，意味着研究过程中，需要与不同的人一起学习，涉及不同种类的实验活动、工具、理论概念、材料。来自设计的人类学和为了设计的人类学，关注用户的当下世界以及设计师的需求。相反，与设计融合的人类学，要求我们与人和设计师打交道，并与之建立联系，要求从业人员考虑过去、现在、未来之间的持续性。

这对设计和人类学教育意味着什么？

经过两周的理论与实践相结合的"设计人类学"博士课程，所有课程参与者——来自阿伯丁大学人类学系和"桑德堡参与式创新研究中心"，被要求对他们的学习进行反思①。作为参与课程设计的老师，我们问学生，他们在"设计人类学"的博士课程中发现了哪些设计和人类学的价值，他们会如何建议改进博士课程？

他们在博士课程中发现的价值有：建立和参与不同学科之间的关系；扩大向非专家阐明其研究的方法；分享的韵律；适应和参与理论；看待自己研究的不同方式；共享嵌入式预期；促进协作结构；理论与实践的平衡；认识到各领域之间的互补性；创造性摩擦；参与分歧；实现群体的潜能；在互动中学习；发现设计和人类学学科的互补性；一起放松的活动，如爬山和航海②。

---

① "设计人类学"博士课程的目的：以一种承认人的即兴技巧和感性敏锐度的方式，挑战关于设计和创造力本质的传统思维。本课程结合理论调查和基于实践的实验，在一系列的研讨会中，探讨了在设计和使用事物的过程中有关方法创新的问题。与来自学术界和产业界的国际研究人员合作，博士生们被要求为扩大学术界和产业界对民族志实践的理解，为"设计人类学"这个新兴领域制定研究议程等长期研究目标做出贡献。课程的第一部分于2010年3月22日—26日，在阿伯丁大学人类学系进行；第二部分于2010年5月3日—7日，在"桑德堡参与式创新研究中心"进行。

② 共有38名学生参加了课程，他们的专业包括人类学、设计、工程学、计算机科学、认知科学、建筑学、物理学、语言与通信、考古学、创新、设计和组织研究。学生来自巴西、丹麦、英国、荷兰、瑞典、美国、澳大利亚、新西兰和芬兰。

设计人类学

设计人类学是一个关注设计技术的新兴领域，通过关注动态性能及动作与感知的耦合（相对于传统的关注心理计算操作），构建并增强人的具体技能。这一领域的研究跨越了从工业设计、人类运动研究和生态心理学，到社会文化人类学的广泛领域。从人类学的角度来看，它与四个领域产生了共鸣，这些领域正在产生该学科中一些最令人兴奋的新工作：生产和使用中的交流与人格，对熟练实践的理解，感官的人类学，以及日常生活的审美。

正如英戈尔德谈道，"设计人类学"与物质文化研究是不同的。物质文化研究质疑生产与消费的分离，以及设计优先于使用。

这种方法与市场研究驱动的设计人类学不同，设计人类学的作用是发现可以包装成消费品和服务的潜在需求。设计人类学关注的是不同的设计方式和不同的设计、使用的思维方式。设计人类学是一种具有批判性的参与，可以看作是一个框架工作（本书第十章《人类学实地研究与设计潜力》）。如汤·奥托（Ton Otto）所说，设计人类学走向的是行动，走向的是人类学而不是民族志。设计人类学是一个在理论与实践、距离与亲近之间来回游离的学科。如加特（C.Gatt）所说，设计人类学使人们关注"命题""新兴领域""启发""方法论革新"。设计人类学实践者同材料、环境（这可以是社会性的）、其他从业人员打交道——这个三角形的核心在于技术制造。在此，技术可以看作是一根绳子。

设计人类学实践

参与设计人类学实践的人类学家与设计师合作，研究如何将设计置于行动的社会语境中。他们挑战描述和描述过程之间的边界。参照乔治·马库斯（George Marcus）对柯斯加博士论文的评语，设计人类学关注的不仅仅是一个事物的设计。相反，它关注的是洞察力的制度化，如何使洞察力变得有形，如何跟踪可交付的成果。如华莱士所说，"跟踪"（tracing）跟随着设计过程中材料与事物的多样性、流动、转变。设计人类学涉及"人"与"地"，研究的问题并不总是预先设定的。设计人类学的实践包括对设计的物质参与和建设性批判，从而使设计过程处于不断地转变之中。如柯斯加所论，设计是被发展的，而不是被构建的；实践设计人类学处于挑衅者（provocateur）和分析者的交叉点。

设计人类学实践是一种行为表现，即在做动作的同时试图理解动作。实践是联系关系的另一种方式，这可能导致在点与点之间重新绘制线条，并将不同的时间线交织在一起，因此，知识交流的形式很重要。

设计和使用的示意动作

在本书中，设计与使用的示意姿势（gestures of designing and using）不是分离的，也没有明确定义的事件。相反，设计和使用的示意动作（gestural movements）被呈现为一个永恒的展开和流动的姿态。正如玛克辛·希茨–约翰斯通（Maxine Sheets-Johnstone）之前所论道，在诸如舞蹈的即兴创作活动中，姿态和动作对想象和预期很重要。她认为舞蹈的即兴创作对于分享不同的舞蹈方式很重要。通过在运动中思考，思想可能在运动的行为中产生。在讨论平原印第安人时，布伦达·法内尔（Brenda Farnell）认为，表情和姿态是动态身体实践的核心，在这种实践中，运动的感觉来自身体，而不是设想中的姿态支持语言表达。

"设计人类学"是一种让不同的方法走到一起的途径，然而这并不依赖于中介，相反，设计和使用的姿态在一起移动。作为示意动作，将人们引入设计过程并不涉及人们在日常活动中实际做了什么。"设计人类学"关注的是让人们在进行日常实践的同时，能够让他们继续前进的具体事物，以及他们理解技术、系统、计划的方式。感受人们使用实践中的示意动作，需要理解"律动"（rhythm）的概念。运动和姿态对于想象是很重要的，通过关注律动，就有可能通过时间来分析身体。律动是一种截然不同的创造性行为，它允许变化和对比，是对瞬间的反应而不是对重复性的追求。

姿态是如何通过动作的组合来表达，而不是对声音的支持，这直接引起了人们对表演行为的关注。分享不同的运动方式意味着思想可能通过运动的行为发生。法内尔让我们把表情和姿态看作是动态的具体实践。如果我们也这样来考虑设计，设计和使用的姿态是通过动作的组合来表达的，而不是对声音的支持。

乔·李·弗根斯特（Jo Lee Vergunst）之前谈道，语言是后动力、后运动的。这样思考能帮助人类学家和设计师在从事"设计人类学"时，从另一个角度在设计和使用之间建立更紧密的关系。

连接过去、现在、未来

英戈尔德挑战了设计对预测和投射的关注，他认为设计并非关于"抵押品赎回权的取消"（foreclosure），而是与人、与环境和谐相处的过程。基于对环境的两种不同理解（一种基于科学认知；另一种基于通俗认知），他的论点导致了不同的含义：第一，一个现象世界（即我们用感官体验的东西）；第二，理解为地球，预先给定的物质世界。他坚持认为，生活在我们周围的环境中，设计在投射与运动之间的张力中存在着问题。

通过把大写的设计和大写的人类学联系起来，人类学把对过去的理解带到了现在。然而，这是一个比设计史通常给出的时间更宽泛的时间框架，以便理解现在和走向未来。"设计人类学"关注的是在过去、现在、未来三者之间建立部分联系，你现在所做的即是过去的一个愿景，以便向未来迈进。"设计人类学"能为人类学和设计做出至关重要的贡献。设计人类学不仅停留在批判话语的领域，还可以提供建设性的批评，旨在重新思考设计和创新的含义。这样的设计提供了一个特定的人类学——以研究为基础的实践与批判，成为中介的一种形式，既不附属于人类学，也不附属于设计，而是在人们转型和定位的过程中，产生的一些不同的东西。以这种方式参与"设计人类学"实践能带来变革，并基于之前讨论过的关键定位，来重塑假设，重新构建使用与生产、设计与使用、人与物之间的关系。

参考文献

Bernstein, N.A. 1996. On Dexterity and Its Development, in *Dexterity and its Development,* edited by M. Latash and M.T. Turvey. Mahwah, NJ: Lawrence Erlbaum Associates, 3-244. Excerpt from Essay 1: What is Dexterity? 19-24.

Buur, J. 2011. About SPIRE. *Proceedings of the Participatory Innovation Conference,* 13-15 January 2011, Sonderborg, Denmark, 431-2.

Buur, J. and B. Matthews. 2008. Participatory Innovation. *International Journal of Innovation Management,* 12(3): 255-73.

Clark, A. (ed.) 2011. *Design Anthropology: Object Culture in the 21st Century.* Wien, New York: Springer.

Clark, B. 2007. Design as Sociopolitical Navigation: A Performative Framework for Action-Orientated Design (PhD dissertation, Mads Clausen Institute, University of Southern Denmark).

Donovan, J. 2011. Framing Movements for Gesture Interface Design (PhD dissertation, School of ITEE, The University of Queensland).

Ehn, P. 1993. Scandinavian Design: on Participation and Skill, in *Participatory Design: Principles and Practices*, edited by D. Schuler and A. Namioka. Hillsdale, NJ: Lawrence Erlbaum Associates.

Ehn, P. 2010. Drawing Things Together. *Proceedings of EASST 2010.* Practicing Science and Technology, Performing the Social, University of Trento, Trento, 2-4 September 2010.

Engestrom, Y., Miettinen, R. and Puna, R. 1999. *Perspectives on Activity Theory.* Cambridge: Cambridge University Press.

Farnell, B. 1994. Ethno-Graphics and the Moving Body. *Man: Journal of the Royal Anthropological Institute,* 29 [n.s.], (4): 929-74.

Farnell, B. 1999. Moving Bodies, Acting Selves. *Annual Review of Anthropology,* 28, 341-78.

Farnell, B. 2000. Getting Out of the Habitus: An Alternative Model of Dynamically Embodied Social Action. *The Journal of the Royal Anthropological Institute,* 6(3): 397-418.

Glaser,B.J. and Strauss, A.L. 1967. *The Discovery of Grounded Theory: Strategies for Qualitative Research.* Chicago: Aldine Publishing.

Gunn, W. (ed.) 2009. *Fieldnotes and Sketchbooks: Challenging the Boundaries between Descriptions and Processes of Describing.* Frankfurt Am Main: Peter Lang.

Gunn, W. and Clausen, C. 2010. Transformation within Knowledge Practices: Challenging Taken for Granted Assumptions of What it Means to Inhabit Indoor Climate. *Proceedings of EASST 2010.* Practicing Science and Technology, Performing the Social, University of Trento, Trento, 2-4 September 2010.

Gunn, W., Donovan, J. and Pedersen, J. 2010. Provotypes as Catalysts for Enabling Dialogue across Disciplines: Moving from Objects to Possibilities. SPIRE working paper. Sonderborg, Denmark: Unpublished paper.

Halse, J. 2008. Design Anthropology: Borderland Experiments with Participation, Performance and Intervention (PhD dissertation, IT University of Copenhagen).

Harris, M. (ed.) 2007. *Ways of Knowing: New Approaches in the Anthropology of Knowledge and Learning.*

Oxford: Berghahn Books.

Ingold, T. 2000. *The Perception of the Environment: Essays in Livelihood, Dwelling and Skill.* London: Routledge.

Ingold, T. 2011. *Being Alive: Essays on Movement, Knowledge and Description.* London: Routledge.

Ingold, T. and Hallam, E. 2007. Creativity and Cultural Improvisation: An Introduction, in *Creativity and Cultural Improvisation,* edited by E. Hallam and T. Ingold. Oxford: Berg, 1-24.

Ingold, T., Anusas, M., Grout, I., et al. 2009. Designing Environments for Life Programme Report. [Online]. Available at: http://www.scottishinsight.ac.uk/ Programmes/Pastprogrammes/DesigningEnvironments.aspx [accessed 16 March 2012].

Kjærsgaard, M.G. 2011. Between the Actual and the Potential: The Challenges of Design Anthropology (PhD dissertation, Department of Culture and Society, Section for Anthropology and Ethnography, University of Aarhus).

Latour, B. 2005. From Realpolitik to Dingpolitik, or How to Make Things Public, in *Making Things Public: Atmospheres of Democracy*, edited by B. Latour and P. Weibel. Cambridge, MA: The MIT Press, 14-41.

Leach, J. 2009. Choreographic Objects: Traces and Artefacts of Physical Intelligence. [Online]. Available at: www.beyondtext.ac.uk/index.shtml [accessed 17 March 2012].

Leach, J. 2010. Intervening with the Social? Ethnographic Practice and Tarde's Image of Relations between Subjects, in *The Social after Gabriele Tarde: Debates and Assessements.* London: Routledge, 191-207.

Lefebvre, H. and Regulier, C. 2004. The Rhythmanalytical Project, in *Rhythmanalysis: Space, Time and Everyday Life.* London: Continuum, 71-83.

Macdonald, M., Ingold, T. and Gunn, W. 2002. Learning is Understanding in Practice: Exploring the Interrelations between Perception, Creativity and Skill. AHRC Research Award Application B/RG/AN8436/APN14425.

Marcus, G.E. 2011. Rethinking Ethnography as a Design Process. [Online]. Available at: http://www.ethnography.uci.edu/ethno_design and http://ethno charrette.wordpress.com/ [accessed 17 March 2012].

Mogensen, P. 1991. Towards a Provotyping Approach in Systems Development. *Scandinavian Journal of Information Systems,* 3, 31-53.

Nafus, D. 2008. Why Designing Relationships is Better than Designing for the Bottom of the Pyramid. Paper presented at *Subversion, Conversion, Development: Public Interests in Technologies.* CRASSH (Centre for Research in the Arts, Social Sciences, and Humanities) at the University of Cambridge, 24-26 April 2008.

Nafus, D. and Anderson. K. 2010. Writing on Walls: The Materiality of Social Memory in Corporate Research, in *Ethnography and the Corporate Encounter: Reflections on Research in and of Corporations.* New York: Bergahn Books, 137-57.

Nygaard, K. 1975. Kunnskaps-Strategi for Fagbevegelsen. *Nordisk Forum,* 10(2): 15-27.

Nygaard, K. 1977. The Iron and Metal Project. Trade Union participation. *Proceedings of the CREST Conference on Management Information Systems.* London: Cambridge University Press.

Rabinow, P. and Marcus, G. (with Faubion, J.D. and Rees, T.) 2008. *Designs for an Anthropology of the Contemporary.* Durham, NC: Duke University Press.

Reason, P. and Bradbury, H. (eds) 2008. *The Handbook of Action Research: Participative Enquiry and Practice.* London: Sage.

Schon,R. 1983. *The Reflective Practitioner: How Professionals Think in Action.* London: Temple Hill.

Sheets-Johnstone, M. 2011. *The Primacy of Movement.* Expanded second edition. Amsterdam, the Netherlands: John Benjamins Publishing Company.

Shove, E. and Walker, G. 2007. Caution! Transitions Ahead: Politics, Practice and Sustainable Transition Management. *Environment and Planning A,* 39(4): 76370.

Smith, N.D. 2011. Locating Design Anthropology in Research and Practice: PhD workshops provoke expansion of cross-disciplinary horizons, in preconference proceedings. The Doctoral Education in Design Conference 2011, Hong Kong Polytechnic University, Hong Kong, 23-25 May 2011. [Online]. Available at: www.sd.polyu.edu.hk/docedudesign2011/doc/papers/300.pdf [accessed 19 March 2012].

Suchman, L. 1987. *Plans and Situated Actions: The Problem of Human Machine Communication.* Cambridge: Cambridge University press.

Vygotsky, L.S. 1978. *Mind in Society: The Development of Higher Psychological Processes.* Fourteenth edition. Cambridge, MA: Harvard University press.

Wallace, J. 2010. Different Matters of Invention: Design Work as the Transformation of Dissimilar Design Artefacts (PhD dissertation, The Danish School of Education, University of Aarhus).

Wittgenstein, L. 1953. *Philosophical Investigations.* G.E.M. Anscombe, trans. Oxford: Basil Blackwell.

第一部分

∨

使用与生产

导论：用户—生产者的感知

蒂姆·英戈尔德

I

你坐在一张铺有桌布的餐桌前吃早餐。在桌布上，差不多就在你鼻子的下方有一个碗，碗的右边有一个勺子。稍远点，一个罐子里装着牛奶，一个硬纸盒里装着你最喜欢的麦片。你拿起盒子，往碗里倒一些麦片，行动即将开始。

但这是多么危险的表演啊！从盒子里倒出适量的麦片已经够难了。许多人试图通过挤压盒子的内衬纸来解决这个问题，做一个漏斗，把麦片输送到碗里。我养成了一个会让有洁癖的人感到震惊的习惯：我把手直接伸到盒子里，从里面抓出一把麦片，分量刚刚好。但是，在没有打翻盒子和把里面的东西倒在地板上的情况下，你看上去几乎没有问题。下一步，你要往碗里倒牛奶。现在，牛奶罐子比麦片盒子好得多。它有一个把手，你可以把罐子拿起来，并牢牢地握住它；它有一个外缘，当你把牛奶倒出来的时候，可以引导牛奶的流动。但是，完成上述动作后，仍然有一滴液体留在瓶口上，没有什么能阻止它从罐子的外沿流下来，最终流到你干净的桌布上，把桌布弄脏。当你开始吃早餐时，真正的挑战开始了，因为你需要用勺子。你用拇指、食指、中指握紧勺子的一端，把有椭圆凹面的另一端放进碗里。当你把勺子再提起来时，里面装满牛奶，还有一堆摇摇欲坠的麦片。这堆不稳定的东西，得从碗边送到嘴边，不能有任何洒溅。这意味着在整个过程中，要保持勺子的凹面完全水平。即使是最灵巧的食客也很难完全做到这一点，桌布上有一些溢出的牛奶和麦片几乎是不可避免的。最后，当你把勺子从嘴里拿出时，你的嘴唇必须合上，确保没有东西滴出来。然后把嘴唇擦干净，再开始下一勺。

简而言之，早餐餐桌，如果不是障碍的话，它就什么都不是。然而，餐桌上的一切，或多或少都是经过精心设计的：盒子、罐子、碗、勺子、桌布。当然，还有桌子和椅子。

餐桌，至少是我们习惯的餐桌种类，是令人尴尬的东西。它们要不就是太大，要不就是太小。当你要起身离开时，它挡住你。它的表面很脆弱（这就是为什么我们需要桌布），桌腿总会撞到人的小腿或夹住脚趾。正如设计理论家、著名家具制造商戴维·佩伊（David Pye）曾经说过，在某些绝望的情况下，一张合适的餐桌"大小和高度应该是可变的，可以移动，不受划痕的影响，可以自我清洁，而且没有腿"。至于椅子——由于"坐"并不是一种顺应人体姿势的动作，所以没有哪把椅子不会给人带来一定程度的不舒适感，而坐着的人必须尽其所能去调整。我坐在椅子上，通过前倾来解决这个问题，这样可以使我的背部挺直，更好地保持平衡。然而，这个动作的结果就是椅子的后腿会抬离地面，很容易绊倒后面的人。餐厅的侍者得小心了！

上述所谈的设计问题给我们留下了一个难题。当然，作为个体，我们希望能够实现需求和愿望。我们想要过得舒服，活得健康。我们希望事情都简简单单，并不复杂。那么，设计的目的不就是要使设计出来的东西满足人们的需求吗？心理学家唐纳德·诺曼（Donald Norman）在文章《新科技的主要作用》（"A Major Role of New Technology"）中写道"应该让任务变得更简单"。只有像潘格罗斯博士（Dr. Pangloss）那样乐观的人，才会承认他已经成功地实现了这一目标。毫无疑问，这位在伏尔泰（Voltaire）中篇小说《地狱》（*Candide*）中被讽刺的伪哲学大师，才能想出一大堆理由，为何这些让身体扭曲的椅子、会夹住脚趾的桌腿、会洒出牛奶的罐子、打翻的燕麦盒子、水流水淌的勺子是这个"所有可能世界中最好的世界"的"最好的设计"。但是，伏尔泰想让我们看到，这些理由总是虚假的。那么，如果设计在让万事变得完美的方面失败了——而且还失败得如此惨烈。那我们是否能得出结论，设计的真正目的应该是完美的对立面：设计的目的是制造障碍，我们不得不接受挑战，运用技能和足智多谋来克服困难？也许设计的目的并非解决问题，而是制定游戏规则。

在一篇引人注目的原创文章中，设计哲学家威廉·傅拉瑟（Vilem Flusser）提供了解决这一难题的线索。他探索了"设计"（design），以及其他与设计相关的词，如"机器"（machine）、"技艺"（technique）、"巧计"（artifice）的词源后，得出结论，设计的根本在于狡诈和欺骗。"一个设计师"，他写道"是一个诡计多谋，设下陷阱的人"。每个设计物品都以提供解决方案的形式呈现出一个问题，以此来设下陷阱。因此，我们误以为汤匙可以解决如何把食物从碗里送到嘴里的问题，而实际上是汤匙决定了我们应该这么做，而不是直接把碗拿到嘴边。我们误以为椅子能让我们坐下，而实际上是椅子决定了我们应该坐着，而不是蹲着。我们误认为桌子就是给盒子、罐子、碗勺提供支撑的解决方法，而实际上是桌子让我们期待把事物摆放在那样的高度，而不是直接摆在地上。操纵勺子，坐在椅子上，在餐桌旁就餐，这些是需要多年训练才能掌握的身体技能。这些东西并没有让事情变得更容易。

II

作为事物的创造者或发明者，设计师其实就是一个骗子。他的领域并非追求完美，而是管理不完美。他的道路就像神话中的代达罗斯（Daedalus）一样，总是像迷宫一样弯弯曲曲的，从不笔直。实际上，我们很难从另一个角度去看待设计。如果世界是完美的，怎么会需要设计？如果一切目的都已满足，怎么会需要手段？如果没有缺陷，怎么会需要寻求补救？根据圣经故事的字面解读，上帝创造了世界，以及所有居住在世界上的生物。但是，当你考虑到生命体的错综复杂时，你就会好奇，为何上帝要给自己找这么多麻烦？例如，几个世纪以来，博物学家一直对眼睛的结构和工作方式感到惊奇。许多人把眼睛当作活生生的证据，证明任何被赋予如此天赋的生物一定是由某种超然的或神圣的智能所设计，不然一种如此完美的，协调视觉的装置怎么会自动出现呢？1802年，著名的神学家和哲学家威廉·佩利(William Paley)在一篇名为《自然神学——或源于自然现象的上帝的特征和存在的证据》(*Natural Theology—or Evidences of the Existence and Attributes of the Deity Collected from the Appearance of Nature*) 的论文中提出了这方面最著名的论点之一。佩利也认为，眼睛一定是上帝设计的，让它的承载者能够看见。他也足够精明地注意到，这位"设计者——上帝"不仅解开了视觉之谜，而且也提出了视觉的迷惑。

如果万能的造物主决定赋予他的创造物感知自身无法触及的远处物体的能力，那么，他大可以简单地把这种能力强加在他们身上，而不是走一条迂回的道路，从被感知的物体的不透明表面反射光线，再通过透明物质折射光线，从而刺激与大脑交流的内膜。同理，他也可以赋予他的创造物一种听觉的能力，而不必设计出像耳朵这样复杂的仪器。"这一切都是为了什么?"佩利感到疑惑，并继续讨论道：

> 为什么要为了克服困难而去制造困难呢……既然权力是万能的，为什么还要用计谋呢? 从它的定义和性质来看，"发明"是不完美的避难所。求助于权宜之计，意味着困难、障碍、约束、权力的缺陷①。

佩利的回答是，通过设置和解决他自己的困惑，并通过在生物的设计中揭示这些解决方案，上帝向我们证明了理性智能的力量，以便我们可以模仿理性。换句话说，上帝把自然（Nature）创造成一个剧院，上演一场能让我们获益的智慧的艺术秀。实际上，成为一个自然的观察者，就是参加一个练习理性的大师班，从而按照上帝的形象把自己塑造成一个理性的人。

19世纪20年代，年轻的查尔斯·达尔文（Charles Darwin）是剑桥大学基督学院（Christ's College）的学生。他读过佩利的著作，并且也承认这本书给他留下了深刻印象。在他的自传中，达尔文写道，佩利的《自然神学》给了他阅读欧几里得（Euclid）同等的乐趣，这本书确实是

---

① William Paley. *Natural Theology: Evidence of the Existence and Attributes of the Deity, Collected from the Appearances of Nature*. Oxford: Oxford University Press. 2006. p.26.

他的必读书目中，为数不多的几本用处不大的书之一。"那时，我并没有为佩利的论述前提而发愁"，他回忆道"我相信他的前提，被这些冗长的论证所吸引和说服"①。达尔文从佩利那里学到了一种深刻的鉴别，即生物体适应其生活条件的多种方式，以及它们赖以生存的各种发明。然而，在一个众所周知的故事中，达尔文最终推翻了他的假设，即佩利整个论证的基础——那就是没有设计师，就没有设计。达尔文承认，生物体具有我们可能赋予人工制品的所有设计特性，甚至更多。但生物体并没有设计师。没有一个凡人，也没有任何神灵有意创造它们。相反，它们是通过进化而来的。稍后，我还会论述所谓的有机体和人工制品之间的区别，但在此之前，让我先概括一下佩利论证的步骤。因为虽然他基于生命形式对上帝存在的证明，可能已经被驳倒了，但是关于设计本质的假设却没有被驳倒。

佩利论述道，假如你在穿过一片荒地的时候，脚碰巧碰在了一块石头上。你在想石头为何会在那里，你可以简单地回答，它一直躺在那里，或者它的存在是永恒的侵蚀过程的偶然结果。也许，石头已经在土壤的基质中松动，被前面一个行人的靴子踢了起来。但是现在，想象掉在路上的是一块旧的、废弃的手表。你想，肯定是某人掉了手表。它暴露在风吹雨打之中，被不加注意的路人践踏，可能会破损得无法修复。你并不是钟表专家，你不知道零件的用途，也不知道它们在一起如何运转。但仔细一看，你会毫不怀疑，这件物品与石头不同，它是有用途的。因此，一定有一个或几个人，在某个时候、某个地方，怀着这个目

---

① Charles Darwin. *The Autobiography of Charles Darrin: From the Life and Letters of Charles Darwin*. Teddington, Middlesex: The Echo Library. 2008. p.14.

的，把它设计成达到这个目的的一种手段。佩利宣称"没有设计师，就没有设计。"同理，"没有发明者，就没有发明；没有选择，就没有顺序；没有事物，就没有对事物的安排；没有目的，就没有目的的附庸性；没有考虑过目的和实现目的的方法，就没有适合某一目的的手段和为实现这一目的而履行的职责"[①]。佩利认为，所有这些都"暗示着智慧和心智的存在"。

一块手表可能会因为意外而丢失或损坏，但没有一系列的意外事件能令人信服地把这块手表拼凑在一起。

III

现在，让我们假设一个概率更小的事，在进一步的研究中，你发现你找到的手表包含了一个机理——它的指针在表盘上移动时，同样的机理也会制造出与之相同的另一块手表。我们难道不能说第二块手表，虽然具有其前身的所有特性，但它并不是智能设计的产物，而是纯机械操作的产物吗？佩利立即反驳了这样的想法。他认为，我们认定这块手表是第一个、第十个、第一百个还是第一千个，或者这个系列究竟是有限的还是无限的，都没有关系，因为这个系列中的每一件东西最终都取决于它的原始设计——更值得注意的是，它现在还包括了一个额外的机理，允许每一块手表都是自身的复制品。因此，工匠"制造"（make）第一只手表的意义，与第一只手表"制造"第二只手表，第二只手表"制造"第三只手表（以此类推下去）的意义是完全不同的。因为前者

[①] William Paley. *Natural Theology: Evidence of the Existence and Attributes of the Deity, Collected from the Appearances of Nature.* Oxford: Oxford University Press. 2006. p.12.

是通过智能设计，后者是通过机械执行。我们可以更正式地说，离第N只手表最接近的成因是N-1只手表，而其最根本的成因是第0只手表，设计支配着第1只手表的制作。因此，在手表运行过程中，人们发现手表制造了一个自己的形象，这与我们最初认为手表是智能设计的产物相违背，这使得手表越发复杂。佩利的结论是，来自设计的论点只会加强，而不会削弱。

这里可以很明显地看到佩利对他的"自我复制手表"论述的走向！因为在周围的生物中我们都能看到它们的同类。假设，我们发现的不是一只手表，而是一只蠼螋。仔细观察便会发现，这是一个精确得令人惊奇的小东西，拥有所有赋予自我复制手表的属性，甚至更多。佩利继而论证道"每一个发明的迹象，每一个设计的表现，存在于手表，也存在于自然的作品之中；在自然物那里，区别更大、更多，且程度超过一切计算。"那么，还需要什么来进一步证明，在生物中神（Deity）的智慧在起作用呢？即使我们承认，这只特定的蠼螋复制了它直接前身的机制，而这个机制同时也是被塑造的（即便如此，我们可能会说"到处都是蠼螋"）但如果不是最初的概念使它定型，那么整个系列就不可能得到支持。

正是在这一点上，达尔文最终摒弃了佩利的论点。达尔文所要表明的是，在自然界中，"发明"的过程实际上是沿着整个系列无限延伸的，一代接一代，每一代都与上一代略有不同。而根据佩利的说法，神捉弄我们是为了显示他的力量，这是在神创造的一系列完全自我复制的物体之前完成的。

而且，正是因为复制的机制并不完美，导致了在传播设计元素中有了变异和重组的可能性，这样进化才会发生。设计元素之所以会变异和重组，是因为在一个有限的、竞争激烈的环境中，相较一成不变的设计元素而言，未来几代更倾向于呈现携带生物体繁殖的设计元素。这就是所谓的"自然选择"（natural selection）。

在当下的科学中，很少有评论家像理查德·道金斯（Richard Dawkins）那样直言不讳地倡导达尔文进化论。在众多赞扬进化论的理论中，道金斯又回到了佩利的手表。在其著作《盲眼钟表匠》（*The Blind Watchmaker*, 1986）中，他宣称自己就跟达尔文一样，是佩利《自然神学》的崇拜者。不过，道金斯认为，手表和生物体之间的类比是错误的。这并不是因为到目前为止，还没有设计出可以"自我复制"的手表——毕竟，佩利要求我们（纯粹仅是一个思维实验）想象出一款能够自我复制的手表；因此，如果生物体可以繁殖，那么佩利的手表也可以。也不是因为手表是机器（道金斯相信生物也是机器）。例如，蝙蝠是一台机器，"它的内部电子构造使得它的翅膀的肌肉能够追踪昆虫，就像一枚无意识的制导导弹追踪一架飞机一样"[①]。这个类比是错误的，原因只有一个：手表有设计师，而蝙蝠没有。

一个真正的钟表匠是具有预见力的：他设计齿轮和弹簧，利用心智之眼规划未来的用途，计划它们之间的联结。自然选择（这个达尔文发现的盲目的、无意识的、自动的过程，今天我们所知的、对于生命的存在以及看似有意图的生命形式的解释）本身是毫无目的性的。它没有心智，没有先见之明，甚至根本没有"视力"。如果非要说它在自然中扮

---

① Richard Dawkins. *The Blind Watchmaker*. Harlow, Essex: Longman Scientific & Technical. 1986. p.37. 此译文见（英）理查德·道金斯《盲眼钟表匠》，王德伦译，重庆：重庆出版社，2005年，第42页。

演了"钟表匠"角色的话，那么它就是一个"盲眼钟表匠"①。

让我们暂时把盲眼钟表匠放在一边，把注意力集中在有视力的钟表匠身上。从道金斯的叙述中可以立即看出，有视力的钟表匠既不去看也不去制造手表。他只是设计它们，在他寓言式的心智之眼中，配置它们的零件。看——道金斯详细论述道，在这里跟眼部的实际活动没有关系，跟光学原理也没有关系。而是同预见力，同计划的能力，同把心智里的素材再现出来的能力有关。事实上，就道金斯而言，一旦这款手表被设计出来，它就同和制造出来一样好了。在这一方面，道金斯与佩利是一致的——佩利同样只问了这款手表是如何设计的，而没有论述它可能是如何组装的，以及组装过程中涉及的工艺和灵巧程度。在自然界中也是如此，佩利的蠼螋出现在现成的场景中，所有的器具或"发明"（contrivances）都是为使用而准备的。道金斯也是如此，一旦你有了蝙蝠的设计，你就确实有了蝙蝠。对于一个生物而言，设计的进化（尽管是由自然选择而不是神的智慧引导），就是物种的进化，因为物种和它的设计本身就是同一的。

IV

但是，设计究竟在哪里呢？回到佩利的场景中，当你被石头绊住脚时，你遇到的是石头，并不是石头的设计。实际上，你很确定根本就没有"石头的设计"这一说法，因为石头没有形状上的规律，也没有任何

---

① Richard Dawkins. *The Blind Watchmaker*. ibid. p.6. 此译文见（英）理查德·道金斯《盲眼钟表匠》，王德伦译，前引书，第6–7页。

目的。但如果你遇到的是手表，那么一切就大不相同了，因为你很确定，总有一个制造这块表的人，如佩利所言"理解它的结构，设计它的用途"。然而，跟石头一样的是，你遇到的手表就是手表本身，而不是手表的设计。我们只是推测设计曾经存在于钟表匠的心智中。正是基于此推测，我们断定手表与石头不同，手表是一个人工制品。现在我们来考虑蠷螋，或者蝙蝠。当我们在森林道路上遇到蠷螋，或者在丛林中遇到蝙蝠时，我们看到的是物种本身，并非物种的设计。我们再次推测，物种也有设计，只不过设计并不那么明显地存在于生物体中。那么，这个设计，如果不在全能的造物主（Creator）那里，它究竟在哪里呢？

这个问题，只有一个答案"设计存在于正在观察的科学家的想象当中"比如说，蝙蝠的设计存在于正在观察蝙蝠的道金斯的心智之眼当中。蝙蝠的设计并非在蝙蝠出现之前就被设想出来，而是事后从对这种生物行为的系统观察中衍生出来的。事情就是这样，寻找任何可归因于当地环境条件特殊性背后的规律，根据这些规律，建立一个算法来模拟蝙蝠在任何可能情况下的行为，这就是你的设计。现在，想象这个设计是嵌入生物体的心脏之中的，就如同设计被编码于生物体的DNA中一样。观察生物体在特定环境中是如何发育的，很快，你会发现这种行为似乎就是由那特定的设计产生的。曾经的行为模式已经变成一种解释。这一过程的循环不再需要进一步阐释，而且在很大程度上继续对我们的思维产生影响。因此，所谓的上帝创造的"智能设计"与科学所认为的自然选择，二者之间的距离，只有一根头发那么宽。因为在自然选择的原则中，科学看到自己的理性完美地反映在自然之镜中。

我们并没有按照上帝创造的形象把自己塑造成一个理性的人，而是把自然本身塑造成科学理性的形象。

当然，我并不是说任何科学家就像工程师设计电子制导导弹系统那样设计过一只蝙蝠。没有设计工程师，肯定不会有任何导弹。但蝙蝠就是另外一回事了，没有科学家的观察，蝙蝠也会一样生存，一样进化。但对于蝙蝠的设计，没有科学家的观察，就不会存在。当像道金斯这样的科学家声称，这样的设计被编码进动物的DNA中，动物从DNA中控制自己的行为，就像已经接入了电子设备的导弹一样。他提出了一个来自设计的论点，这个论点同佩利自然神学中的任何观点一样有说服力。的确，正如科学社会学家大卫·特恩布尔（David Turnbull）所指出，对现代人来说，这一论点似乎是不言而喻的，几乎无人质疑。特恩布尔这样总结道："世界如此复杂，充满了像眼睛一样错综复杂的各种机制；因此，它必须有一个设计师"。把设计的最终职责归咎自然选择而不是上帝（正如特恩布尔错误地认为的那样），丝毫不会影响论证的逻辑，即没有预先设计就不可能有功能复杂性。然而，特恩布尔关注的不是生命形式的设计，而是建筑的设计。对建筑理论家而言，就像对进化生物学家而言一样，来自设计的论证在很大程度上仍然是含蓄的，深深植根于他们自己的研究前提中。

的确，一些理论家在他们对建筑设计的分析中，提出了好比生物学中达尔文理论的类比。比如说，如果把乡土建筑的形式理解为代代相传的重组元素的变异和选择的结果，那会怎么样呢？设计理论家菲利普·斯蒂德曼（Philip Steadman）已让人们注意到此举带来的明显错误后果。因为如果这样理解建筑，就完全抹杀了传统工匠对他们所建造的形式的创造性贡献。他们将沦为纯粹的中介，注定要在不知情的情况下实施他们头脑中的设计。斯蒂德曼认为，工匠的唯一目的在于引入小的、意外的错误（类似于突变）到设计的重生之中，就如同助产士的辅助功能意义。但是，即使将达尔文主义类比地应用于建筑艺术，其字面效果是消除了人类建造者的创造力，但它仍然给我们带来了一个来自设计的论证——即"形式"来自"设计"，尽管它们的建造者没有意识到，也没有参与到形式塑造之中，而只有经过分析训练的设计理论家才有能力表达这一论点。

这一假设，正是特恩布尔要挑战的。他认为，来自设计的论证"解释得太少而又太多"。一方面，设计不会神奇地转化为它们所指定的形式；另一方面完成形式需要人的工艺。特恩布尔把建造宏伟的哥特式沙特尔大教堂（Gothic cathedral of Chartres）作为主要例子，这显然是一个非常高级的工艺。

我们不确定这座教堂是否有过任何设计或计划；没有一个设计或计划存留下来，它们可能已经丢失或被损坏了。但即便有任何计划存留了下来，计划本身也没法变成一座教堂。教堂是由一群泥瓦匠的劳动创造出来的，他们的实际技能是经过长期艰苦的学徒训练磨炼出来的。钟表业的规模要小得多，但我们可以得出同样的结论。想象一下真正的钟表匠是如何工作的。在工作室里，它的眼睛密切而敏锐，他小心翼翼地把小齿轮和弹簧以及其他部件组装在一起。他很可能要用放大镜才能看清楚自己在做什么。在此之前，他需要制造一个又一个独立的零件，这一过程也需要同等的专注。一个真正盲眼的钟表匠，如果他的智力没有受到损害，原则上是可以设计出一块手表的。然而，仅凭预见力并不能制造出手表；因为你还需要训练有素的视觉和灵巧的双手。

因此，说来自设计的论证解释的太少，是因为它没有考虑到工艺。为了弥补这一缺陷，该论证假装所有熟练的实践最终都可以被分解成一个规则与算法的编码系统的连续输出。也正是在这一方面，这个论证又解释的太多，因为它"将能力归于他们不可能拥有的规则"。如特尔布恩所表明，中世纪大教堂建筑工人遵循的规则不能，也没有规定他们实践的每一个细节，而是根据当时形势的需要，工人可以精确地调整行动范围。这些工人只能边做边解决问题，佩利时代的钟表匠也是如此。不然，他们大可不必如此密切关注自己的行为。在这一方面，建筑工人和钟表匠的预见力（foresight），与从设计属性到设计师的论述是完全不同的。这不是一种先入之见（preconception），而是一种期待（anticipation）；不是预先决定事物的最终形式和到达那里所需的所有步骤，而是开辟新的道路和即兴创作的通道。从后一种意义上说，预见是照进（see into）未来的展望，而不是对未来的现状进行预测；它是看你要去哪里，而不是确定一个终点。这种预见力事关能力，而非断言。预见力也使得实践者能够继续下去。

V

在一个大胆的举动中，特恩布尔让我们将中世纪建造一座大教堂的工程，与今天在一个大型研究实验室里的工作进行比较。在实验室里，一组又一组的研究人员努力提升科学某个分支的知识。每个团队或多或少都是自主运作的，在来来去去的科研领导者的指导下，与所有其他团队保持联系，交换协议和程序、方法和设备、实验结果以及由此产生的新思维和思想的信息。

在所有这些活动中，出现了一座可识别为"知识体系"的大厦。但是这个大厦不是某个单独天才的智慧产物（完全由他的超群才智形成），也不是实验室一门心思致力的经验实证。而是由许多部分组成，并不完美地组合在一起，每一部分都会受到为其发展做出贡献的各个团队所特有的做事方式的制约，并由于它们之间的交流而拼凑在一起。

同理，一个伟大的中世纪建筑，如约翰·詹姆斯（John James）所写的沙特尔大教堂，"是许多人劳动的临时积累成果"。根据詹姆斯的说法，重建沙特尔的工作是在不少于九名石匠师傅的指导下，由几组工人，在三十多年的时间里，进行了大约三十次独立的短期作业。其结果便是，尽管它的外观宏伟且看似和谐，但仔细观察就会发现，它是一个由不规则处理和不完美匹配的建筑元素拼凑而成的作品。正如并没有建设科学知识大厦的总体规划一样，沙特尔的建筑也没有给一个无名建筑师的设想带来辉煌的结局。在这项工程进行的过程中，没有人能够预料到，它究竟会产生怎样的结果，在这个过程中会出现怎样的复杂变化，又应该设计出什么方法来处理这些变化。在没有原始设计的情况下，没有任何一个时刻我们可以认为这项工作已经完成了。事实上，和其他现存的同类建筑一样，修建和重建的工作一直持续到今天。尽管其动机是一种典型的现代主义的愿景，即希望永久地保存一种被想象为历史上已经完成的形式，一种原始设计的完美实现。

将现代科学与中世纪建筑进行比较，特恩布尔的目标是消除一种想法，即"区分"地看待过去的科技活动，譬如教堂的工程；也"区别"地看待当下的科技活动，譬如实验室里的科研。他提出，"过去和现在的技术科学都是特定、偶然、混乱实践的结果。"如果这一说法适用于现代实验室，那么同样适用于现代建筑。正如科学费了大量心血来区分思辨理论和实验实践，建筑学也费了大量心血来区分"设计"和"建造"。从文艺复兴时期开始，人们就认为建筑师的任务是构思出投影形式的几何轮廓，而建造者的任务则是将形式与材料结合起来。在最近的一篇权威文章中，西蒙·尤恩（Simon Unwin）把建筑定义为"意志赋予建筑物智力结构的决心",而建筑物是"物体实现的展示"。"一个建筑"就是一个产物。然而,这一假设提升了设计智力的作用,同时将建造工作简化为不需要动脑筋的执行,这掩盖了"混乱的实践"的创造性,而正是这种"混乱的实践"造就了真正的建筑。无论是素描、描摹、造型、挖掘、切割、铺设、固定还是连接,都涉及谨慎、判断、远见,并在世俗的力量和关系领域中进行。

在本体论的根本意义上,比如形式与实体之间,或智力概念与物理执行之间,并没有一个可以明确的"区分"标准。

但是,如果事物的形式没有被理想地预先描绘出来,如果它们不是强加于物质之上,而是通过力量和材料在不断发展的生命过程中产生,那么设计又会变成什么呢?如果有一个标准,该如何区分设计和制造呢?世界通过其栖息者的活动,永远在建设中,他们的任务是让生活继续下去,而不是完成一开始就指定的项目——在这样一个世界中,设计的意义究竟是什么?也许,我们可以把设计的过程比作绘画的行为。的确,在很多欧洲语言中(包括法语、意大利语、西班牙语),"设计"和"绘画"都是同一个词。保罗·克利(Paul Klee)有句名言,他把画画描述为带着一条线去散步。去散步的线条,不代表也不预设任何事情,它就是往下走着。葡萄牙著名建筑师阿尔瓦罗·西扎(Alvaro Siza)曾将设计师比作小说家,完全没有预想任何情节,而角色持续地、自顾自地往前走。小说家能做的只是去追随他的角色。作为一个设计师,西扎仍然画画;然而,绘制的线并不连接预定的点,而是打破了一条轨迹,不断地从它的尖端发射出去。

那么让我们承认设计同想象未来有关。然而,想象未来并非是去寻找结束和完结,这个想象是开放的,是关于希望与梦想,而不是计划和预测。简而言之，设计师就是捕梦人。他们轻装旅行，不受材料的阻碍，让线条追逐着转瞬即逝的想象，在离开之前控制住线条，把线条作为实践领域的路标，让制造者和建造者以费力且沉重的步伐去追寻。就像生活本身的意义，人类的努力总是在追逐梦想和哄骗物质之间保持平衡，在对梦想的期盼和被物质所牵绊之间保持平衡。然后设计可以衡量生命的尺度，那么制造在于它有能力发现世界的变化，并使之适应其不断发展的目标。设计师将目光投向远处的地平线，将现在视为未来的过去，而紧随其后的制造者是一位即兴大师，手头有什么，就能做什么。

VI

现在，让我们回到文章开头的早餐桌，简要介绍接下来的内容。之前我说过，桌子就像一个障碍训练场，在上面和周围的每个设计物品都是一个需要克服的障碍。然而实际上一切并没有那么困难，婴儿除外，他们正在学用勺子，且相对于桌子，他们的体型与为成年人设计的家具也不匹配。

这一切并不困难，是因为婴儿裹在襁褓里，桌子和椅子也并非成品来回应之前的设计，确保它们得以生产。的确，它们不是"物品"（objects），而是"事物"（things）。哲学家马丁·海德格尔（Martin Heidegger）在一篇关于"物"的著名文章中写道，物品与我们为敌，事物伴随着我们。物品本身是完整的，把我们拒之门外，只拿外表给我们看。但事物把我们吸引到它形成的运动中去。它收集，持有，给予。海德格尔举的例子是"罐子"，但他也有可能指任何餐桌上的东西，甚至餐桌本身，或者那把椅子。这些事物并没有完成，而是持续着它们的用途，在你生命延续之时，在你坐下来就餐之时。

诺曼所说的"日常用品的设计"并不是通过制造来达到目的的。因为日常用品是事物，而不是物品，要求它们彼此之间建立一种关系，这种关系本身由预期用途的叙述来定义。日常设计捕捉叙述，并将其固定下来，编排接下来的性能施展。如布置餐桌这样一个简单的任务，把碗、勺子、牛奶罐、麦片盒放进你的关系中，你就是在设计早餐。如果这样的设计有一个目的的话，那么它并不是要结束，而是打开一条通道，从你刚坐下来吃饭时，让事物的性能得以展现。第二章《作为熟练医护实践者的病人》的撰稿人，凯尔·基尔伯恩（Kyle Kilbourn）让我们思考设计的目标不是成品，而是终身参与的过程。在他的描述中，"设计师—实践者"是一名慢性病患者，他需要熟练地完成一些任务，比如连接透析机；通过针头给病人输液；阅读监测设备，并根据自己的身体感觉和律动来解读这些读数。在这里，所有人类经验的核心——预见能力和物质负担之间的张力，被放大到确定病人存在的程度。因此，基尔伯恩的对谈者之一，弗雷德里克（Frederick）每隔一段时间就必须使用透析设备，他梦到买船和远航。对于慢性病患者而言，这种治疗并不能确定最终治愈的步骤，它没有尽头。但它确实能使实践者（患者）继续下去。这个例子，以及其他的例子，被基尔伯恩喻为"我们设计的是一种体验自身的方式"。

丹尼斯·戴（Dennis Day）也认为在日常生活实践中存在着设计。在第三章《需要技巧的听力障碍》中，他把重点放在了有听力障碍的人身上，其中也包括他自己。当然，设计这些装置是为了弥补耳朵的缺陷，它们被称为助听器。通常情况下，有听力障碍的人被认为是助听器的潜在"用户"，而不是设计师自己。但如果想听得更清楚，还有很多我们时不时会采用的其他方法。比如，你可以靠近你想要听到的声源，转身面对它，将手放在耳后，取掉帽子（如果你戴了顶帽子）。

那么，让我们回想一下傅拉瑟的观点，助听器是否只是另一个在解决问题的过程中设置的陷阱呢？就像勺子阻碍了我们直接把碗拿到嘴边一样，助听器是否决定了我们听觉的距离？为什么我们不能简单地适应一个更安静的世界呢？对于那些听力受损，且随着年龄增长而难以觉察到病情好转的人来说，通过调大所谓的"助听器"音量，突然听到刺耳的声音，可能会引起他们严重的不适。丹尼斯·戴向我们表明，人们可以做很多事情来提高他们的听力，而人造设备却不行。人们可以通过重新安排环境中的其他人工制品，或寻求他人的帮助来提高听力。把人和物囊括到持续的活动中，是日常生活设计的一部分，在事物性能施展的预期与身体和物质媒介的振动之间游戏。

在第四章《毫不费力地滑过生活？表面与摩擦》中，格里耶·谢尔德曼（Griet Scheldeman）以城市街道为背景，通过行人运动的律动和流动与地面之间的摩擦所带来的体验，探索了设计与日常生活的相互作用。因为真正的街道并不像理想的城市规划或建筑设计的蓝图中所呈现的那样完美——优雅的简笔画伸展在街道上，它们有目的地、可预见地四处游走。在招投标书展示的设计完美的世界中，所有的任务都被简化了，所有的需求都被满足了，居民无事可做、无生活可过。招投标书呈现的只是模拟的图像。相反，真正的街道是一个不断即兴创作的地方，有血有肉的人们在工作中，在街道表面上投射他们自己的设计。例如，街道清洁工捡起垃圾，但让秋天的落叶、春天的花朵、夏天的荨麻和其他杂草从每条缝隙中发芽，这样行人就会注意到季节的变化，并为之欢欣。清洁工想让人们看到"大自然和生命，而不是柏油路和石头"。这里，清洁工就是在施展预见力，但绝对不是预测未来。他的远见，并不是建筑师或者城市规划师对明日城市的投射，并不是为了寻求结束或者完成，而是为生活寻找良机。

第五章《用户的即兴与设计，一个制度化观点》对撰稿人麦克斯·罗尔夫斯塔姆（Max Rolfstam）和雅各布·布尔（Jacob Buur）而言，规划者或设计师的正式目标，与所谓"用户"的实际和即兴设计之间，是不匹配的，这也是他们关注的核心。正如罗尔夫斯塔姆和布尔所证实，设计不仅提供解决方案，也会制定规则。用他们的话说，每一个设计物品都是一个"制度化的包袱"。比如桌椅，都带有一种制度化的期望，即一个人不应该从地板上吃东西；而勺子也带有一种期望，即一个人不应该直接从碗里吃东西。在罗尔夫斯塔姆和布尔给出的例子中，探讨的物品是反铲装载机，一种像拖拉机一样的建筑车辆，前面有一个宽大的装载机，后面有一个铲子，由驾驶室里的操纵杆来操作。

在实际操作中，这些机器的熟练使用者发现，"正确的、按部就班的操作顺序，比如按照最初设计者的意图挖沟，会导致一系列的中断，从而破坏了动作的流畅性。"为了重新建立操作的连续性，他们必须打破规则，同时操作装载机和铲车的操纵杆（而不是顺序操作），将车辆抬起离地（而不是使用稳定器），并将其向前移动（而不是驾驶）。装载机和铲子都不是用来提升机器的，操作人员也无法控制操纵杆，就好像要求他们同时面对两个不同的方向。上述操作并不符合设计原意，但却能以更高的效率完成工作。实际上，使用者通过即兴操作，成功地克服设计内置的障碍；通过列队行进的交叠动作，取代了预先设计的操作步骤。熟练的挖土机使用者不是从一个点走到另一个点，而是带着他们的机器散步。

最后，我提一个跟罗尔夫斯塔姆和布尔一样的问题：怎样才能"设计"出"即兴"呢？如果每一个新奇的设计物品都为我们设置了一个障碍，如果即兴就是在这些障碍之间画出一条路来，那么即兴的设计怎么可能不是一种矛盾呢？设计师如何才能从限制用户按自己的规则行事，转变为开放协商，并使用户的即兴干预带来机会，而不是威胁？设计师如何才能避免陷入"以用户为中心设计"的盲目乐观的谬误？在这样的设计理念中，用户仅仅是现成的、完全符合设计需求的消费者，而没有资格成为产品的设计师和制造者。设计师理想的先入之见，如何与那些注定要参与他们设计的产品的预期实践相一致呢？这些都是"设计人类学"要回答的核心问题。

参考文献

Darwin, C. 2008. *The Autobiography of Charles Darrin: From the Life and Letters of Charles Darwin.* Teddington, Middlesex: The Echo Library.

Dawkins, R. 1986. *The Blind Watchmaker.* Harlow, Essex: Longman Scientific & Technical.

Flusser, V. 1995. On the Word Design: An Etymological Essay (trans. J. Cullars). *Design Issues,* 11(3): 50-53.

Heidegger, M. 1971. *Poetry, Language, Thought* (trans. A. Hofstadter). New York: Harper & Row.

Ingold, T. 2011. *Being Alive: Essays on Movement, Knowledge and Description.* London: Routledge.

James, J. 1985. *Chartres: The Masons Who Built a Legend.* London: Routledge and Kegan Paul.

Klee, P. 1961. *Notebooks,* Volume 1: The Thinking Eye, edited by J. Spiller.

London: Lund Humphries.

Norman, D.A. 1988. *The Design of Everyday Things*. New York: Basic Books.

Paley,W. 2006. *Natural Theology: Evidence of the Existence and Attributes of the Deity, Collected From the Appearances of Nature*. Oxford: Oxford University Press.

Pye, D. 1978. *The Nature and Aesthetics of Design*. London: Herbert Press.

Siza, A. 1997. *Alvaro Siza: Writings on Architecture*. Milan: Skira Editore.

Steadman, P. 1979. *The Evolution of Designs: Biological Analogy in Architecture and the Applied Arts*. Cambridge: Cambridge University Press.

Turnbull, D. 1993.The Ad Hoc Collective Work of Building Gothic Cathedrals with Templates, String, and Geometry. *Science, Technology and Human Values,* 18(3): 315-40.

Unwin, S. 2007. Analysing Architecture through Drawing. *Building Research and Information,* 35(1): 101-10.

第二章　作为熟练医护实践者的病人

凯尔·基尔伯恩

　　医疗保健正从医院和诊所渗入日常生活，它扰乱了工作和娱乐，也不再局限于严格的医学领域。慢性病患者队伍不断扩大，而负责照顾患者的医护人员则显得不堪重负。解决方案之一，扩大医疗保健活动，为患者创造职责。对于在家的病人而言，这不仅仅是用绷带包扎伤口的问题。现如今，他们需要安装透析机、注射胰岛素，还要储备医疗用品。信息技术产生数据，这些数据则会转化为关于自己身体的有意义的知识。然而，随着所有这些变化，基本的及根本的问题却尚未得到解答。患者是谁？他如何度过日常生活？他采取什么策略作为医疗制度的一部分，并使自己远离这个制度？着眼于个人经验，患者通过自我护理来设计生活，把患者视为熟练的医护实践者。这种"视作"（seeing-as）的目的是应对设计挑战，并批判性地思考我们如何为医疗保健提供创新技术。认识到个体实践者层面的创新潜力，而不仅是系统创新，可能是一种前进的方式。在这种方式中，设计的目标不是成品，而是终身参与的过程。

关怀方式的转变

慢性病患者的增多改变了医疗保健实践的重要性和合法性。急性疾病尚可用严格的生物医学术语来理解，而应对慢性疾病则必须在日常生活中进行讨论。对慢性病护理感兴趣的是病人，而非医生。病人不是只支持一种护理模式，而是能在医疗保健方面推动更多的选择，由被动转向主动，会带来一些副作用，引入需要花费时间与精力的更多方案。需要明确的是，病人作为熟练的医护实践者并不是一个田园诗般的概念，仿佛从压迫性的专业人员手中解放了出来。恰恰相反，它展示了卡托·韦德利（Cato Wadel）所称的社会构建的性质和工作的定义，并指出了隐藏的或未经官方批准的工作。如果我们严肃看待病人在医疗保健中不断扩大的作用，那么他们不但会成为自己经验的设计者，还会成为技术发展的宝贵伙伴。

信息技术和个人医疗设备的引入破坏了狭隘的关系，在韦德利看来，需要一种新的实践方式来将其视为一个相互学习的系统。在此系统中，专业人员和客户都参与学习，并在参与式设计文献中得到呼应。阿琳·丹尼尔斯（Arlene Daniels）鼓励研究人员探索非传统工作实践，以此了解将其连为一体的"生活的社会结构"。病人及其家属不会因为他们要应对疾病而得到报酬，因此在某种程度上，他们作为护理实践的一部分，并不太受重视。肯顿·安鲁（Kenton T. Unruh）和旺达·普拉特（Wanda Pratt）将多个护理机构的系统整合在一起，展示了癌症患者的协调工作。在远程医疗中，病人及其家属被载入了医疗系统，而当我们着眼于远程医疗的广泛实施时，问题就变成了如何重新分配工作负担，以及我们应如何更好地支持它？

为探索病人的工作实践，以及熟练感知在人工制品、知识、社交的关系中的作用，我从各种观察和采访中摄取灵感。这些观察、采访的对象包括在家中进行自我护理的人们，以及一位在"以用户为中心"设计领域的硕士生导师所带的项目。家庭研究包括对家庭透析患者的视频访问和访谈，以及一个关于糖尿病的学生项目（包括合作工作坊和设计模型），这些都是本章后面要论述的内容。

在将医疗服务转向有健康问题的患者的过程中，工作并不是引起改变的唯一因素——身份和对自我的理解从客户转变为拥有技能的人。医疗保健成为类似于DIY的模式，在家使用透析机的弗雷德里克（Frederik）分享他的经验：

弗雷德里克：我觉得我能告诉你一些医生不能告诉你的事情，因为我完全了解那种感觉，知道该做什么以及不能做什么……即使医生告诉了你什么，那也只是他从别人那儿听来的。

我们坐在弗雷德里克的餐桌旁，桌上摆放着他每次开始透析时的记录。除了单纯分享经验之外，弗雷德里克还吹嘘说自己能够迅速安装好透析仪器。显然，在使用这台机器的过程中，他的技能得到了提高。

弗雷德里克：接下来就是管子。当然，在最开始的时候你得学习如何把管子插上。只要我愿意，我就能做得比护士还快，因为我对于它的操作方法再熟悉不过了。

甚至连医生开处方治疗的神圣权限也受到了挑战。玛丽亚姆（Mariam）同样做了家庭透析，她解释道：

玛丽亚姆：我血压过低，一吃这些药就生病。当时我们只有一位肾病专家，而他在加拿大开会，所以没人敢把药从我身边拿走。我只好自己去做，然后告诉医生我做了这些事情。

珍妮·莱福（Jeanne Lave）和艾蒂安·威戈（Etienne Wenger）的研究表明，在实践中责任不断增加，并构建了一种认同感。这种模式也出现在未得到专业认可的实践中。患者可以更加接近医疗专业的实践和工具，并亲自进行实践。

了解自己的感受

重新思考内部和外部的界限

当我们注意到周围的环境时，我们也会意识到我们自身。与此同时，我们在这二者之间构建了一个区别。这种自我意识定义了自我护理人员的熟练实践的关键部分，因为这种自我意识并不仅仅是关注"哔哔"叫的透析机，或是在自己的手臂上找到静脉，还需要对体液潴留或动态血糖水平等身体变化保持敏感。虽然我们每个人都要直面那些反映我们健康状况的数字（例如，计算卡路里或跑步距离），但这些数字却很少暴露出人身体的脆弱性，我们自己也缺乏立即决定改变生活方式的能力。通常而言，人体的内在感知是无法超越疼痛、饥饿、口渴和其他生存机制的。然而，面对医疗问题，病人作为熟练的医护实践者，可以拿起针筒，接入医疗设备。引起这种身体变化的不仅是药物，还有感知一个适合插入针管的位置的实践。作为透析的过程之一，弗雷德里克花了几分钟刮除伤口上新结的痂，然后慢慢将大直径的针插入伤口。人需要经常使用针管才能正确感知适合它插入的位置，以保证其在未来的可用性。与人的健康感知系统相适应的是一个漫长的过程，相比之下，打针的痛苦是很短暂的。医疗设备的使用打破了人体内外的常识界限。

德鲁·莱德（Drew Leder）介绍了生理学用来描述我们感觉能力的划分标准，因为内部感受是指内部器官的感觉，而外部感受则是指让我们感觉外部环境的一切。生态心理学家詹姆斯·吉布森（James Jerome Gibson）认为，这种对感官的关注不过是陈词滥调，他选择将自己研究的侧重点放在知觉上，并解释道，知觉系统可以通过练习来捕捉更多细节，而注重细节是关注环境的重要过程之一。大卫·豪斯（David Howes）通过连接"皮肤景观"（skinscape）与景观，认为环境和我们的感知系统之间的划分是人工构建的。

当环境的声音损害我们的听力，或是眼睛看到太阳黑子，抑或是太阳的温度导致皮肤灼伤时，我们就会注意到这一点。通过对环境进行采样，我们在某种程度上变得更加紧密关联。环境是黏稠的，当我们感知世界的时候，我们的感觉就会残留下来。

在转向内部和关注内在感知的过程中，我们注意到了技巧和细节的缺失。莱德提到，饱足或口渴就是这些有限的内部感觉和感知差距的典型案例，对阻止危险行为几乎没有任何作用。如何通过增加专注力及注意力，质疑内在和外在知觉的崩坏，使对内在过程的意识成为熟练实践的一部分？看似外在的数字（如血压或体重）的视觉感知与整体健康感知之间有什么关系？身体所表现的有机体的需要（包括社会及生理方面的需要）如何改变它的知觉？当你考虑到介质（agency）的重要性及其影响时，对自我的感知甚至能够改变对环境的感知。阿尔弗雷德·欧文·哈洛威尔（Alfred Irving Hallowell）关于自我和文化的著作在这个问题上有突出贡献，"在一个充满客体的世界里，在个体发展过程中，成年人已经学会把自己当作一个不同于自身的客体来区别对待"①。安鲁和普拉特将这种对健康状况的感知定义为"地域意识"，但这基本只关注从护理提供者那儿收集的信息。我关注的是一种状态意识，它来自医疗设备和自己身体的关系。从这两个案例中我们可以看到，知觉冲突的发展，或通过意义上的转移而成功地得到解决，或通过多种跨界的例行程序或行为体现出来，以此弥补知觉差异。

玛丽亚姆独特的自我保健之道

玛利亚姆厌倦了每周三天开车去医院做透析，同时还需要足够的时间工作。她成了丹麦地区第一个做家庭透析的人。在听说了夜间透析（即人们在睡觉时进行透析）之后，玛利亚姆变得更加自由而健康，因为透析时间更长了。那些她曾经需避开的食物，如奶制品，现在再也不会给她带来麻烦了。这一变化使她产生了一个疑问：做一个病人意味着什么？

玛丽亚姆：我不再认为我是一个病人。我确实有一个障碍。只有在医生那儿时，我才是病人。因此，家庭透析彻底改变了我的生活，让我的生活回归正常。

对于玛丽亚姆而言，所谓正常，意味着做透析之前的日子。现如今

---

① Alfred Irving Hallowell. *Culture and Experience*. Philadelphia: University of Pennsylvania Press. 1974. p.75.

这已是一个管理良好的过程，它需要投入精力和时间，但很少显示出麻烦的迹象。如果有任何健康问题，玛利亚姆指出了另一个可能的罪魁祸首，即她的糖尿病。

治疗糖尿病的建议之一是持续检查血糖水平。当被问及抽血的频率时，玛利亚姆直言不讳地说，她的身体会告诉她自己哪里出了问题，而不是不停地戳手指提取血液样本：

玛丽亚姆：我的眼睛就是我的指示器。当我坐在椅子上看电视时，通常能看得清清楚楚；也许有一天我不能看得这么清楚了，哦，那我意识到我的血糖太高了。

有了这样的方法，人们就会相信，医学测试得出的数字会与她所感觉的健康水平相符，甚至会得到证实。然而情况却不是这样的：

玛丽亚姆：有时你会想，是的，我很棒，非常棒，非常完美。接着你看到你的测试结果数据。这怎么可能呢！但又有时候，我的状况不佳，像得了流感或者其他什么的，但验血结果却很完美。身体的状况是好是坏，有时完全捉摸不清。

尽管测试结果并不总是与她的感觉相符，玛丽亚姆仍把它看作反映自己身体状况好坏的指标。她努力地解读仪器显示的数字，但得到的结果却与自己的感觉不一致。对玛丽亚姆而言，这并不是她实践的一部分，她认为的实践是与透析相关的其他任务，比如安装和拆卸机器。当我们根据外部和客观因素进行判断时，是什么导致了自我感知的问题？

对玛利亚姆来说，感受自己的身体和解读医疗设备上的数字，是有区别的，是一种感知上的冲突。这源于这样一个事实，即看数字是一种不同的感知，因为它并不总是导致对身体的认知/理解。作为诊断过程的一部分，外部数字的表现使结果脱离了语境，数字和身体之间的关系似乎是神秘而无法解释的。在自我认知中，这种中介可能是一种障碍，而不是什么促进因素。玛利亚姆内化了这种区别，她认为管子和过滤器是机器的一部分，而与她接触的针尖、绑带等则是她自身的一部分。玛利亚姆经历了完成透析和观察数据的过程，却难以融入对自我的感受当中，并养成了一些"跨界"（straddled）习惯，如把眼睛当作血糖仪和拐杖来维持自我健康。医疗技术，不应该是培养跨界的日常生活和越来越缺乏自我认知，而应努力争取一个不同的结果。为了创造健康的强化体验，自我感受和数据读取必须交织在一起。

弗雷德里克的健康实验

弗雷德里克虽是个航海迷，却还没有买过船。透析治疗阻止了他，因为他必须长居家中，而无法进行长途旅行。这只是他肾脏问题所带来的诸多限制之一。弗雷德里克对事物的运行方式很好奇，这种理解事物的热情在自我感知方面对他有很大帮助。对他而言，治疗过程中的许多测试为他了解自身提供了便利：

费雷德里克：验血会使你非常清楚自己的感受，对我而言，会对自己的疾病及其作用有更多了解。我或多或少能通过自己的感觉准确地判断出血压值。这是一件很简单的事情，可以通过测试找出答案。例如，如果你站起来，穿上鞋子，下楼调整鞋子，会感到压力，状态不佳。那么，一定是有高血压了。

了解体液的变化动向非常重要，对于夜间透析更是如此。尽管关注透析过程中的输入与输出看上去很简单，但它偶尔也需要排除障碍。由于人体处在不断变化之中，在一个时间节点上尚属正常的东西，经常会在不经意间发生变化。弗雷德里克用这些数字来提醒自己，要记住自己的体重。然而，这不仅意味着他需要读取设备上的数字，也意味着他需要对身体波动十分敏感。干重（dry weight）是一个恒定指标，指人体排出多余的液体后而达到的重量。

弗雷德里克努力解决自我感知和外部数字之间的差异。他说，有一次刚结束透析，他的测量结果显示他的干重是正常的，他却开始头疼了，这是透析时间过长的迹象。头疼意味着血压高，意味着要排除更多液体，他不得不继续透析。他从身体里抽出一个数字，把它置于外部去观看，这种观察方式揭示了仅依靠自我知觉的后果。一个时间段内的持续增长或变化可以逃避检测。依赖于通过技术来感知身体，并不能保证一个人可以分离对自我的感知，并将其抛弃而依赖于测量工具。知觉冲突必须转化为一个解决方案，否则一个人就会忽视自我感知，这对性命攸关的人来说是有潜在危险的，因为他们可能依赖于不可持续的医疗保健行为。

协调健康

映射（mapping）身体感觉和数字之间的冲突，是经验丰富的自我护理的病患们理解他们所处世界的方式。

外部数字可以成为一种验证和增强意义可靠性的方式，这取决于是在展开的情况下进行和解还是只做出反应。数字是了解健康的途径，也可以被忽视。我们很容易将数字与良莠不齐的终端产品联系起来，比如玛丽亚姆不想使用的血糖仪。但实际上，数字指明了意义形成的过程，只不过对玛丽亚姆而言，她不愿意测血糖。透析器的律动和流程可以通过规律性的起搏帮助她解决其他疾病。另一方面，弗雷德里克接受变化，在他的日志的帮助下，我搞清楚了他身体状况的变化过程。重要的是，他对健康的认识，从他采取行动的那一刻便开始了；当他遇到困难时，他意识到身体发生了变化。然后，他不得不重新绘制一张关于自己状况的画面。他用来固定对话的"锚"（anchors）是这些来自透析机和体重秤的外部数字。这个重新绘制的画面或其意义让他得以采取行动来培养一种战胜疾病的能力。弗雷德里克根据自己的感觉来认识这些机器上的数字，而不是实际地去改变数字。数字的意义得以发展。适应这些波动，将其作为一种调解差异的方式，为预期和变通创造了空间。这些数字就像健康空间的锚，让弗雷德里克可以四处移动，更好地了解自己，使他能够熟练地进行自我感知。

在一个环境中，意义创造通过对律动的连贯感知，形成了一个完整的理解。在形成一个人所经历的模式时，律动感偶尔会被打断。解释这种波动，并意识到这种有律动的中断对于解决身体感知和从传感器收集到的外部数字之间的差异，是至关重要的。人们使用数字来分析他们的健康状况，并试图绘制出为什么以及如何产生这些数据，更简单地说，解释这些数据，通过身体对环境的感知，变得对数字熟练起来。行动在意义形成中的作用很少为人所承认，就好像意义是在静止的思想真空中形成似的。然而，正如英戈尔德所指出的那样，情况并非如此："因此，意义不是强加给世界的，而是由这种接触产生的"。

为健康技能而设计

身体之窗的设计概念

我在南丹麦大学（University of Southern Denmark）担任导师，带硕士研究生做项目，研究生之一薛某组织了一系列的观察和研讨会，邀请每天都要面对糖尿病，且对该病有深入认识的人来参加工作坊。

通过这些活动，薛某注意到他们获得经验的一种方式是通过实验来了解食物和身体活动之间的关系。一个研讨会的参与者描述了她吃冰淇淋的三个步骤：①吃之前检查血糖；②吃了冰淇淋后又检查血糖；③如果血糖过高，她就会四处走动，以此降低血糖。薛某把这称为"行动—比较—改变"，并做出假设，如果产品能够使这类实验成为可能，它将为自我健康技能的提高提供更多的机会。为了使这种方法在设计上切实可行，薛某模仿了一本书的比喻，设计了一个血糖仪，其中重要的一步是使用相机来拍摄背景图片。这个概念的独特之处在于，用户可以优化和聚焦血糖仪的目标窗口。用户可以调整窗口的范围来适应不同的血糖控制水平。当血糖水平在正常范围内时，背景图片会出现在窗口中。如果背景图片高于或低于窗口，表示血糖未达到理想状态。随着时间的流逝，用户可以选择更紧密（更小）的范围，从而使背景图片在窗口中的显示更加困难。

在医学专家的建议下，薛某补充了自我护理实践者的知识，以了解这种产品是如何在众多患者中发挥作用的。一位护士评论了图片可能起到的作用："这对我的工作也有好处，因为患者会忘记自己上个月的所作所为。有一个可变的窗口真的很好，因为有些病人确实有获得完美数值的野心。"有趣的是她如何构建与病人的关系，以及使用该设备时会发生的变化。为得到所谓的"完美数值"，这种把责权转交给病人的方式是方便取巧的。该设计需要不断发展以让医护实践者理解，管理血糖水平的突然变化并不总是由行为相互调节，而是这个设备的存在，重新调整了人对自我感知的方式。随着时间的推移，观察感知是技术可以帮助协调一个人的健康的方式，同时认识到我们自身的感觉。这个设计概念为其可能性提供了一个有趣的开篇。摩尔（Annemarie Mol）对血糖仪的研究也反映了一个类似的感知或自我意识改变的现象，即测量改变了我们对身体的理解。

总之，技术不应忽视或加剧自我感知的困难，而应将其视为熟练的自我护理实践者准备的，观察律动及变化，以支持意义表达实践的起点。内部和外部之间的界限显然是可塑的。

作为"设计人类学"策略的个人演习

在本章中，我强调了护理方式已从仅以医疗中心为核心，转变为以自我护理实践者为主。这种变化通过融入日常活动以及改变日常环境来对个人身份产生影响。

身份是关于对自我的观察和感知，而对环境的感知与对自我的感知存在着相互作用的关系。从本质上讲，这是对内外边界的重新思考。这种思考最终挑战了医学依从性的观念，并建议连续不断地开发支持工具，以进行转换和变更。我们所设计的是一种体验自我的方式。这样，模糊边界就成为设计人类学的重要组成部分，理解当前和过去的经验，并将二者与未来的经验联系起来的一种方式。我建议进行回旋操作，作为用户和设计师在塑造潜能和识别差异时的微妙举动，让这些操作可以并置，并且可以重塑假设。此类操作的形式和方法应该有多种类型且变化多端，但我建议从头开始：投射身份可以让我们提出创造价值的方法，而转型实践则可以提出新的方位。维持关系找到了将社会关系与自我观念融为一体的方法，而确定需求与我们身体在环境中的即时性有关。尽管这些操作似乎是传统设计师的角色，但这是熟练的自我护理病患在设计师支持下的特权。感知我们前进的道路需要多方配合，来质疑自我和环境、设计师和用户、病人和医疗实践者之间的障碍。维持生命的工作就在这些门槛上进行着。

参考文献

Andersen, T. 2010. The Participatory Patient, in *Proceedings of the 11th Biennial Participatory Design Conference.* Sydney, Australia, 29 November - 3 December, 151-4.

Daniels, A.K. 1987. Invisible Work. *Social Problems,* 34(5), 403-15.

Dubberly, H., Mehta, R., Evenson, S. and Pangaro, P. 2010. Reframing Health to Embrace Design of Our Own Well-being. *Interactions,* 17(3), 56-63.

Floyd, C., Mehl, W., Reisin, M., et al. 1989. Out of Scandinavia: Alternative Approaches to Software Design and System Development. *Human-Computer Interaction,* 4(4), 253-350.

Gibson, J.J. 1968. *The Senses Considered as Perceptual Systems.* London: George Allen and Unwin.

Hallowell, A.I. 1974 [1955]. *Culture and Experience.* Philadelphia: University of Pennsylvania Press.

Howes, D. 2005. *Empire of the Senses: The Sensual Culture Reader.* Oxford: Berg.

Ingold, T. 1993. Tool-Use, Sociality and Intelligence, in *Tools, Language and Cognition in Human Evolution,* edited by T. Ingold and K. Gibson. Cambridge: Cambridge University Press, 429-72.

Ingold, T. 2000. *Perception of the Environment: Essays in Livelihood, Dwelling and Skill.* Cambridge: Cambridge University Press.

Kilbourn, K. 2008. The Patient as Skilled Practitioner: A Design Anthropology Approach to Enskilment in Health and Technology (PhD dissertation, University of Southern Denmark).

Klein, D. 2009. the Forest and the Trees: An Integrated Approach to Designing Adherence Interventions. *Australasian Medical Journal*, 1(13), 181-4.

Lave, L. and Wenger, E. 1991. *Situated Learning: Legitimate Peripheral Participation*. Cambridge: Cambridge University Press.

Leder, D. 2005. Visceral Perception, in *The Book of Touch*, edited by C. Classen. Oxford: Berg, 335-41.

Mol, A. 2000. What Diagnostic Devices Do: The Case of Blood Sugar Measurement. *Theoretical Medicine and Bioethics*, 21, 9-22.

Mol, A. 2008. *The Logic of Care*. New York: Routledge.

Radley, A. 1994. *Making Sense of Illness: The Social Psychology of Health and Disease*. London: Sage.

Schon, D.A. 1983. *The Reflective Practitioner: How Professionals Think in Action*. New York: Basic Books.

Unruh, K.T. and Pratt, W. 2008. The Invisible Work of Being a Patient and Implications for Health Care: ' [the doctor is] my business partner in the most important business in my life, staying alive ', in *Proceedings of the Ethnographic*

Praxis in Industry Conference, Copenhagen, Denmark, 15-18 October 2008 (1), 40-50.

Wadel, C. 1979. The Hidden Work of Everyday Life, in *Social Anthropology of Work*, edited by S. Wallman. London: Academic Press, 365-84.

Xue, L. 2007. Tangible Interaction in Home Healthcare Devices (MSc dissertation, University of Southern Denmark).

第三章　需要技巧的听力障碍

丹尼斯·戴

引言

本章介绍了一项进行中的听觉研究。笔者从民族志方法学的角度出发，对技巧娴熟的（skilled）助听器佩戴者（即具有听力障碍的患者）的特征进行描述。该项研究的目标是，无论在制造过程中或在最终成品展现上，这种特征都应作为设计的本质，关涉助听器的发展。

在设计研究领域内，"技巧娴熟的实践者"（skilled practitioners）还有多个派生词，如熟练的用户（skilled users）、熟练工（skilled workers）、拥有熟练技能的员工（skilled employees），这些词的基本含义是一致的。从广义上讲，那些会最终受益于设计成品的使用者，都是具有娴熟技能的；这是一个演绎过程，是该产品所针对的一系列实践。"技巧娴熟的实践者"这一概念在其他领域也依旧流行，如行为理论，实践社区概念，以及本文的关注点：民族志方法学（Ethnomethodology）。

目前的建议是，民族志方法学首先应侧重于实践活动。通过实践活动，行为者能够创造并认可其所处的环境；其次应侧重设计，至少是那些优先考虑民族志特征，并将设计材料和用户参与纳入混合型项目的设计类型；这种混合型项目意味着民族志方法学在技术创新过程中的建设性参与，而其结果可能会受到产品开发的合理性和约束性的制约。如格雷厄姆·巴顿（Graham Button）和保罗·杜里希（Paul Dourish）所言："设计采用了民族志方法学的分析心态，而民族志方法学则是对设计的实际追求。"

设计师对民族志方法学的兴趣并非始于混合型项目。露西·苏克曼（Lucy Suchman）和她的同事们在施乐公司（Xerox）的帕洛阿尔托研究中心（Palo Alto Research Center）进行的开创性工作在工业设计领域广为人知。在此期间，民族志方法学对设计的影响在很大程度上解决了哈罗德·加芬克尔（Harold Garfinkel）所说的"车间问题"。

这使我们注意到环境的系统性和世俗的有序性，而不是仅对环境进行扫描，或为理论化的形式分析提供证据，这引发了不少微观民族志研究。朱利安·奥尔（Julian Orr）的《谈论机器：现代工作的民族志》（*Talking about Machines: an Ethnography of a Modern Job*, 1996）是这方面的力作，说明了设计的物品如何丰富了它们的实际设置。这些见解为当今的设计实践提出了宝贵建议，首当其冲的是将抽象计划应用于现实世界的艺术品设计的可行性。这种批评在英戈尔德的导论中已有讨论，即将概念转换为对象的困难性。

混合型项目的建议是，把由"民族志方法学"驱动的概念用于设计过程本身，这与民族志方法学应当指引设计的观点相对立。例如，巴顿和杜里希论证了民族志方法学对"问责制"（accountability）的理解（简要说明了社会行为反过来确定其相关条件的概念），这一方法可用于设计如何将计算机的操作呈现给用户。

安迪·克拉布特里（Andy Crabtree）提倡将观察新技术的引入作为

断裂实验（breaching experiments），这是一种民族志方法学技术，可以通过扰乱普通人的生活方式使普通人觉察到变化，从而使其可用于民族志方法学研究。断裂实验打乱了人们的日常生活，比如在大学食堂里，对咖啡讨价还价。这种实验能使人们对社会实践的普通秩序有深刻的认识。关于设计，克拉布特里提出，断裂实验为了解在实际操作过程中如何理解设计对象，并将其转化为与设计相关的深入研究的主题提供了洞见。他将此流程概述为以下建议：

一、让设计师以个体为准则，随心所欲创作。

二、将设计对象落实到现实环境中。

三、将调度、调整看作断裂实验。

四、为实践行为进行结构化的解释说明。

五、通过明确的设定探索突破性话题。

六、运用明确的设定使抽象的设计概念具体化。

七、在现实世界中落实设计方案并探究其用途。

八、不断重复该过程，直至研究步骤能够与实践目的完美契合。

在上述建议中，有两点非常明确。首先，民族志方法论学者与设计师之间有明确的分工，这个分工应该得到维持；其次，民族志方法学研究必然会介入设计过程的日常工作。因此，无论是民族志方法学还是普通民族志，都不应再作为连接设计与日常的桥梁。相反，应当将日常生活作为设计过程的一部分来进行探索。由于人们无法逃离日常生活，于是设计本身也就成了必然存在的调查对象。设计的日常工作与其他所有人的工作一样，都会面临审查。没有什么是一成不变的，日常生活可能是设计过程的一部分，也可能不是。

因此，断裂实验是一种民族志方法学技术，可以观察到日常实践的良好秩序。下文中我即将呈现的实验便遵循了这种工作方式，但我没有使用断裂试验，而是尝试采用另一种被称为"成为现象"（becoming the phenomenon）的技术。混合型项目中的一个重要规定是"方法的唯一适当性要求"，这促使研究人员尽其所能地掌握研究环境中参与者的能力。换句话说，研究人员必须是技巧娴熟的实践者。在这种情况下，这项研究是围绕我自己（我作为一位听障患者的经验）所处的环境来展开的。

通过这种方式，我仅希望说明需要技巧的实践和实践者都是普通的。在关键用户的层面上，我并没有将技巧娴熟的实践者视为例外，而是试图阐释一个问题，看似有专门针对其症状的设计产品，如听力障碍有助听器；但听力障碍本身这个问题，却没有因为助听器而得到解决。我认为，这些解决方案就是日常生活中的所作所为，类似于我们平时对行动、调整、离开等表达的理解。因此，我提出我的看法，技巧娴熟的实践者不仅可以熟练地理解秩序（ordered）中的世界，他们也是克服失调（disorder）、提出解决方案的设计者。在本文中，体现为克服听力受损的障碍。因此，我希望以此方式进一步扩大"熟练的使用者"的想法，以使其包含"熟练的设计者"。在下文的论述中，我将探索我们如何理解二者在设计过程中的作用。

有声世界的生活

这项研究的数据来自于我作为一个重度听力障碍患者，自己进行的一个项目，数据主要由我作为听障患者的自我反思观察构成。所谓"自我反思"，意即对自己日常生活的回顾观察、解释、分析。可以说，我对自己的观察是冷静的、中立的，没有分析性影响。同时，我对这些观察结果进行了严格分析。

　　某种程度上，我的做法是很普通的，因为这些活动都是我日常生活的一部分，比如与妻子一起待在家里。但有时这些做法又是出于分析动机的，比如对我认为自己做的或能做的事情进行一场头脑风暴，借此来提高听力。最后，这个项目使我对自己更加敏感的同时，也让我更加关注身边的人。这些人，我或是知道他们有耳疾，或是怀疑他们有耳疾，比如我的岳父。因此，这些数据不仅是我的，也是我日常生活中的其他人的。

　　这些数据应当是源自诺莉娅·罗德里格斯（Noelie Rodriguez）和艾伦·拉夫（Alan Ryave）提出的"系统自我观察"(Systematic Self Observation）方法。这一方法试图解决由迈克尔·普兰尼（Michael Polyani）提出的经验主义问题，该问题源于日常生活实践，即"对社交技巧行为的有效成就所需的细节上的麻木"。"系统自我观察"的特点是一种事件偶然性方法，这种方法要求消息提供者注意到相关主题的出现，并立即对事件进行报告。在很大程度上，这就是我所做的。如上所述，我是我自己项目的研究对象，我促使自己进入与项目相关的具有分析动机的活动，因此，从某种意义上说，这些活动的出现是由我预先介入的。我也更加敏锐地意识到，别人的研究项目也是有一定相关性的。

　　我将这些来自"系统自我观察"的偏离视为霍桑效应（the Hawthorne effect）的必要元素。当然，除非发生与主题相关的事件，否则不能指望消息提供者会忽略他们自身的参与。至少在某些情况下，我们也不应认为他们的自我观察并非出于分析目的，因为他们将在以后的某个时间段内向研究人员说明这些观点。我在这里的主张仅仅是，观察来自我的平凡生活，但在项目中，观察就不可避免地成了生活的一部分。

我的方法

目前为止，该项目的结果与我所观察和分析的一样，都存在差异。其中包含两种无动机的观察，分别称为"独处时，我的听力可没什么问题"和"空间谈判原则"，以及一种更有动机的方法，对自己的头脑风暴进行的观察，"改善听力的方法"。在此过程中，我既注意到了自己的亲身实践，也想象了其他可能的方法。

独处时，我的听力可没什么问题

工作日，我独自在家，或在书房坐着，或不时站起来在电视前四处走动。我能听到冰箱的嗡嗡声，洗碗机的晃动声，这才意识到，独处时，我的听力堪称完美。

我相信听力障碍会导致很多人际交往中的障碍。但既然听障患者是现实世界中的独立个体，他必然会想要解决各种不时出现的物理威胁，比如广播，比如世界的声像图景。过马路时能听到车流声，或在冰箱闪烁的时候听到报警声，总是些好事情。

然而对于这一切，我似乎很健忘。显然，我们至少还有其他四种感官，它们可以弥补我们在听力上的缺陷。过马路前我们会注意车流，冰箱报警器的指示灯也一直闪烁着。这也许就是汽车没有撞到我，或是我还没因误食冰冻食品而食物中毒的原因。我相信，还有很多这样的例子。

我认为自己独处时听觉良好的另一个原因是，我早已忘了自己本来就应该听到，身边也没人提醒我。因此，对于街上的汽车、冰箱报警器本身固有的音量大小，我并没有基准的概念。现在我（戴着助听器）听到它们的声响时，音量太大了。如果它们不够大声，那么要么就是它们确实没有发出声音，要么就是它们运行出问题了。

我所患的听力受损疾病是与年龄相关的。它发展得很慢，以致我怀疑我已经忘记了自己本该听到的声音是什么样的、有多大声的。在精神错乱的助听器使用者的报告中可能有一个类似的例子，他们已能适应这个更加安静的世界，耳疾迫使他们重新学习如何聆听。老问题，新招数?

提高听力的方法?

以下是我分类归纳的方法，这些方法有些是我亲身实践过的，有些是为了获得更好的听力而设想的方法。第一个非常宽泛的方法类别是能使人接近他/她想要或需要监控的声源。

方法一：靠近声源

例如：

靠近电视；

在火车站时，站在扩音器下方；

在看电视时，你妻子站在厨房和你说话，站在厨房和客厅之间的过道上；

转头，将耳朵靠近与你说话的人；

靠近你的谈话对象；

开会时，确保自己坐在领导旁边。

方法二：让声源靠近你

例如：

把电话听筒紧贴着耳朵；

如果孩子想和你说话，让他们到你的房间来。

第二类方法是加强声源或提高自己接收声音的能力。

方法三：调大音源的音量

例如：

调大电视/广播/手机的音量；

让你的妻子别再低声喃喃自语了。

方法四：提高自己的接收能力

例如：

把手背在耳后；

确保衣物别挡住耳朵（比如帽子）。

第三类方法没有前两类广泛，第三类方法是改变感觉模式，调整中介方式。

方法五：让声音发亮

例如：

为你的闹钟、门铃、防火报警器加一盏灯。

方法六：让声音可触摸

例如：

确保手机振动模式是开启的。

最后一类涉及患者把另一个人作为助听器的各种方式——各种各样的助听代理。

方法七：让妻子重复别人说过的话

例如：

轻声问身旁的妻子"他刚才说了什么？"

方法八：看妻子对别人跟你说话时的反应

例如：

快速看一眼正在微笑的妻子，就能确定刚刚肯定是在开玩笑。

以上就是我自己所采用的，或是了解到其他人所使用的改进听力的八种方法。其中，第五种方法是我个人尚未尝试的。乍眼一看，人们很容易意识到与第一次观察不同的是，听力的社会性更容易发挥作用。在某种程度上，这些都是一定情境下使用的特定方法，很多有趣的问题在这个简单的列表中都没有得到回答。一个极端例子是将我的妻子作为我的"代听者"。目前，我们对两个人（其中一人有听力障碍）之间的互动了解甚少。如果情况是最少有三个人在谈话，而其中一个人正在将另一个人作为代听者，这种情况将成倍增加分析处理问题的复杂性。

尽管如此，这样的列表确实使一些有使用价值的洞见脱颖而出。我认为最有趣的是，它不仅刻画了技巧娴熟的助听器佩戴者管理自己在声音世界中的方式，而且还描绘了他如何以设计师的身份积极参与这个世界。他不仅要适应现成世界，还要根据环境，实际地调整自身，重新安排人工制品，或者引入新的人工制品，来积极地改造世界以适应自己的目的。但助听器却不是这样的人工制品，也许这就是对助听器设计的挑战？

空间谈判原则（Principles for Space Negotiation, PSN）

最后的观察结果在更大程度上与社交环境中的听觉能力有关。因此，它的分析变得相当复杂，需要解决许多先验假设，但首要的还是观察。

我坐在一个房间里，比如客厅，而我妻子在另一个房间里，比如卧室。我妻子对我说了些什么。她没有得到我的回应，因此，她必须再次大声说话和（或）靠近，以便我能够回答她。这使我们产生了一些摩擦。我的妻子生气了，对此，我要么感到内疚，要么感到生气，因为我的妻子对我的情况并不敏感。

我认为，在家庭中生活和交流，或更普遍地说，与某人共享空间的情况，很容易被理解为日常生活中的琐碎事情。此外，与某人共享空间意味着彼此之间一定程度的相互接近。因此，可以说我的妻子将我设定成了潜在的互动伙伴，并尝试让我参与一些共同的事情，我认为这是我们社会和共同文化的重要组成部分，如果我们可以同意以下民族志方法学的假设：与他人在一起的根基，涉及对我们世界的认知，即把世界理解为一个可识别且有序的世界。

回到观察，我的沉默彰显了我们这方面的失败。我妻子接下来要做的是修补我们的关系。她将我的沉默归结为听力问题，这使我对她接近我以及我参与二人共同事务的意愿，产生了疑虑——比如，她如何制定下一步行动。她是增加了言语的强度，还是调整她的方案，还是向我靠拢。当然，这样的事情可能会再次发生，直到我回应她，或者我的妻子放弃为止。

家庭集体生活的一个部分是我们要认清人与人在空间中的位置关

系，位置之间的距离值可能与某项活动有关，并且要承担与这些活动有关的责任，改变一个人的位置和（或）行为。一个普通的例子是：电话响了，谁该是那个接电话的人？他们会做出哪些事情来推翻"离电话最近的人接电话"的原则？我们将集体生活的这部分内容简要归纳为"空间谈判原则"。

以我和我妻子共同把世界作为一个可识别且有序的世界为例，继续来探讨我们的行为：由于我没能及时回应，我妻子不得不移动位置，或打断她自己的事情来与我互动。很明显，她很愤怒。对她而言，我和其他人是一样的，她并不认为我有听障。因此，"空间谈判原则"并没给我任何优待，以致在这种情况下我违反了这一原则。现在我们互相生气。我该怎么办？在这种情况下，要么就是我的妻子搞错了"空间谈判原则"，要么她就应该知道此时我的听力不发挥作用。

我们还可以得出其他结论，还可以得出更多结论，而这一切仅仅是开始。我认为有关"空间谈判原则"的问题非常普通。寻找行为的真正原因，探究人的潜意识，花一小时来聆听生活故事，将我们的主张与近现代资本主义的霸权或类似事物联系起来……对于这些事情，我并无兴趣。我只想知道谁接了电话，以及那个明明该接电话却没接电话的人会受到什么惩罚？更为学术地说，当我们进入以家庭为单位的社会生活时，我的妻子和我就约定好了那些社会契约的组成部分，以及它的道德约束。

我注意到，我的妻子在没有得到我的回应时，会提高音量，重新调整她的方式，靠近我——我认为这三者的效果是一样的。如果电视声太大，我们要么将其音量调小，要么把电视挪开，或二者兼而有之；如果电视声太小，我们要么将音量调大，要么将电视机拉近，或二者兼而有之。我们还可以通过改变电视声音设置程序里的"低音"和"高音"来调整音量，在理想的距离范围内听清电视的声音。

"空间谈判原则"涉及声源与指定听众之间的空间协商，协商成功后，便会发出足够响亮清晰的声音以使之有意义。也许，对于听不清的人来说，这种空间协商是再基本不过的吧？毕竟，听力障碍在很大程度上还是身体的问题——这世界还不够响亮，不够清晰。"空间谈判原则"以物理世界为出发点，以我们在其中的位置和运动为原点，与世界上的社会生活密切相关。这样的想法可能会对我们有帮助。

讨论

综上所述，在改进助听器设计方面，有三点值得继续努力：

• 人们不仅失去了听力，很有可能还忘记了如何去听；

• 听障患者不仅能够很好地适应这个有声世界，对于如何设计这一世界，以满足自己的需求，他们也是高手；

• 听力的社会环境很复杂，但需记住的是，社会环境同时也是物理环境。

下一个问题是，如何才能使这些见解代表用户或消费者真实世界以外的其他事物，因为他们显然可以以这种方式理解这些见解。让我们再次分析克拉布特里提出的"在技术创新的过程中有建设性地引入民族志方法学"的倡议，以作为"技术方法学"（technomethodology）的重要部分。

我的核心建议是将它们放入设计过程中，不是作为资源，而是作为进一步设计研究的主题。这与克拉布特里的观点非常吻合"利用对明晰环境的研究来充实抽象的设计概念"和"将新的设计解决方案部署到实际环境中，并研究其用途"。将资源变成主题，只是民族志重新定义方法的通俗表达。其基本思想是发现常见的感官探究（资源），并探索条理清晰的实践。

在早期的助听器设计试点项目中，我从听障患者那里收集了一些关于"重要时刻"的故事，比如有人向其同事告知了他的病情。在不断重述的过程中，这些故事可以作为研究的主题。这些故事会在什么情况下发生？哪种社会秩序需要用讲故事的方式来管理？鉴于这些故事是作为设计项目的一部分来收集的，它们能够直接彰显我们对项目的理解。例如，有一个技巧在于，探讨在听障患者的互助小组中，当新成员在经历"社会化"（socialization）时，那些"重要时刻"的故事有何作用。此时，我们见证了一个相当令人不安的时刻，我们的想法是使我们的研究成为设计过程的一部分，而不仅仅是提供设计信息。就像我们可能会把研究成果作为关于"重听人"（the hard of hearing）的设计信息一样，我们也会更愿意去聆听"重听人"在他们自己的环境中的真实故事，而不是作为设计项目的一部分。然而，令人不安的不是这两组观察结果在质量上的差异，而在于我们很容易就失去了民族志方法学的视角。我建议这两组观察都提供资源，这些资源可以为它们的系统细节重新指定，并在设计过程中循环利用。这些资源的价值不是它们产生的背景所固有的，而在于它们如何辅助和指导设计过程。尽管资源来自不同的地方，但对我们来说，它们仍然是设计过程的一部分，更重要的是，当我们到达下一个迭代（iteration）时，资源已经成为这个过程的一部分，再次作为调查对象呈现。

请记住，我们的调查是针对设计过程进行的。我相信据我的研究材料，断裂实验中民族志方法学的应用是可行的。回想一下，断裂实验旨在破坏普通生活的结构，以揭示其特殊性。比如，我们可以探索各种助听器利益相关者处理空间和人为破坏的空间的方法，这些空间旨在突出物质世界、社会居住、听力三者之间的界面。甚至更好的是，也许我们可以允许他们按照自己的喜好创建自己的混乱空间并居住。通过这种方式，我们可以更透彻地理解这样一个观点，即听障患者不仅是熟练的实践者，同时也是熟练的设计师；不是他们的缺陷值得去探索，而是他们对设计的敏感性，值得去研究。

这里所描述的断裂实验，从表面上看可能是一种很好的方式，它可以在设计过程中为设计对象提供同理心。尽管这是一个值得称赞的雄心，但它可能会导致另一个令人不安的时刻：我们真的对同理心在设计过程中的作用感兴趣吗？还是仅仅认为同理心是一件好事？前者更符合此处的观点，但我认为，最好是让人们自己创造破坏的空间，这是使设计过程参与者成为现象本身的一种方式。就像我对我自己的研究一样，可能会产生用于分析的主题，并最终为设计提供新的素材。

结论

我相信，在民族志方法学的启发下设计师会意识到，日常生活的世界里就充满了设计过程中至关重要的资源。同样地，对于民族志方法学学者来说，设计的理念与我们日常生活的有序和圆满的观点完美地融合在了一起。我认为，这二者的核心都是技巧娴熟的实践者，他们的实践不仅产生了日常生活，而且还设计了日常生活。我希望上述讨论能够揭示，如何在一个混合型项目中，通过民族志方法学学者与设计师的合作，使技巧娴熟的实践者也能成为设计研究的主题。

参考文献

Button, G. and Dourish, P. 1996. Technomethodology: Paradoxes and possibilities. *Proceedings of the ACM CHI 96 Human Factors in Computing Systems Conference,* Vancouver, Canada, 14-18 April 1996, 19-26.

Crabtree, A. 2004. Taking Technomethodology Seriously: Hybrid Change in the Ethnomethodology-Design Relationship. *European Journal of Information Systems,* 13(3), 195-209.

Day, D. 2011. Hearing Aids with No Batteries, in *Proceedings of Participatory Innovation Conference,* Sonderborg, Denmark, 13-15 January 2011, 84-7.

Dourish, P. and Button G. 1998. On 'Technomethodology': Foundational Relationships between Ethnomethodology and System Design. *Human Computer Interaction,* 13(4), 395-432.

Engstrom, Y. 2005. *Developmental Work Research: Expanding Activity Theory in Practice.* Berlin: Lehmans Media.

Garfinkel, H. and Wieder, D.L. 1992. Two Incommensurable, Asymmetrically Alternate Technologies of Social Analysis, in *Text in Context: Studies in Ethnomethodology,* edited by G. Watson and R.M. Seiler. Newbury Park: Sage, 175-206.

Garfinkel, H. 2002. *Ethnomethodology s Program.* New York: Rowman and Littlefield.

Lave, J. and Wenger, E. 1998. *Communities of Practice: Learning, Meaning, and Identity.* Cambridge: Cambridge University Press.

Maynard, D.W. and Clayman, S.E. 1991. The Diversity of Ethnomethodology. *Annual Review of Sociology,* 17, 385-418.

Mehan, H. and Wood, H. 1975. *The Reality of Ethnomethodology.* New York: Wiley.

Orr, J.E. 1996. *Talking about Machines: An Ethnography of a Modern Job.* New York: Cornell University Press.

Polanyi, M. 1967. *The Tacit Dimension.* New York: Anchor Books.

Rodriguez, N. and Ryave, A. 2002. *Systematic Self-Observation.* London: Sage.

Suchman, L. 1987. *Plans and Situated Actions: The Problem of Human-Machine Communication.* Cambridge: Cambridge University press.

第四章　毫不费力地滑过生活？表面与摩擦

格里耶·谢尔德曼

引言

对于脚下的这片土地，我从未给予过多少注意——直到它上升，与我相遇。我的第一次踉跄（差点摔倒）让我措手不及。我将那次经历归因于不合脚的新鞋、陌生的城市、不熟悉的地面等因素的结合。我很快就发现，橡胶钉制的鞋底并不能很好地固定在石灰石板上，因为频繁的降雨将这些石板打湿了。如今，我能说出这些具体细节，而以前我却只能将道路称为"人行道"，我的兴趣和能力仅限于区分砖块、柏油碎石、鹅卵石、泥土。然而，那只是在我搬到这里之前的事罢了。如今，生活再也不会没有根基了。

两个场景

一

最近（2011年）一个智能手机的电视广告展现了富有创造性的广告

类型。一位年轻的设计师站在桥上，凝视着下面的路堤，他的目光被一个身着牛仔裤和红色运动衫的时尚潮男所吸引。这位潮男优雅地滑着旱冰，穿行在一群灰蒙蒙的行人之间。下一个镜头中，这位设计师在他的工作室里，微笑着，手指在手机屏幕上滑动，调出不同的功能。画外音告诉我们，"我们一直期待着您的灵感。这正是我们创造手机的原因——让您的手指滑动界面，毫不费力地滑过生活。"

二

你熟悉20世纪70年代的流动游乐场吗？我已记不清名字了，但我可以把它描述成卡车空间里的一个钢铁障碍赛道，它能像3D卡片一样展开：打开侧面，一个奇妙的世界便出现了，只等我们来探索。

我对这样的流动游乐场还有着鲜明的记忆，可能是因为在我年幼时，它就给我灌输了恐惧和兴奋的感觉。这是一个挑战——我能做到吗？当我发现我能做到时，我得意扬扬，当我质疑我是否能再做一次，是否能做得更好时，我感到惶恐。第一个障碍是移动楼梯——三根单独的柱子以不同的节奏移动着，你必须找到一种方式爬上去，如失败，你就"不适合"（unfit）体验剩下的过程，因为它的高度隐藏在视线之外。据我所知那里有龙。一旦站起来，你就得穿过移动的通道和巨大的滚球——所有障碍都存在于不稳定的表面，以不同的速度向各个方向移动。你要做的就是尽快穿过它们，站稳脚跟，然后再付钱、再试一次。现如今，相比微软游戏机（Xbox）和游戏站（PlayStation）的世界，这确实像一种奇怪的娱乐形式。然而，最后的成就感和摇晃感，是非常令人满意的。

"毫不费力地滑过生活"的原则似乎预示着英国城市（以及更远的

地方）里表面光滑的，整齐划一的步行区域，这些区域就像是流动游乐场的障碍通道一样。与之相反的是我每天都会在"东大街"（Eastbound Road）上挣扎，这是进城的主干道。随着道路趋近市中心，这片坐拥雄伟森林的宁静老宅，终于被维多利亚式露台所取代。在这露台上，狭窄的石灰石路面上布满了路灯和垃圾桶。树叶、垃圾、杂物、其他行人会让你跳到排水沟里，或在马路边上躲避汽车。相比行走，你更像是在东行路上巡航。

最近一年多，我每天都走这条路。早上步行十五分钟进城搭公车上班，晚上步行回家。我开始了解路面，了解各种天气条件、植物类型、鞋底材质的组合。我也留恋我在路上所遇见的，那些在我之前人们步行所留下的痕迹。

漫步

在设计中，街道似乎是一个不符合主题的选择。作为一种公共设计，它既在世界之外，又为公众服务，它不断被制造、被改造、被学习、被再学习、被使用、被生产，处于持续的变化之中。因此，街道可以作为我阐释设计方法的案例。

我关注街道，关注人在街道上行走的方式，观察我们如何塑造与赖以栖居的环境之间的关系，以及如何在此过程中创造世界与自我。我从现象学哲学家爱德华·凯西（Edward Casey）那里得到启示，将地点设想为一件事情——某种正在发生的事情，而不是将其视为现成品。这使我们得以避免将某些地方看作是"点状的"（punctiform），即地图上静态、独立的点——人们去往、经过、离开的地方。相反，我认为地点在不断地形成。因此，我们需要"重新学习看世界"。梅洛-庞蒂（Merleau-

Ponty）抓住了现象学方法的要点，正如凯西所说，一种现象学的方法尊重那些"创造"它的人的实际经验，关注在适当的地方有生命的身体。除了从经验着手外，我们别无选择。我想展示一个地方（在此语境下为一小段街道）是如何在人、表面、物质、天气、实践的融合中持续发生的（在此语境下为步行实践）。

　　本章与表面、地点、人相关，描述了以上元素相遇的实例。生态学家吉布森将"表面"定义为"固体、液体、气体中任何两种物态间的界面"[①]。在这三种组合中，他把地球和空气的界面归为"陆生"（terrestrial）动物最重要的表面，因为无论从字面意义还是象征意义上，这都是它们感知与行为的基础。生态人类学家英戈尔德认为世界没有表面，所以才有了这个大胆的论断：表面存在于世界之内，而不属于世界。尽管英戈尔德不同意吉布森对天空的定义——吉布森认为天空在世界之外，英戈尔德则坚定地认为天空在世界之内，但我认为二者在表面上没有矛盾。我的意思是，正是通过这些在世界中的表面，我才与世界相遇，它们提醒着我，我一直处于这世界中。所谓表面，即两个事物相遇之处。在这里，差异能够得到感知和协调。我认为在这场相遇中，摩擦是关键。不仅是字面意义上的相互摩擦，还有象征意义上的失调。通过与外界事物接触，我们受邀去互动，并通过互动，有意识地沉浸其中。沉浸的另一种方式是在范围（spectrum）的另一端，在我们体验流动也就是克服摩擦的时候，更确切地说，是通过技能让摩擦为我们效力，而非与我们对抗。然而大多数时候，我们从一件事奔向另一件事，却没有意识到这个

---

① James Jerome Gibson. *The Ecological Approach to Visual Perception*. London: Lawrence Erlbaum Associates Publishers. 1986. p.16.

过程。然而，持续意识到摩擦，的确是令人困惑的——但我珍视摩擦。因为正是回应这种摩擦，我们才能有所发现，发展技能，并即兴发挥。当我爬上流动游乐场的移动柱时，我挑战了自己，看看我的技能能让我走多远。通过摩擦，我们感受到自身，而这种感觉必然总是存在的。

我们最熟悉的日常活动——走路，不一定是我们最熟悉的体验。日常是难以描述的，问问自己：我是如何走路的？你会如何作答？你是否曾注意过自己走路的方式？其实我并没有。直到我滑倒时，"走路"才突然引起我的注意。正是因为这种日常的步行练习没有引起我们的注意，我才需要将它写下来，因为我希望展示走路是如何产生创造力的：它创造并支撑着我们，它创造并重塑街道。我从自身技巧的极端经验开始研究，因为我需要一些"不同寻常"（out of the ordinary）的东西来阐释"寻常"（the ordinary）。

远足1

2010年1月。三周以来，英国都处于"大冰荒"的非常时期。机场关闭，铁路、公路运输系统紊乱，整个国家几乎处于冻结状态。去年也发生了类似的出人意料的大降雪，由于缺乏清理路面的沙砾和扫雪机，旅行几乎已是不可能的了。在国外待了两周后，我终于在白雪皑皑、阳光明媚的曼彻斯特着陆，开往兰开斯特的火车载着我穿过冰雪覆盖的山丘和田野。从走出车站的第一步起，我就开始了一种新的走路方式——路面上覆盖着一层两厘米厚的深脚印，这与我在这个小镇上实践了两年的其他任何方式都不一样。我从车站后方一个陡峭的斜坡上向"东大街"走去，走在一个三口之家的后面：妈妈走在前面，女孩小步走，爸爸推着空的婴儿车走。我们走得很慢——我不想超过他们，因为我还在测试我的鞋底在冰上的反应如何，以及路面有多滑。我并没有意识到这里有多冷，只是被"扔到"（dropped）了这条街上；我也没法在这冰冷的路面上站稳。我还不清楚这路面的溜滑和狡诈，是"比外表更危险"还是"看起来可能很防滑但其实并没有"。我需要去感知，去交流，去学习我的步伐所带来的影响。如何放下我的脚，速度要多快或多慢，要施加什么压力以及在哪儿施加压力——先用脚后跟着地，或者像在月球漫步一样脚掌落地，然后用脚后跟蹬地，还是全脚掌垂直起跳？我很快就意识到，最重要的是我必须克制自己别像以前那样走路。但首要问题是：我要走到哪儿去？我们仍走在这三口之家之后，在三分之一的人行道上排成单行，在我们之前已有许多人走过这条小路。我们仿佛在进行一项除冰和磨砂路面的集体活动；通过步行，某种程度上，我与那些在我之前走在这条路上的人们建立了联系。到了坡顶，我们拐上了主路。主路更加繁忙，妈妈让女儿坐上婴儿车："这样我们就不会让后面的人都慢下来了。"当他们一家三口靠边时，我就可以超过他们，小心翼翼地走到行人较少的地方。这条路通向山顶，有些地方相当陡峭，路面、街道乃至我自己都会迅速发生变化。这是一个不同的游戏，有新的玩家、新的规则。我立刻意识到自己不能像刚才那样走路了，冰雪覆盖着的人行道似乎并不适合步行。这条宽敞的双车道上车辆稀少，我立刻决定走在这条没有冰，且两侧宽阔的车行道上。我不太确定自己是否可以在车行道上走，而我很快注意到，其他行人也在做同样的事情。

然而，当有汽车开来时，我们又冒险回到人行道上，试图继续前进。留意每个步伐，尝试不同方法，同时测量滑度和运动、压力、重量、鞋底材料与表面的结合。通过反复试验，我很快就知道哪些动作应该避免，哪些动作最安全有效。这实在使人精神疲惫，更不用说身体的操劳了。第二天，当我向后伸展我的腿时，我觉得十分疼痛——此刻我不能再把走路视为理所当然的了，得重新学习走路，并且是从各个方面重新学习。步态分析的深褐色照片浮现在我的脑海中。我从未意识到，仅仅一个步伐（stride）就牵扯了这么多不同的肌肉和关节"步骤"（steps），我很珍惜这个以躯体解构步行步骤的良机。当我们处于慢动作状态，成年人在下脚前全神贯注的场景看起来一定很有趣。我注意到自己很喜欢这种冒险的感觉，需要学习新技能，并在此过程中直面自己的身体及其局限性，尝试各种方法来克服这些阻碍。这条街已成为一个集市，在这个集市里，我玩耍、学习、进步。在接下来的几天里，我对自己的技能进行了微调，对于不同模式的橡胶和鞋底的柔韧性如何发挥最佳效果以及它们的功能，变得得心应手起来。在人们通常不加考虑的终身实践（走路）中取得进步且技术娴熟，这种满足感是令人惊讶的。虽然，这种快乐可以说是一种自我放纵，但我确实变得与周围的人非常合拍。在实践和环境中，存在社会性的因素。我们都处于这富于挑战性的情形中，观察别人如何行动。我们相互模仿，观察别人走到哪里，看他们是否走错了路、是否走得平稳。我们互相打量，如果一个人走在大街上而另一个人紧随其后，这种模式变成新常态后，以前的规则就不适用了。这种字面上的缺乏摩擦力（冰上没有抓地力，只有滑动）构成了一种强烈的比喻性摩擦。当溜滑的路面开始起作用时，我需要采取行动，并在这个过程中摸索自己的技巧和平衡。对某些人来说，摩擦太多，甚至已经成了障碍。的确，我们只是少数享有特权的人，我们很灵活，能在寒风中冒着摔跤的风险继续行走。其他人就没那么幸运了，他们得在家里待上三周，依靠朋友和家人的帮助。在我看来这是十分愉快的障碍赛，对他们而言则是诅咒。"缺乏勇气可能会让数百万人陷入困境"，这一点可以从一个相当悲惨的案例中得到说明：一名男子拨打了999紧急电话给曼彻斯特警方，"他被困在博尔顿市中心的一块冰上，不敢前进也不敢后退。"

远足2

走出车道，走上"东大街"，我差点撞上那个穿着工作裤和淡黄色兰卡斯特市议会安全夹克的男人。他摇晃着一把宽扫帚，把所有的树叶和灰尘都扔进了阴沟。

"嘶嘶"作响的高音蜂鸣面包车紧随其后，前部的两个旋转刷子将所有杂物盘旋起来。司机向前倾身，确认自己没有漏掉什么东西——确实没有，他已经打扫得很干净了。他沿着人行道机械地清扫，从左边的墙，到右边的水沟和街道。所有东西都被扫到一边，以"吱吱"作响的胡佛面包车（Hoover van）为分界——就像一个大橡皮擦，在身后留下一片空白。当我沿着这条必经之路走向城镇时，街道已经被清扫干净，但却不再是"我的"街道了。得再过上一两天，我才能等到路上有树叶、糖纸、丢失的手套、孩子的奶嘴，这些东西让我再次想起曾经生活过的季节。走着走着，我就可以踢起树叶，躲开水坑，看到有人吃了什么就扔了什么，为丢了奶嘴的孩子感到难过。

我很喜欢清洁工吉姆（Jim），他有一套自己的清扫街道的方法。通常情况下，人们用手捡起地上的东西。而吉姆灵巧地操作细长的钳子，把垃圾捡起来，简单地挤压一下，放在袋子或垃圾箱上，然后松开。在我和吉姆一起度过的四个小时的早班中，只有一次，我见他用那把看上去很旧的稻草木扫帚扫啤酒瓶碎片。收拾，而非打扫，是很重要的。吉姆把某些东西捡起来，而把其他的东西放在一边，这样就占了一席之地。相比之下，街道清扫车和胡佛面包车把所有东西都扫走，形成了一个不同的地方，更确切地说是形成了一个真空。吉姆的操作很不一样。他负责整个区域的"维护"（maintenance），包括街道、人行道、房屋、前花园、排水沟；他把街道变成一个让人们去探索的地方，在那儿发现他们自己的道路。他利用自己对一个地方的判断和感知，有选择地移动。他捡垃圾，空烟盒、啤酒罐、瓶子、糖纸、速食食品的泡沫塑料包装——都是一些人们懒得自己扔进垃圾箱的东西。吉姆替他们做了。他清理有机废物，包括狗的粪便和人的呕吐物，"人们还是不要来这种地方比较好"。有一次他跟我说了一件事情，我听了之后立马就对他有好感。他说："我会将树叶留几个星期，这样人们才会注意到季节。"于是他留下了叶子，直到"它们开始腐烂，或变得太乱，或有滑倒的危险，我才把它们清理干净"。苹果花和樱花也是如此，宛如茂盛的粉白色地毯，直到它开始变成棕色。路边长满了荨麻和杂草，有的长在墙上，有的长在石板间，他又一次留下了这些叶子，因为"它们很漂亮，展示了自然和生命，而不是柏油路和石头"。

巡视

目前为止，我所描述的行走在人行道上的人们并不是使用者，而是人行道和街道的持续共同生产者，人行道和街道并不是固定的或已完成的事物，而是由我们，以及任何发生在街道上的事情不断塑形的过程：谁踏上了这条路，他们带走了什么，又留下了什么。

在本书的导论中，温迪·冈恩（Wendy Gunn）和杰瑞德·多诺万（Jared Donovan）提出了一种设计概念，它远离了问题导向法，远离了使用环境的标准轨迹（即提出一个问题，解决一个问题）。相反，冈恩和多诺万认为，世界更加多样化，我们需要关涉大量语境与实践。街道和人行道便是完美的场景。我们生活的一部分依赖于此。人行道（一条街道）不仅仅是到达目的地的工具，一段迅速且不易察觉的短暂路途。偶尔，当我们冲向目的地时确实是这样的，但如果我们总是这样看待街道，那便是一种贫乏的体现。我们会到达目的地，但其过程却被抹杀了。我们发现自己处于街道仅仅是连接点的观点中。相反，正如英戈尔德所言，街道可以是线条：向前移动，而不知道下一步会发生什么。在本书的导论中，冈恩、多诺万、英戈尔德讨论了设计的过程不是强加一个结局，而是让日常生活得以进展。因此，设计中需要想象力和灵活性，需要对变化的条件做出反应，而不是预测未来。

现在，让我们思考街道。在设计中，我们需要开放，需要想象力，所以我们可以在街道上使用自己的想象力。标准街道被黄白线条所覆盖，它描绘出了车行道，告诉人们应当往哪儿走，却通常被视为是"用户不友好"（user unfriendly）的。然而，"用户不友好"这个术语倾向于指涉占主导地位的汽车对行走在路上的人们是不利的。当然，另一个极端是上文描述的现代步行区，每种势力都可以进入。这些地方同样是"用户不友好"的。但是，真的是这样吗？这取决于我们如何解释这个术语。对我来说，这两种方式均被认作"用户不友好"的原因，在于它们没有提供任何即兴创作的机会。在现代步行区的"开放空间"中，即兴创作是不可能发生的，我没有创作的条件，失去了我的感官，我的四肢没有任何感觉（关于用户即兴创作以及设计如何阻碍或接受它，请参阅本书第五章）。在这个油嘴滑舌、几乎毫无生气的世界里，没有任何东西可以与之抗衡。我想到了一个翻新的步行购物区，位于英国一个大城市的中心，它由石头、玻璃、金属组成，没有植物或树木，所以不会有破坏环境的有机残留物。当然，覆盖在光滑路面上的冰或落叶会把这个地方变成一个有趣的障碍赛，吸引我去寻找立足点。然而，它是如此的"用户友好"，这个地方一尘不染，吸尘器日复一日地清扫地面。无论下雨、结冰、刮风，人们都很容易进入商店。在限制可能发生的事情方面，这些步行区与那些管制过度的街道没有什么不同，我感受到的是一整套规则，所有的即兴创作都被扼杀在萌芽之中。在这里，生活不仅在继续，而只能以一种正确的方式继续。除非你是城市跑步者，看到预制的步道、障碍物、十字路口的金属格栅，其他的引导线，"向右看""穿过这里"等信息——这些都是需要克服的障碍。不幸的是，以那些使用死板、缺乏想象力的结构来满足个人想象力的人是少数的。

　　一个真正"用户友好"的地方，的确就是一个对用户友好的地方。我的建议是提供"供给"（affordances）①，这是吉布森创造的一个术语，用来表示"（人类）动物和环境的互补性"。我在这里用它来表示一个人能满足自己、他人、世界的能力。你的感觉、能力、情绪、变化的欲望，你想象的未来，你和他人的昨天、时间的运转、天气变化对物质的影响。简而言之，一个"用户友好"的地方可以让我们在这个世界上有自己的位置，是一个可以让我们体验到什么是完整的人类的地方。实际上，本书的撰稿人都呼吁设计一些东西，让人们在一生中不断发展技能，从而使技能得到充实，而不是削弱。通过这种方式，一个有意义的关系是通过"使用"而建立的。采用"允许"（allow）这个词汇：允许日常生活继续，允许人们在一生中不断发展一种技能。我们每个人都有

---

① 对这一概念，本书第十一章《设计行为》中有更详细的说明。——译者注

自己独特的成功之道，当我们在这个世界上留下自己的印记时，它就会在我们身上留下印记。因此"用户友好"是需要被限定的。

尽管"东大街"的街道和人行道有缺陷、裂缝、危险，但它却允许我随心所欲地使用。它使日常生活得以维系——即使，或者仅仅因为，行走其间需要意识、协商、创造性。"东大街"让我在一生中发展技能：通过对季节的敏感性，通过我的日常重复，通过我的身体能力。实际上，相比"允许"，东大街提供的更多的是对行为的推进①。

那么，"用户友好"一词中"用户"是否存在问题呢？我与英戈尔德的观点保持一致，我们不仅是用户，不仅是消费者——在一个充斥着现成产品的世界里，我们是实践者和生产者②。那么这个术语是否应该是"实践者友好型"（practitioner-friendly）呢？这当然是关于人行道和街道的情况；我们不是仅将街道作为街道使用，而是将它们纳入其他活动中。我建议街道甚至可以成为活动本身。当我的活动（散步、玩耍、寻找平衡、谈话、会面、闻气味）在人行道上进行时，我也在人行道上行走。在这种情况下，平滑的现代步行空间是"实践者不友好的"（practitioner-unfriendly），因为它剥夺了我做事情的机会。这个地方是一片空白，它既不邀请也不要求。没有机会去玩耍，去学着与环境协商。

---

① 我指的是英戈尔德的"徒步旅行"（wayfaring）概念，即运动与感知相结合，而不是仅仅通过（get across）。英格尔德将"通过"称为"交通"（transport），将充满感知的步行定义为徒步旅行。

② 本书第二章《作为熟练医护实践者的病人》探讨了在慢性病的自我护理领域里"实践者"的概念。患者不仅是接受治疗的病人，还是积极的、至关重要的、熟练的医护实践者。同基尔伯恩一样，我把"用户"换成"实践者"，把"消费者"换成"生产者"，是为了展示我们每天都在做的，却没有意识的隐藏工作。

相比之下，我称东大街为"实践者要求型"（practitioner-demanding），或者更确切地说，是"实践者促进型"（practitioner-facilitating）。开裂的路面让我行动起来，给我摩擦的东西（我需要的摩擦），让我的四肢、肌肉、大脑、记忆活动起来的东西，让我感觉充满活力的东西。这让我在早上上班的路上总是心情愉悦。换句话说，我可以接受"用户友好"这个词，如果我们把"使用"理解为"直觉和机遇，身体和思想"，就像景观/步行艺术家理查德·朗（Richard Long）所说的那样。如果街道和人行道允许我们"使用"它，这便是开放和灵活的设计。

然而，尽管人们对糟糕的基础设施和设计的构成有普遍共识，但好的设计可能并不那么简单。对所有人来说，安全、方便地获取信息都是至关重要的。人们有不同的能力，街道属于所有人。但这是否意味着我们必须放弃现有的大量人行道及街道上的障碍，而瞄准那些平整到可以滑行的表面呢？我们想要这片沙漠、这片无人区吗？我们能否把以下诸多要素结合起来：为所有人提供的通道，带有刺激可能性的可选择的快速通道，技能的发展，与环境建立有意义的联系。虽然我意识到并不是每个人都有时间来徒步旅行（wayfare），但大多数情况下，我们都是以交通（transport）的方式在不同的地区快速穿行。最糟糕的错误，也是人们常犯的错误——是将街道、人行道等同于交通：只看到它们从A到B的单一用途。然而，这只是一小部分用途罢了。还有更多的事情在发生，生活仍在继续。现在，是时候通盘思考和规划街道、人行道、城市空间了。

把人行道和街道看作事件，看作发生的事情，也许是防止在思路上偷工减料的一个好办法。英戈尔德提出了这样一个问题：设计师的想象，如何与那些将参与设计输出的人们的实践相连。就城市设计师而言，我觉得有必要向他们展示人行道上的生活。或者像智能手机的设计师们所说的那样，他们总是"从您的身上寻找灵感"。

我意识到，并不是每个人都想玩耍，或者有时间玩耍。恰恰相反，大多数人在其日常旅行中都希望尽可能快的速度和尽可能短的路程，对愉快而鼓舞人心的环境置若罔闻。在平坦的路面上，跨越不受阻碍，表面接触也最小。长期以来，街道和人行道的设计都以保证安全流畅的交通为重心。的确，快速通道使人得以快速通过道路。然而，如果我们想要宜居的城市，我们就需要有吸引力的环境（提供摩擦和流动）而不是假想我们需要的只是"毫不费力地滑过生活"，因此，带着这唯一的目的来设计。在我写的这一章中，我最不能接受的就是"毫不费力"（effortless）这个词。"滑过"（gliding）没有错，它可以构成幸福的流动，但流动需要精神、肌肉、知觉的努力和技能来维持。我想说的是，我觉得自己在一定程度上被赋予了生命，最重要的是被设计吸引着去实践，我才意识到自己是活着的。回到流动游乐场。不要在生活中"毫不费力地滑行"。所谓生活，不仅存在于到达的时间和地点，还存在于过程之中。

致谢

这些关于城市步行和地面的观察来自我在兰卡斯特大学（Lancaster University）期间受英国工程和物理科学研究委员会（EPSRC）资助的"理解步行和骑自行车"项目，我考察了人们对日常城市步行和骑自行车的认知、实践、体验。

参考文献

Casey, E.S. 1996. How to Get from Space to Place in a Fairly Short Stretch of Time, in *Senses of Place*, edited by s. Feld and K. Basso. Santa Fe: School of American Research Press, 13-52.

Gehl, J. 1987. *Life between Buildings: Using Public Space*, trans. J. Koch. New York: Van Nostrand Reinhold.

Gibson, J. 1986. *The Ecological Approach to Visual Perception*. London: Lawrence Erlbaum Associates publishers.

Ingold, T. 2000. To Journey along a Way of Life, in T. Ingold, *The Perception of the Environment: Essays in Livelihood, Dwelling and Skill*. London: Routledge, 219-42.

Ingold, T. 2007. Up, Across and Along, in T. Ingold, *Lines: A Brief History*. London: Routledge, 72-103.

Jensen, M., Buur, J. and Djajadiningrat, T. 2005. Designing the User Actions in Tangible Interaction, in *Proceedings of the 4th Decennial Conference on Critical Computing: Between Sense and Sensibility*, Aarhus, Denmark, 20-24 August 2005, edited by O.W. Bertelsen., N.O. Bouvin, P.G. Krogh and M. Kyng CC '05. New York: ACM Press, 9-18.

Merleau-Ponty, M. 1998 [1962]. *Phenomenology of Perception*, trans. C. Smith. London: Routledge.

Otter, C. 2004. Streets, in *Patterned Ground: Entanglements of Nature and Culture*, edited by S. Harrison, S. Pile and N. Thrift. London: Reaktion Books, 242-4.

Overbeeke, C.J., Djajadiningrat, J.P., Hummels, C.C.M. and Wensveen, S.A.G.

2002. Beauty in Usability: Forget about Ease of Use! in *Pleasure with Products: Beyond Usability*, edited by W.S. Green and P.W. Jordan. London: Taylor and Francis, 7-16.

Singh, A. 2010. Shortage of Grit May Leave Millions Stranded. *The Sunday Times*, 10 January 2010.

第五章　用户的即兴与设计，一个制度化观点

麦克斯·罗尔夫斯塔姆　雅各布·布尔

　　本章在制度理论的启发下，形成了对用户和设计师的观点，从而将使用和设计理解为发生在制度定义环境中的活动。这一观点推进了对成功的设计的制度标准分析。从制度性角度来看，任何经过设计的技术或人工制品的成功，都是在设计与用户环境定义的制度设置相匹配时发生的。我们将以反铲装载机的专业摇杆为例，说明操作人员在使用中培养技能，以及围绕某项技术进行即兴创作和开展全新实践时，制度是如何发挥作用的。我们还将借鉴一个例子，在这个例子中，设计师允许用户从一开始就进行即兴创作。这一行为强调了制度化的理解设计任务的重要性，并鼓励对设计所使用的制度化背景进行研究与考虑。这一研究反过来又对作为实践者的设计师和设计师教育产生了影响。

　　在制度分析中，我们将设计对象看作是设计过程的结果和它自身的制度化包袱。我们也强调，制度的表现形式和适用范围是相对的；它们可以是正式的，也可以是非正式的；可以是"外生的"（exogenous），也可以是"内生的"（endogenous）。如果将一个经过设计的人工制品看

作是一个制度或制度设置嵌入，那么设计行为就成了规则。使用成了行动的要素，使用是对规则进行解释的场域。使用者可遵从设计所提供的制度安排，或通过寻找其他使用方法来突破设计意图。为说明这一点，我们借鉴了在一个设计操纵杆的项目中发生的事件，并利用所得到的观察来探讨设计师和公司工程师如何看到使用和用户即兴发挥。从制度分析的角度来看，用户即兴发挥成了设计和用户之间制度不匹配的指标。我们在这里主张，通过采用制度的观点，设计师可以坚持或找到方法，通过他们的设计决策来挑战主流制度。最后，在这一章的结尾，我们探讨了辅助性设计的概念。

我们如何理解制度

尽管制度方法是从社会科学的大多数分支中发展而来的，但对于什么是制度，还没有公认的定义。大多数制度方法可接受的基本论断是，人类协作被视为受"制度"（即至少在事前结构上达成的有效的集体共识）所管制、支持、影响和/或调节。在文献中，制度被定义为"社会中……塑造互动的游戏规则"[1]。它也可以被看作是"构建社会互动的、既定普遍的社会规则体系"[2]或"人类用来组织所有形式的重复性和结构性互动的方案，包括家庭、邻里、市场、公司、体育联盟、教堂、私人协会、各级政府内部的互动"[3]。比约恩·约翰逊（Björn Johnson）认为，

---

[1] Douglass North. *Institutions, Institutional Change, and Economic Performance.* Cambridge: Cambridge University Press. 1990. p.3.

[2] Geoffrey Hodgson. "What are Institutions?" in *Journal of Economic Issues.* Vol 40. 2006. Issue 1. pp.1-25.

[3] Elinor Ostrom. *Understanding Institutional Diversity.* New Jersey: Princeton University Press. 2005. p.3.

制度是"一套习惯、惯例、规则、规范、法律，它调节着人与人之间的关系，塑造着人与人之间的互动"①。

　　花点时间思考一下，我们就会发现在日常生活中要找到制度元素并非难事。早晨，我们在某个惯常的时间点醒来，而时间以小时、分钟的方式来衡量，是由世界大部分地区所商定的。我们之所以起床，根本原因可能是为了工作；而工作，是资本主义社会中既定的交换机制；我们用工作换得钱财，用钱财购买所需之物。我们进入浴室，而浴室是根据现行建筑规范来设计的；我们使用某种不含过敏源的沐浴露，这种沐浴露获得了一系列组织的认证和标签，这些组织则被赋予了颁发此类认证的权力。我们吃的早餐，也是卫生局所建议的"营养早餐"。在工作合同规定的上班时间前，我们开车上班，并一路遵守交通规则。如果有孩子的话，还需要载他们去学校，而根据法律规定，学校是儿童在达到一定年龄前必须去的地方。在去学校的路上，你用你和孩子都能理解的语言与他们讨论课程的方方面面。而课程，由权威人士所决定；权威，又由政治家所控制。政治家根据民主国家原则，通过选举来行使这种控制权，巩固自己的地位。在上班之前，你可能要给车加满某种以升为单位的特定标准化质量的燃料（如果你所在地区的燃料是以升计算的话），并用你所在国家的货币进行支付。终于到达工作地点了，正如早上遇到同事时约定俗成的那样，你向老板道了声早上好，而老板，则是在工作领域内对你有指使权的人。然后，你走向公司分配的办公桌，这张办公桌是大家公认属于你的。接着开始处理周一例会分配给你的任务。

---

① Björn Johnson. "Institutional Learning" in *National Systems of Innovation: Toward a Theory of Innovation and Interactive Learning*. London: Frances Printer Publishers. 1992. pp. 23-44.

我们还可以接着往下说。应当指出的是，我们进行制度分析，并不一定意味着人是完全由体制领导，而全无个人意志的。

实际上，制度分析可以用来解释多样性。然而，它确实强调了一点：人是存在于制度环境中的。作为集体的成员，无论这个集体是国家、运动俱乐部还是街头帮派，都必须接受某些规则或按照理性行事，以换取被接纳的权利。制度还因减少了不确定性，缓解了认知和其他资源而存在。因此，在某种程度上，制度是有利于其支持者的。制度可以被视为共同的"记忆"，这种记忆有利于互动与发展，例如语言、技术标准乃至驾驶方向等。制度作为信息设备，让人可以不必要每天都从零开始生活。没有制度，社会体系就不能积累知识，也无法促进交流。

设计、创新、制度：简要回顾与评论

如果有兴趣了解设计和创新是如何发生的，我们需要进一步研究创新和设计的游戏规则。对于创新研究，在文献中有相应的论述——"一组相互作用决定创新绩效的机构……"以及"一组共同在影响创新绩效方面发挥主要作用的机构参与者"[1]。制度设计的概念经常被用于指涉政策或法律的制定，也可以指涉监狱、医院等公共建筑的设计，有关设计模块化的文章也常常使用到设计规则的概念。设计规则的抉择对后续设计有所影响，可能涉及建筑、界面、标准规格。设计（或技术）既可能去界定规则，也可能被规则所界定，在这方面也有深入的研究。虽然社

---

① Richard R. Nelson eds. *National Innovation Systems: A Comparative Analysis*. Oxford: Oxford University Press. 1993. pp. 4-5.

会科学的许多分支涉及技术和组织之间的关系，但我们认为，对作为规则制定的人工制品在设计的制度方面的关注，是相对较少的。在后文，这一方面会通过借鉴创新研究和设计理论的文献来论述。

本章开头写道，制度意味着很多事情。在此，我们要用二分法来区分"外生制度"和"内生制度"。外生制度是从外部影响人与组织的，它们以我们几乎，甚至根本无法直接控制的方式强加于我们，其典型例子是国家法律。原则上，这些法律可以不经协商谈判，但必须遵守，不服从就会致使违法者遭到某种形式的惩罚。而内生制度通常影响、演变于社群内。一个典型例子是摩托骑手之间的传统，他们在路上相遇时，会相互打招呼来表示双方均属于摩托社群。

对于组织而言，内生制度是关于如何处理周遭事物的本地程序与传统，内部机构也可能由于社群内部的互相学习而发生变化。某一组织内部的内生变化可能会改变组织对外生制度的反应。此外，外生制度也会发生变化，其变迁是以非递增的（non-incremental）方式发生的。最能说明问题的是形式法则的发展方式。通常，法律会以一种破坏性的方式进行修订，从某种意义上说，就是从某个特定的时间点开始实施变革。

创新实践的相关讨论的一个趋势是对形式变量（formal variables）的过分关注，如莫滕·延森（Morten Jensen）等人探讨的"科学、技术、创新"模式（Science, Technology and Innovation mode; STI mode）。某一机构持有的专利数量、拥有博士学位的成员数量，某一地区新成立的公司数量，某一研究单位发表的论文数量及论文引用数量等，这些数据被用来分析组织或领域的创新绩效。有时被忽略的是，在形式变量中通常没有包含本地社群互相学习的作用，这些延森等人称之为"行动、使用、互动"模式（Doing, Using and Interacting mode；DUI mode）。本章的观点遵循了类似的思路。我们发现，有问题的是倾向于假设制度的外生观点，而制度通常被视为对人类行为的约束。这就减少了公司和其他组织内部的行动，使之从根本上成为对制度设置的回应。这些分析通常停留在正式机构的层面（与特定创新过程相关的法律和监管框架相联系）尽管概念的范围要宽泛得多。这种方法的另一个局限性在于，它可能会忽视个别公司和其他组织间组织模型与战略的多样性。

设计可被视为一种学习过程，由提供解决方案方向的愿景所驱动。设计任务的初始感知是由设计师的理想和思想形象决定的，即设计师的认识或推理。为使视觉物化，设计师从视觉出发，建构一个可操作的形象。这是设计师在自己对设计情境的感知和自己的愿景之间进行斡旋的结果。可以说，视觉在被图像影响的同时，也在引导着一种可操作的形象的发展。在某个时间点上，操作形象的发展会成为一种设计建议，即某种人工制品。这是一个回溯性过程（a reflective process），"解决方案"不是直接从"问题"中产生的；设计师的注意力在二者之间摇摆不定，逐渐发展对二者的理解。值得说明的是，尽管在技术意义上的结果仍是未知的，但过程仍然由理性和愿景来指导，这将帮助开发人员确定预期结果的时间。

这意味着，设计过程虽是不确定的，但却是一个导致决策的理性过程。

本文的目的是探讨设计过程的制度分析可能产生的影响。出发点是假设任何组织都是在资源匮乏的情况下实现其目标的。因此，组织所采取的行动是有目的的，这也意味着组织必须包含某种"确定行动的程序①"或合理性（rationality），这种合理性将影响学习的条件和组织特定例程的创建。埃里克·斯托尔特曼（Erik Stolterman）所言的合理性，必须被视为制度上已做出的和正在进行中的决定。本质上，我们在这里讨论的是旺达·奥里考斯基（W. J. Orlikowski）提出的技术的双重性。它的运作方式与组织的合理性决定了组织内部产生什么样的知识是一样的。以医院为例，考虑到治疗疾病的一般合理性，可以预料医院会培训与卫生、医疗保健研究等相关的常规工作。我们这里要强调的是，设计师成了制定规则的决策者，也就是制度设计者。规则的内容反映在设计工作所依据的合理性上。遵循这个观点，设计师的观点可能不像人们想象的那样自由。

另一点需要指出的是，机构有不同的范围。例如，大多数法律都与特定国家的地理范围相关，这就意味着，在一个国家违法的事情，在另一个国家可能是完全合法的。有时，地方市政当局规定的法律只在市政当局的边界内有效。一个孩子的母亲对自己的孩子有权威，对孩子的朋友则没有。大学教师对学生成绩可能有一定的权威，但对学生所修的其他课程则无能为力。以冰球比赛和格斗为例。有时冰球运动员最后会在冰上互相打斗。根据冰球比赛的规则，他们得在罚坐席待上两分钟，而同样的打斗如果发生在酒吧里，那么当事人则可能面临罚款或监禁。

同样，我们认为设计是由制度决定，也会决定制度，设计师是在制度语境下行动的。在给定的情况下，利益成为设计师的合理性所代表的制度语境。在这里，我们将设计师视为外在于用户，内在于机构的设计

---

① Richard R. Nelson, Sidney G. Winter. *An Evolutionary Theory of Economic Change.* Cambridge, MA: Harvard University Press. 1982. p. 57.

人才。设计师在多大程度上与用户的制度设置相匹配，以及用户是谁，这些都是中心问题。有时，当讨论创新时，会隐含地关注创新的外生方面。虽然用户也是系统的一部分，但用户理解的制度方面常常被忽视。这在理论上是有问题的，在实践中也是如此；原则上，设计（即结果）存在导致制度冲突的风险。

因此，我们将用户视为内生制度设定的代表。至少在设计人员与用户不同的情况下，最初设计的所有内容对用户来说都是外生的。设计师所面临的挑战是如何实现制度层面的匹配。我们将通过两个例子，进一步探讨外生与内生之间的关系。第一个例子源于一个项目，本文的第二作者雅各布·布尔也参与其中。该项目旨在设计出用于越野工程车的专业操纵杆，项目进程中的影像用于记录操作员对机器的使用。下文描述的是设计团队在发现工作人员的实际操作与设计师的构想不一致时的反应。第二个例子来自反铲装载机领域，也同样涉及操纵杆的设计，并说明了设计会如何考虑到一些设计师并不知道的未来使用方式。

作为制度设计的专业操纵杆

反铲装载机是一种由拖拉机发展而来的越野车。这种车配有两个挖掘工具：前面是一个宽装载机，后面是一个可扩展的反铲挖掘机上的铲子。这种配置，可谓是一个多功能机器。向前行驶时，操作员可一手持方向盘，一手放在控制装载机上下运动的操纵杆上，将泥土和碎石等物品装上、提起并存放。该座椅可旋转，因此，当面向后方时，操作员可以使用座位两侧的操纵杆来挖洞和挖沟。当挖掘时，反铲装载机使用稳定器来下降，以防车辆翻转。为了挖掘更大的整体或壕沟，操作者必须随工作进程将车辆前移。我们可以把它想象成两个不断重复直至任务完成的状态；操作者挖到铲子能挖到的地方，然后移动车辆，再挖一次。设计人员设想的挖沟技术，例如沿着道路的电缆，首先放置机器，放下稳定器，绕着座位旋转，然后开始挖，挖到挖掘机能挖到的最远的地方。当操作员将沟槽延伸到机器所在位置时，他需要移动车辆才能继续：将反铲铲车放在运输位置上，绕着座椅旋转，升起稳定器，抓住方向盘，让车辆行驶到加长的反铲铲车的长度，放下稳定器，旋转，继续挖掘。

对操作员而言，这条指令意味着，挖掘流程一旦中断便会造成麻烦。一些技术娴熟的操作者开发了另一种移动车辆的方法，这意味着，烦琐的程序元素即将被改写了。在这种新方法中，他们可以同时控制装载机和反铲挖掘机，将机器从地面抬起，并将其朝前端装载机的方向移动——无须操纵稳定器、旋转座椅、转向和驱动！

当开发团队看到反铲挖掘机操作者在工作中应用这种改进的过程的视频记录时，操纵杆开发团队中出现了大量反对的声音。

这个故事涉及两个参与者，设计团队和操作员，每个人代表两种不同的制度设置或合理性。对经营者来说，设计团队的挖掘和移动是一种外生制度。这显示出，设计团队的内生制度设置与经营者之间普遍存在的内生制度并不完全匹配。然而，这项技术足够灵活，可以使用户进行即兴创作。这方面的一个例子是根据操作者要求而开发的一种不那么麻烦的挖掘程序。今天，我们不能回头去问那些参与这个项目的人，那次事件到底是如何发生的，但我们仍然可以对潜在的合理性做出一些假设。比如，我们可以假设设计主题的潜在合理性是根据合理的工程原理创造出一个好设计。设计团队的成员间可能会有一种归属感，也可能会有一种自豪感，这是一个可以告诉其他同事或朋友的故事。从这个意义上看，是以一种规范、含蓄的方式叙说他们拥有相对于那些理应资质较低的蓝领工人更优越的地位。操作员的基本合理性所关注的并不是设计本身，而是机器在多大程度上有助于他们完成被分配的工作。他们将使用这台机器以最佳方式解决任务，他们认为自己几乎不会注意任何有意义的正式指令。他们合理性的一部分是寻找新的方法，以最有效的方式完成他们的工作。对于设计团队的成员来说，操作员的即兴创作显然是错误地使用机器的方式。他们认为，机械上的张力肯定会损坏机械装置。对于操作员来说，掌握这一特殊程序的能力几乎是他们同辈中资历的标志，因为他们的程序需要操作员的大量实践和技能。对于运营商而言，禁止无间断挖掘的规则将是外界施加的一种内生制度。相反，无中断的例行程序与运营商的内部机构设置相一致。

第二个例子是关于反铲装载机操纵杆的设计。该团队设计的操纵杆瞄准更广阔的市场，而非挖掘机制造商制造的产品，这带来了一定的挑战。使用操纵杆来控制机器的越野车多达十种：包括挖掘机、装载机、叉车、平板车等。无论在哪一种车中，操纵杆的动作都被映射到不同的动作上。这些机器中有许多都有一个特殊需要，向操作员提供额外的功能：吊杆的额外延伸，打开或关闭特定工具等。操纵杆的设计师们试图通过在操纵杆顶部添加一个正方形区域来为这样的调整创造条件，在这个区域中，一个矩阵最多有四个按钮，拇指可触摸到两个相邻滑块。这些组件可作为定制选项来进行安装。

这个选择证明了：按钮和滑动条的组合可以满足大多数客户的需求。

在第二个例子中，设计还包括制度设计。这一次，设计师给出的规则从本质上看是一种向前兼容的行为，定义为用户即兴创作的可能性。与反铲装载机的设计者设想的挖掘和移动程序相比，操纵杆例子中的设计并没有对未来的用户构成约束。在这种情况下，设计师的合理性与那些后来将操纵杆安装到特定细分市场的人们的合理性是一致的。未来使用的未知方面也被纳入设计，因为规则意味着允许用户即兴创作。

辅助性设计

　　为了对这一制度实践进行总结，我们将就政治学领域制度学者熟知的概念——辅助性原则（subsidiarity principle）进行简要探讨。辅助性原则定义了欧盟及其成员国之间的政治关系。大体上，它意味着任何决策都应该尽可能贴近公民，以避免欧盟层面自上而下的治理。如果可能的话，成员国（甚至更低级别的国家/区域）应自行执行欧盟级别的任何规定。辅助性原则反映在欧盟可能采取的不同形式的法律行动上。这些法律行动条例、指示、决定、建议或意见，各自具有不同优势。以规章制度为例，它在整体上是有约束力的；也就是说，他们所关注的人必须严格遵守规章制度。而建议和意见则完全没有约束力。指令也具有约束力，但仅针对要实现的结果。各成员国自己有责任选择如何执行这些指示。这里，我们的目的不是讨论欧盟的治理。然而，我们将利用这个治理原则，并基于上面讨论的示例，拓展我们对所谓辅助性设计的理解。从某种程度说，辅助设计的概念与稳健设计（robust design）的定义相类似：

　　当创新设计的具体细节安排，通过调用有价值的模式和脚本，快速且有效地在熟悉的世界中找到新颖的产品或流程时，这样的设计就是稳健设计。稳健设计通过不限制使用时的理解和行动的潜在发展，从而保留了未来发展所必需的灵活性[①]。

维克托·范伯格（Viktor Vanberg）以阿尔伯特·赫希曼（Albert O. Hirschman）的《退出、呼声与忠诚:对企业、组织和国家衰退的反应》（*Exit, Voice, and Loyalty: Responses to Decline in Firms, Organizations, and States*, 1970）为依托，阐述了辅助性原则的两个视角，"声音"与"退出"的区别。前者指的是公民对即将实施的政策表达个人意见的权利。后者指的是公民脱离对其利益产生不利影响的政策的可能性。范伯格提出的另一个问题是公民承担责任的能力，以及如何在不被公民推翻的情况下邀请公民参与。更简单地说，就是如何控制人们，才能让人们受控（而不让自己失控）？我们会让其他国家替欧盟来回答这个问题。这里，我们将简要地讨论这个问题如何才能为进一步的设计和创新工作提供灵感。就像为欧盟成员国的人民设计机构的政策制定者一样，我们也会认为人工制品的设计师能够，而且应该采纳辅助性原则。根据辅助性设计原则，设计对象将是能够听到未来用户声音的人工制品；或者是如果用户有意愿，就可以远离的人工制品。在上述两个例子中，设计师可能希望保持控制。在第一个例子中，这种控制在某种程度上受到了用户的挑战，这可以从他们违反了既定的挖掘程序（即用户的即兴创作）中得到证明。在操纵杆的例子中（至少就这个分析而言），制度设计与用户的内在合理性是兼容的。由于设计师并不完全了解未来用户的内生设置，他们创造了诱人的条件，允许未来用户根据他们自己选择的方式来调整

---

① Andrew B. Hargadon, Yellowlees Douglas. "When Innovations Meet Institutions: Edison and the Design of the Electric Light" in *Administrative Science Quarterly*, 36(3), 2001, pp. 479-80.

操纵杆。

正如我们在上文中所提及的，一种制度的设计方法促使人们关注当前环境中的合理性和机构。设计师可以作为制度设计师，为用户提供外生的设计。因此，我们将鼓励设计师养成一种习惯，即进一步仔细检查他们设计意图所暗含的内在制度设置。用户通过应用其本地的、内生的制度来处理外生制度。当存在内外制度不匹配时，用户可能会即兴发挥。当然，我们可以用许多不同的方式来处理用户的即兴创作。第一种方法是将即兴创作视为对设计制度的违抗，然后潜在地给予某种惩罚，就像许多外生制度的典型强化那样。第二种更中立的方法是，将即兴创作视为与制度不匹配的迹象，从而作为有助于改进设计的学习来源。第三种方法是彻底改变设计的执行方式。如上文所论述的斯托尔特曼在设计模型中引入辅助性原则。与原模型相比，斯托尔特曼的模型主要区别在于，它包含了取消确定（un-deciding）哪些是确定的（certain）设计决定。

在对反铲装载机设计进行讨论时，我们曾提到过两个例子。在第一个例子中，由于设计团队提供的设计忽略了可能性（无中断的挖掘过程），因此出现了用户即兴创作。而在另一个例子中，设计团队实际上是根据辅助性原则进行工作的。

从某种意义上说，他们从一开始就允许未知的内生合理性存在。这样看来，按照辅助性原则进行设计，不仅将有助于发现制度上的不匹配，而且实际上从一开始就承认不匹配的存在。此外，该原理有潜力在设计师没有充分意识到问题存在的情况下，提供解决方案，就像给设计师提供一个正方形，让他/她以最佳方式填充，让未来的用户来感知判断。

将设计师设想为辅助性设计师，对设计师和设计师培训都有所启发。设计师不再是决策者或统治者，而是制度的协商者。在用户群体中，我们也可以找到设计师，虽然他们的设计作品是即兴创作的。两种设计的不同之处在于，用户设计的范围可能仅限于内生语境。此举挑战在于，让当前和未来的设计师采用一种自我形象，即用户的即兴创作不是威胁，而应该把辅助性设计视为一种规范和设计师职业身份的一部分。

参考文献

Argyris, C. 1999. *On Organizational Learning.* second edition. Maldon, MA: Blackwell Publishers.

Arnheim, R. 1962. *Picasso's Guernica: The Genesis of a Painting*. Berkeley: University of California press.

Baldwin, C.Y. and Clark, K.B. 2003. Managing in an Age of Modularity, in *Managing in the Modular Age. Architectures, Networks, and Organizations*, edited by R. Garud, A. Kumaraswami and R.S. Langlois. Maldon, MA: Blackwell Publishing, 149-71.

Coriat, B. and Weinstein, O. 2002. Organizations, Firms and Institutions in the Generation of Innovation. *Research Policy*, 31, 273-90.

Cross, N. 1992. On Design Ability, in *Proceedings of International Conference on Theories and Methods of Design*, Gothenburg, 13-15 May, 49.

Dosi, G., Freeman, C., Nelson, R.R. et al. (eds) 1988. *Technical Change and Economic Theory*. London and New York: Pinter Publishers.

Hargadon, A.B. and Yellowlees Douglas, J. 2001. When Innovations meet

Institutions: Edison and the Design of the Electric Light. *Administrative Science Quarterly*, 36(3), 476-501.

Hirschman, AO. 1970. *Exit, Voice, and Loyalty: Responses to Decline in Firms, Organizations, and States*. Cambridge, MA: Harvard University Press.

Hodgson, G.M. 2006. What are Institutions? *Journal of Economic Issues*, XL(1), March, 1-25.

Hollingsworth, J.R. 2000. Doing Institutional Analysis: Implications for the Study of Innovations. *Review of International Political Economy*, 7(4), 595-644.

Jacoby, S. 1990. The New Institutionalism: What can it Learn from the Old? *Industrial Relations*, 29(2), Spring, 316-40.

Jensen, M.B., Johnson, B., Lorenz, E. and Lundvall, B.A. 2007. Forms of Knowledge and Modes of Innovation. *Research Policy*, 36, 680-93.

Johnson, B. 1992. Institutional Learning, in *National Systems of Innovation: Towards a Theory of Innovation and Interactive Learning*, edited by B.A. Lundvall. London: Frances Pinter Publishers, 23-44.

Jepperson, R.J. 1991. Institutions, Institutional Effects, and Institutionalism, in *The New Institutionalism in Organizational Analysis*, edited by W.W. Powell and P.J. DiMaggio. Chicago and London: The University of Chicago Press, 1-38.

Lundvall, B.A. 1992. National Systems of Innovation. Towards a Theory of Innovation and Interactive Learning. London: Pinter Publishers.

Nelson, R.R. and Nelson, K. 2002. Technology, Institutions, and Innovation systems. *Research Policy*, 31, 265-72.

Nelson, R.R. and Rosenberg, N. 1993. Technical Innovation and National Systems, in *National Innovation Systems: A Comparative Analysis*, edited by

R.R. Nelson. Oxford: Oxford University Press, 3-21.

Nelson, R.R. and Winter, S.G. 1982. *An Evolutionary Theory of Economic Change*. Cambridge, MA: Harvard University Press.

North, D.C. 1990. *Institutions, Institutional Change, and Economic Performance*. Cambridge: Cambridge University Press.

Orlikowski, W.J. 1992. The Duality of Technology: Rethinking the Technology in Organizations. *Organization Science*, 3(3), 398-427.

Ostrom, E. 2005. *Understanding Institutional Diversity*. New Jersey: Princeton University Press.

Schon, D.A. 1983. *The Reflective Practitioner: How Professionals Think in Action*. London: Temple Smith.

Stolterman, E. 1991. Designarbetes Dolda Rationalitet: En Studie om Metodik och Praktik Inom Systemutveckling (PhD dissertation, Department of Information Processing, University of Umea).

Vanberg, V.J. 1997a. Institutional Evolution through Purposeful Selection: The Constitutional Economics of John R. Commons. *Constitutional Political Economy*, 8(2), 105-22.

Vanberg, V.J. 1997b. Subsidiarity, Responsive Government and Individual Liberty, in *Political Institutions and Public Policy: Perspectives on European Decision Making*, edited by B. Steunenberg and F. van Vught. Dordrecht/Boston/London: Kluwer Academic Publishers, 189-203.

第二部分

∨

设计与使用

导论：决定性时刻

约翰·雷德斯托姆

引言

　　一段时间以来，我们已经知道事物的意义与"有意义性"（meaningfulness），事物的实际使用，既是设计师的意图，也是人们的日常行为。物质文化研究为我们提供了丰富的例子，告诉我们当人们把物品纳入日常生活的结构时，它是如何变得有意义的。物质文化研究也告诉我们关于物品生活的故事，远远超出了对形式、生产、分销、广告、销售这几类典型的关注。米哈里奇·克森特米哈伊（Mihaly Csikszentmihalyi）、罗奇伯格·霍尔顿（Rochberg-Halton）、朱迪思·阿特菲尔德（Judith Attfield）的开创性研究挑战了早期日常生活中物品的观点。重要的是，诸如此类的研究引发了这样一个问题：事物的意义是在什么时候、在哪里、由谁、如何创造的。现在有很多例子说明日常实践是如何占用和重新创造事物的使用的，而这并不局限于我们的个人物品和家庭环境。伊恩·鲍敦（Iain Borden）关于滑板者和建筑之间关系的讨论便是一个有用的例子：

……扶手是一个高度实用的物体；它的使用时间和性质都是完全程序化的。如果扶手有任何意义，那么它与功能直接相关：那就是安全。令人惊讶的是，滑板者重新使用了扶手——跳跃到扶手上，从侧面滑下，在滑板甲板上危险地加重重量，因为它同时平衡并沿着金属棒的支点线移动。它的目标是安全，日常的安全，然而它却变成了一个风险的对象，而在之前风险是被抹去了的。扶手的整个逻辑完全颠倒了[①]。

虽然从早期大规模生产和大规模消费的工业设计开始，设计和设计研究开始了其漫长的征途，我们仍然在设计和使用之间的关系表述上挣扎，这与最初由设计师设计，然后用户使用的理解有很大不同。一个评判设计与使用二元对立的方法是分别询问究竟谁是设计师、谁是使用者。

这种解构关系最具影响力的例子之一是参与式设计，以及参与式设计如何开启了谁能成为设计师的问题。更确切地说，这一方法处理的问题是：谁可以被包括在设计过程中，有什么影响和权力，以及如何使一个更加开放和民主的发展过程成为可能。然而，设计过程和使用实践之间的基本区别在参与式设计中仍然存在：尽管有关使用实践的专家被囊括到设计过程中，但将设计过程描述为某些专业知识和经验合体，而不是消除设计和使用之间的区别（特别是当我们考虑到设计过程的暂时性时），可能会更准确。

同上文鲍敦关于滑板者的例子相关，埃里克·冯·希佩尔（Eric von Hippel）的"引导用户创新"研究提供了一些例证，说明了某些用户如何

---

① Iain Borden. Another Pavement, Another Beach: Skateboarding and the Performative Critique of architecture, in *The Unknown City*, edited by I. Borden, J. Rendell., J. Kerr and A. Pivaro. Cambridge, MA: MIT Press. 2001. pp.185-187.

或多或少地参与到系统开发创新和新的设计方案之中。例如，连续实验的新方法，冲（大）波浪导致冲浪者研发出跟脚风帆冲浪板，允许脚在跳起时或拖曳冲浪时，固定在冲浪板上，从而冲浪者可以被带到大且快速的波浪上。在诸如此类的例子中，我们很难区分设计和使用。虽然并不是所有的冲浪者都有这样的创新（因此才有"领先用户"（lead-user）这个词），但实验和自己动手的态度是这些实践的核心部分，尽管更典型的表达方式是群体本身将其视为推动极限的雄心，而不是寻求商业创新。然而，在这个分析中，我们也看到了一个难以忽视的区别：正如"领先用户"一词所暗示的那样，设计和使用之间仍然存在区别。

也许我们应该寻找的并不是设计和使用二者及其区别的分解，也不是上述例子和方法所要表达的含义，而是二者之间可能存在的关系。换言之，我们要寻找的是对设计和使用不同的、更理性的理解。我们可类比当代艺术，它是如何不断地挑战以往的艺术实践的，既脱离了既定的艺术表现形式，也脱离了与艺术相关的制度、空间、表现形式。事实上，当代艺术并不是我们过去所熟知的艺术，而这一点对一些人来说，似乎引起了关于艺术到底是什么的困惑（这值得注意，因为当设计做出类似的举动时，也会有类似的反应）。参考尼古拉斯·伯瑞奥德（Nicolas Bourriaud）提出的"关系形式"（relational form）的概念，"因此，艺术品不再呈现为在一个'不朽的'时间框架内被消费，并对全世界的公众开放；相反，它在真实的时间内流逝，是被艺术家唤起的一次觐见。总而言之，艺术作品促使艺术家和观众会面，艺术作品管理自己的时间结构"[1]。重要

---

[1] Nicolas Bourriaud. *Relational Aesthetics*, trans. S. Pleasance and F. Woods. Dijon: Les Presses du Reel. 2002. p.29.

的是他还指出"关系美学并不代表一种艺术理论（这意味着一种起源和目的的陈述），而是一种形式理论"①。从这些引语中可以得出两个重要的观点。

首先，这些艺术作品的一个关键特征是它们如何管理自己的时间结构，即它们不仅存在于时间中，而且贯穿时间。因此，它们并不是静止的客体，而是动态的和展开的过程。这就引出了接下来讨论的第二个中心观点：形式问题。如伯瑞奥德所言："不同于通过风格和特征的介入而自我封闭的客体，当代艺术表明，形式只存在于艺术命题与其他形式的艺术或其他形式的动态关系中。②"

虽然权力和参与等问题在诸如"参与式设计"等方法中处于前沿，但设计本身的基本时间性，包括事物及其生产的形式和构成，却很少受到关注。虽然时间性一直是交互设计理论的中心问题，但这种设计的"新时间性"（new temporality）常常与交互设计的主要材料——信息技术联系在一起。然而，这里讨论的时间性问题不仅是物质属性（因为我们是物质实体，物质性在此发挥着重要作用）的问题，也是我们如何看待形式的问题。如伯瑞奥德所言，我们需要研究这个问题的原因在于，这种时间性至少在一定程度上决定了设计和使用之间的关系。这不仅是为了开辟新的关系类型，同时也是为了解构流行观点的需要。为了找出时间性，在为了大规模消费而进行的大规模生产中，我们必须要研究设计和使用之间的关系是如何被静态的形式概念所塑造的。

---

① Nicolas Bourriaud. *Relational Aesthetics*. ibid. p.19.
② Nicolas Bourriaud. *Relational Aesthetics*, trans. S. Pleasance and F. Woods. Dijon: Les Presses du Reel. 2002. p.21.

静物

考虑到设计和使用事物所花费的时间，时间的复杂性和设计如何通过图像进行交流，二者之间存在着相当大的张力。图像本身不一定有问题。问题在于，当快照从文档变为定义时，究竟发生了什么。

我先讲一件轶事。2008—2010年，一个以我们的研究为基础，名为"视觉电压"（*Visual Voltage*）的展览在全球巡展。该展览受到瑞典协会（Swedish Institute）的委托，以互动研究所（The Interactive Institute）[①]的一系列研究项目为基础，围绕日常能源消耗和能源意识的主题展开。展览中的一个原型是《能源窗帘》（*Energy Curtain*），它重新定义了我们每天与光和黑暗循环的互动，作为一种在节约和消耗能源之间寻找平衡的实践（图II.1）。

这是展览的一个典型案例：探索设计如何可以干预日常实践，例如，通过打破预期和开放反思的时刻。几年前，在一项关于新事物如何成为家居用品的研究中，《能源窗帘》放置在若干芬兰家庭中。总共十八人（七个大人和十一个小孩），花了六周的时间才接受了这一物体。虽然与我们家里许多事物的使用周期相比，六周是

图II.1 《能源窗帘》是对日常窗帘使用如何控制房间光线的概念重释
图源：Carl Dahlstedt摄 ©互动研究所，斯德哥尔摩。

---

① "互助研究所"是一家瑞典信息技术与设计实验研究所。——译者注

图II.2 "视觉电压"展览中
的《能源窗帘》
图源：Tina Finnas摄 ©互动
研究所，斯德哥尔摩。

个很短的时间段，但足以让人们体验到与能源窗帘一起生活的可能的样态
（图II.2）。

十八个人同窗帘一起生活，大约有165570人参观了"视觉电压"的
展览。

虽然参观者看到了窗帘和使用它的视频，但参观者实际上不能使用
它，因为窗帘是装在一个玻璃盒子里，以防被损坏。因此，与窗帘互动
的触觉体验是完全缺失的。据统计，大约有1.475亿人通过各种媒体看
到了这次展览。当然，这个数字包括许多与窗帘无关的情况，但在重要
性上的基本差异，仍然是显著的。因此，即使是在一个项目中，随着时
间的推移，随着使用的展开，以及设计如何介入日常实践，绝大多数与
之接触的人也只会看到它的图像。这种形象与真实存在对立的巨大影
响，它的后果是什么？

考虑到这些数字，我们很难拒绝这样一种观点，即在展示一个物体
是什么的时候，静止图像的主导地位不会对我们思考设计的方式产生重
大影响。这种静物美学不是关于图像本身，而是关于与事物的关系，关
于欣赏和互动的方式——静物美学就建立和流行在关系的基础之上。如

居伊·德波（Guy Debord）所言："景观不能被理解为对视觉世界的滥用，不能被理解为图像大规模传播技术的产物。而景观是一种已经成为现实的、物质性地翻译了的世界观（Weltanschauung）。这是一种客体化了的世界观。①"乔纳森·希尔（Jonathan Hill）提供了一个来自建筑学的观点：

巴塞罗那世博会德国馆对不同形式的使用是开放的，因为它在物理上是特定的，但在功能上却不是特定的。因此，展馆并非是空空如也的，其诱人的空间性和物质性正等待着被填满……巴塞罗那世博会德国馆和它的照片并不是同一回事。出于种种错误的原因，它是20世纪建筑的一个象征，不是因为它是一个带有微妙和暗示功能的建筑，而是因为它作为一张照片而存在，不能被占用。1930—1986年，德国馆并不存在，但它可能是20世纪被复制得最多的建筑②。

在他的论点中，希尔指出："当代建筑的主要流通是图像、照片，而不是建筑物"③，而且"具有讽刺意味的是，建筑师的建筑经验更接近于对艺术对象的沉思，而不是对建筑物的占用"④。现在，有趣的是形式的概念是如何出现的："建筑师主要对形式感兴趣，建筑照片强化了这一条件。⑤"如果这种形式的概念没有受到挑战，它很可能会继续加强

---

① Guy Debord. *The Society of the Spectacle*. Detroit: Black and Red. 1983. p.2.

② Jonathan Hill. An Other Architect, in *Occupying Architecture: Between the Architect and the User*, edited by J. Hill. London: Routledge. 1998. p.139.

③ Jonathan Hill. An Other Architect, in *Occupying Architecture*. ibid. p.137.

④ Jonathan Hill. An Other Architect, in *Occupying Architecture*. ibid. p.144.

⑤ Jonathan Hill. An Other Architect, in *Occupying Architecture*. ibid. p.150.

我们对设计的理解。莱斯利·麦法迪恩（Lesley McFadyen）在本书第六章中写道：

通过绘图，考古学家更好地理解眼前的事物，但在这个过程中，图纸描绘的不仅仅是考古学家自己的设计意图：图纸变成了某种原创设计的媒介，因此看起来像是别人的意图。

这里有一个真正的遗产，建筑详图在考古学上已具有标志性的地位，仿佛图形细节创造的现实比考古实物资料本身的现实水平更高。（见本书第六章）

如果说巴塞罗那世博会德国馆具有影响力的形象是来自设计实践的一个例子，那么我们能在日常实践中看到类似的趋势吗？不是通过直接接触，而是通过一个人为提高的形象来展示一个物体的含义，商店橱窗的演变提供了一个有趣的例子。沃尔夫冈·希维尔布什（Wolfgang Schivelbusch）在分析19世纪中期大橱窗的发展时，引用了当时的评论："暗淡的颜色会带来清新、闪耀、精致的元素，因为玻璃作为一种媒介会改变外观，刺激眼睛。把画放在玻璃下会让它们看起来比实际上更好，玻璃给了画面一层欺骗的元素。商店橱窗的平板玻璃对某些商品也有类似的'改善'作用。[①]"

虽然橱窗本身并不是一种形象，但在橱窗内部感知某物的具体行为却与之密切相关。在这里把橱窗比作一幅画并不是巧合；我们站在远处

---

① Wolfgang Schivelbusch. Shop Windows, in *The Design Culture Reader*, edited by Highmore, B. London: Routledge. 2009. p.196.

透过玻璃观看场景的方式，与我们站着看一幅画的方式相比，更接近于我们如何看、闻、触摸物体，比方说，当我们"手动浏览"（manually browse）一盒物品的时候。

让我们考虑一下食品消费，尤其是食品包装，来解释这一策略被推行到何种程度。在很多情况下，当我们在买食物时，我们唯一能看到的就是食物所包含的图像，或者更确切地说，是食物包装上提供的如何准备该食材的建议。在食物和饮食方面，这有诸多后果，如罗兰·巴特（Roland Barthes）论述道：

> 最后，广告的发展使经济学家们对消费品的理想性质有了清醒的认识，现在大家都知道，消费者购买的产品，即体验过的产品，绝不是真正的产品，在前者和后者之间产生了大量的错误观念和价值观。忠诚于某一品牌，并以一套"自然的理由"来证明这种忠诚，消费者赋予了产品多样性，而这些产品在技术上如此相似，以至于连制造商也常常找不到任何差异[①]。

罗伯特·安德伍德（Robert Underwood）分析了包装在品牌识别中的作用，他列举了人们在即将购买食品时的想法，他们如何编造故事：史密斯太太的派，从包装上看它们是那么诱人，让你想要把它们放进烤箱里，看着包装就想买一盒。有研究表明，包装设计甚至会对实际的味觉体验产生影响，莉莎·贝克尔（Liza Becker）等举例称：

---

① Roland Barthes. Toward a Psychosociology of Contemporary Food Consumption, in *Food and Culture: A Reader*, edited by C. Counihan and P. Van Esterik. 2nd edition. London: Routledge. 1997. p.21.

结果表明，视觉设计参数，如包装的颜色和形状可能激发效能感知，这会反过来影响产品评价和非视觉感官渠道的体验……此外，结果表明，这些影响取决于消费者对设计的敏感性[1]。

当然，人们依旧可以选择购买新鲜食品，而不是依靠中介包装或图像，但随着时间的推移，人们已经从密切接触原料转向加工食品和包装食品。从实际的杂货店到一个理想化的广告形象的包装，这种转变创造了一个断裂，使得消费和使用可以在时间序列上展开。看、摸、闻，我们可以训练我们的能力来决定东西是今天吃还是明天吃。

但当我们看着形象时，这种可能性并不存在，相反，我们会得到一个日期标签来指导我们何时消耗购买的物品。

正如在一系列的报告中所看到的那样，我们现在已经到了这样的地步，人们不再试图评估商品的状况，而只是根据日期标签行事（图II.3）：

在英国，每年有超过58万吨

图II.3　超市里的食物
图源：本章作者拍摄　©互动研究所，斯德哥尔摩。

---

① Liza Becker et al. Tough Package, Strong Taste: The Influence of Packaging Design on Taste Impressions and Product valuations. *Food Quality and Preference*, 22(1), 2011. p.22.

的乳制品和蛋类被处理掉，而这些几乎都是可以避免的……《厨房日记》（Kitchen Diary）研究信息表明，由日期标签造成的"未及时使用"的牛奶和奶酪，同由外观（发霉、尝起来或闻起来不好等）而被丢弃的牛奶和奶酪，数量大致相同。至于鸡蛋，绝大多数"未及时使用"的浪费与日期标签有关[①]。

虽然还需更多的研究，但这种行为是目前情况的一部分。按重量算，每年浪费的食物量大约是购买的食物量的25%。

这里的论点不是图像造成浪费或过度消费——这些问题要复杂得多。而是，似乎有什么东西我们还没有谈到，即静态图像是如何定义事物的。静态图像似乎消除了时间的流逝感，甚至在某些情况下，作为决策依据的图像（包装及其日期标签）看起来比实际的东西更真实。

我们讨论的中心是，作为定义的图像（包装和日期标签）是如何将一个随着时间推移而发生的过程转化为二进制的；将连续的过程转换成连续的状态。这种转变不仅出现在上面讨论的食品领域，而且似乎是工业理性主义的核心，而工业理性主义是大规模生产和大规模消费的基础。换言之，随着时间的推移，生产、购买、处理等时刻会组成离散状态序列，通过质疑这一过程背后的合理性，我们可能会找到一个重新思考设计和使用之间关系的新空间。现在让我们来看看这种对设计时间的顺序理解的起源，以及对时间的研究如何矛盾地导致了它的消失。

---

① Tom Quested, Hannah Johnson. *Household Food and Drink Waste in the UK*. Banbury: WRAP. 2009. pp.60-61.

时间的消失

就时间而言，工业化之前的工艺看起来与现代设计非常不同。作为一种固定在某处的实践，它是在设计和使用之间不断接触的基础上发展起来的。乔治·斯特尔特（George Sturt）的《木轮店》（*The Wheelwright's Shop*）提供了一个有用的解释：

工作的对象也很狭隘。没必要去太远的地方招揽顾客。农民很少在五英里以外；磨坊主、酿酒商、当地的杂货商、建筑商、木材商或啤酒花种植者——只有这些人，就为这些人经营着这家古老的商店，它已经经营了近两个世纪。因此，我们异常熟悉邻居的特殊需要。在四轮运货马车、粪车、推杆车、犁、水桶，或诸如此类的东西里，我们选择的尺寸，我们所遵循的曲线（几乎每根木头都是弯曲的）是由土壤的性质、山的坡度、顾客的脾气、顾客对木材的选择所决定的。马车夫告诉我们他的需求。为了满足他，我们又在车底弯了半英寸，把挂马具的钩子换了一下，根据需要把水桶挂在离马近一英寸或远一英寸的地方[1]。

在这里，制作和使用不仅是原始物品的实际创造手段，而且是通过修复和改造等手段，随着时间的推移而展开。甚至我们现在认为的瞬间购买也是一个扩展的过程。以买一套定制西装为例：从第一次挑选款式和材料，到测量身体的各个数据以及在此过程中的协商，到在制作成衣过程中试穿以检查合身与否，到付款，到也许以后会再做的调整，劳

---

[1] George Sturt. *The Wheelwrights Shop*. Cambridge: Cambridge University Press. 1993. pp.17-18.

拉·乌戈利尼（Laura Ugolini）阐述了这一过程：

一旦材料被挑选出来，衣服的其他细节以友好的或以其他方式商定，客户就该测量尺寸了。尽管在19世纪后期，许多裁缝强调测量是基于"科学"（scientific）原则和使用复杂的"系统"（systems）进行的，但这决不总是一个没有冲突的过程。在最好的情况下，顾客会觉得自己确实是在一位行家的手中，他的神秘工艺知识正被运用到他的服务中，他能够提供最受欢迎的服装质量："非常合身。"合身的衣服不仅符合顾客身体的轮廓，而且还能掩盖身材上的缺陷，展现出最佳的效果……与此同时，许多顾客都非常清楚，在测量过程中，他们身材的所有细节都被裁缝看到了，任何缺陷，包括那些通常被隐藏的缺陷，都被暴露了出来[①]。

有趣的是，如何描述顾客和裁缝之间的关系，几乎可以用来描述"以用户为中心"的设计中的一些基本问题：把身体换成机构或实践，把衣服换成产品或体系。

无论一个人更倾向于怎样的买衫方式，延长的购买方式是不尽相同的：包括裁缝和顾客之间复杂的社会关系，裁缝制作的西装，大多数商场想要达到的成衣的快速或即时购物模式。裁缝和顾客之间有关设计和使用的关系，涉及长期的联系和商量，在许多情况下是个多年的过程（如果顾客决定保留他/她的裁缝）。然而，我们现在的购物方式更多的是一个连续的过程，每一步都或多或少地隐藏了之前和之后的步骤：顾

---

① Laura Ugolini. *Men and Menswear: Sartorial Consumption in Britain 1880-1939*. Aldershot: Ashgate. 2007. pp.240-241.

客并不知道成衣的起源、制作、运输等，商场也并不知道衣服售出后如何被使用、回收，或是流入二手市场等。

这种购物方式和时间的基本概念可以追溯到早期的工业生产。随着工业化的发展，人们对时间有了新的认识，以提高效率为目标，对时间进行研究，解构人类行为，寻找最佳形式。因此，时间不仅成了一个尽可能减少的因素，它还被重新解释为服从于理性秩序的离散单元序列，就像弗雷德里克·温斯洛·泰勒（Frederick Winslow Taylor）1911年的著名研究那样：

简单解释一下：由于我们所有行业的工人都是通过观察他们周围的人来学习他们工作的细节，所以做同一件事有许多不同的常用方法。在每一行业中，可能有四五十种或一百种不同的做法，出于同样的原因，每一类工作所使用的工具也千差万别。现在，在每个行业的每个元素中使用的各种方法和工具中，总是有一种方法和工具比其他方法和工具更快、更好。

而这一最好的方法和最好的工具只能通过对所有正在使用的方法和工具进行科学的研究和分析，并结合精确、细微的动态和时间的研究来发现或开发。这涉及在整个机械艺术中，科学逐渐取代了经验法则[1]。

随着工业化的发展，人们对形式也有了一定的理解。随着大规模生产，一种设计制造出的成品越多越好。这不仅是寻找一个最佳设计，它还使设计围绕着某一原型的固定方案，然后投入生产。寻找最佳设计是

---

[1] Frederick Winslow Taylor. *The Principles of Scientific Management*. 1911.

核心，在设计和生产之间有一个明确的边界，因此，在这个边界上设计是明确的，不可能有更多的变化。在包豪斯（Bauhaus）学派的早期，拉兹洛·莫霍利-纳吉（László Moholy-Nagy）认为：

> 最优形式需要大规模生产。机械化也意味着经济。
>
> 包豪斯试图在经济的理念下创造房子的元素，因此找到了最适合我们时代的单一解决方案。此方案应用于实验工作坊中，它为整个房子设计了原型，也为茶壶设计了原型，它通过经济生产的方式来改善我们的整个生活方式，而这只有在原型的帮助下才有可能[①]。

因此，这种对形式的理解不仅是对大规模生产的物质手段的回应，也是对其时间特征的回应。因此，这种关于时间和形式的观点并不一定是设计或工业生产的产物，而是一种植根于当时科学和文化的思想。正如泰勒的研究著作《科学管理的原则》（*The Principles of Scientific Management*, 1911），其标题表明科学管理的原则与利用科学工具改善生活的雄心有关——当然，随着时间的推移，工业革命改善了许多人的生活质量。

时间啊时间

即使是在泰勒1910年写作的时候，这种时间思考的含义也一直是批评的主题。1889年，亨利-路易斯·柏格森(Henri-Louis Bergson)提出了一

---

① László Moholy-Nagy. The New Typography (1923), in *Modernism: An Anthology of Sources and Documents*, edited by v. Kolocotroni., J. Goldman and O. Taxidou. Edinburgh: Edinburgh University Press. 1998. p.303.

个具有影响力的论点，支持在谈及人类经验或生活时，对时间有不同的理解：

物理现象的各种同时发生（the simultaneities）是完全彼此有别的，意思是说，当后一个过程发生的时候，前一个过程已经停止了。而在内心生活里，连续包含了互相渗透的意思，这些同时发生把内心生活切割成许多也是彼此有别和相互外在的部分。这种切割情况恰如一个时钟钟摆的切割一样，也就是说，从纵向上看，钟摆把发条动态的和未分割的张力切成许多彼此有别的片段，并且把这种张力向两头扩散。因此，通过一种真实的浸透过程，我们得到了一种可测量时间的混合观念，就其为同质性而言，这种可测量的时间就是空间；就其连续性而言，这种可测量的时间就是延绵。说到底，这是一种同时发生中连续的自相矛盾的观念[①]。

伯格森继续讨论道：

但是，就像直接意识对其知觉一样，时间是同质媒介，如同空间一样，那么科学就能对它进行处理，就像能够对空间处理一样。现在，我们已经试图证明过：延绵从其作为延绵而言以及运动从其作为运动而言是数学无法把握的：数学对于时间什么也把握不了，只能把握同时发

---

① Henri-Louis Bergson. *Time and Free Will: An Essay on the Immediate Data of Consciousness*, trans. F.L. Pogson. New York: Cosimo. 2008. p.228. 本译文出自（法）伯格森《时间与自由意识》，冯怀信译，北京时代华文书局，2018年，第186页。

生，数学对于运动什么也把握不了，只能把握不动性（immobility）[①]。

回到我们对设计中时间和形式的讨论，柏格森的理论强调了一个观点，即设计被视作一组固定的时间事件；设计通过一系列连续的时刻被定义。无论是对大规模生产的原型的固定，还是对采购点的固定，一个连续的流程都被简化为一系列的时间点，然后这些时间点必须代表整个展开的流程：除了同时发生外，一切都从时间的指间流逝；除了不动性之外，一切都从运动的指间滑过。因此，就像泰勒将人类行为解构为行为组件一样，设计被定义为可以制造的东西，设计与使用之间的转换作为一种获取行为等。然而在这里重要的是，区分我们所使用的概念中包含了什么，以及如果我们看得更近一点，我们真正能看到的是什么。

设计和使用之间的关系可以通过许多不同的方式来展开。例如，这几乎是一个概念上的讽刺，它是一种模拟技术（工业生产）来执行一种离散的，如数字化的、以静态形式为中心的设计观；数字技术将把更多的关系形式和展开关系带回到设计中，例如开放源代码软件和可以不断重新设计和修改的设计，通过软件更新和终端用户，定制功能和外观。

然而，我们可以在更传统的领域解开设计和使用之间僵化的概念关系，如贝娜迪特·布洛格（Benedicte Brogger）对"物/商品"（wares）的分析：

---

① Henri-Louis Bergson. *Time and Free Will.* ibid. p.234. 本译文出自（法）伯格森《时间与自由意识》，冯怀信译，前引书，第191页。

物品被持有，就意味着它没有被使用、没有被消耗，但持有绝不仅仅是提供存储的被动行为。打造一件商品，既需要阐明产品的特性与特点，还得与其他元素相结合，并进行展示及销售。产品的设计决定了它可以做什么。制造一件商品所需的技能，是将设计转化为产品，并使其在消费者的生活中发挥意义与作用。（见本书第九章）

布洛格对"物/商品"的分析不仅描述了一种难以用设计和使用来表达的具体的物质实践，而且还涉及存在的状态以及各种事物。的确，当物品被持有的时候，物品中还存在一种独特的制作技巧。

实践的形式

在"时间的消失"和"静物"美学之后，是什么呢？这里论证的核心是"设计人类学"的新兴领域，对形式和实践有着深刻的关注。"设计人类学"这一名称追溯了其历史，如果它的新兴话语中的形式概念不发生改变，就会面临一定的困难，就像"艺术史"曾面临的困境一样。问题不在于我们能否从艺术史中获得重要的洞见，而在于这些概念是在领域中发展起来的。所有的概念都包含在一定的物质和社会实践中，以及收集和批判的实践中。与设计人类学主要关注的轨迹相比，艺术有着非常不同的轨迹。我们需要的不是像希尔评论建筑那样，把物体当作绘画或雕塑来思考，而是用不同的视角来解释实践的形式。桑福德·金特（Sanford Kwinter）论道：

因此，物体，也许是建筑物、一个复合基地，或是整个城市矩阵，只要这些整体作为功能术语继续存在——那么对它的定义就不是根据其外观，而是根据其实践：它所参与的和在它之中发生的①。

"设计人类学"的实践者不能将设计对象抛在身后，因为我们无法将随时间推移而展开的实践编织到形式概念里。如果我们坚持让事物保持静态，那么对象就会在我们的描述中凭空出现。正如在物质文化研究中，世界似乎已经充满了各种各样的事物，而中心议题即为人们如何处理这些事物；或者如在改变和占用等日常实践中，它们被认作例外和偏差，而不是作为动态设计过程的一部分。要解开大规模生产与大规模消费之间的"设计与使用"的关系，这是我们的实践者必须要突破的一个概念障碍。

形式是由时间生成和差异生成的，为了理解其精确机制，金特比较了在家里的冰箱里制成的冰块和自然形成的雪晶。就冰块而言：

一个塑料或者金属制成的立方槽中装满水……所有的东西都被锁定在一个静态的空间系统中，以复制了一个预先设定的形式。所有的偶然性条件……以及对环境中其他干扰和变化的敏感性——所有的原始状态和开放性，都被"设计"小心翼翼地消除了②。

然而，雪晶的形状不是固定的，而是变化的，因为它取决于重力、风、湿度等。因此，没有两个雪晶是完全相同的：

---

① Sanford Kwinter. *Architectures of Time: Toward a Theory of the Event in Modernist Culture*. Cambridge, MA: MIT Press. 2002. p.14.
② Sanford Kwinter. *Architectures of Time: Toward a Theory of the Event in Modernist Culture*. Cambridge, MA: MIT Press. 2002. p.26.

每一个雪晶都是不一样的，因为晶体对时间和复杂环境保持着敏感性。它的形态发生原理是活跃的，未完成的（也就是说在持续演变当中）——雪花与其他过程相互作用，跨越时间和空间；它属于一个动态的、流动的世界[①]。

有趣的是，在冰块模具和工业生产之间存在着相似性，因此也回应着具体的行为是如何形成的。

有了像这样的比喻，很明显不仅是形式，重要的是材料，在购进在时间进程中设计和使用的关系时发挥着重要的作用。例如，3D打印的迅速普及以及"塑形"（Shapeways）等服务的出现，消费者可以制造自己的设计。从修改现有的设计到上传CAD图纸，用户可以订购甚至向他人出售他们的设计，因为这些产品是按需生产的。虽然这无疑开启了设计和使用之间的新关系，挑战了设计师和用户在产品制造方面的典型角色，但在阐述这些物体的形状是否与更传统的物体形状不同时，也有点语焉不详——譬如这些设计是更接近雪晶，还是它们依旧是冰块。

回答这个问题的一种方法是，设计和使用之间的关系的展开也需要允许我们制作动态对象的材料，如上面讨论的信息技术。不过，让我们再讨论一下"形式"可以做什么。

我们可以将这个问题的一部分精确地表述如下：实践何时以及如何进入等式，我们如何将"时间"作为一个参数来阐明设计和使用行为之间的关系。在一个更典型的设计观点中，时间被忽略了，因为我们通过功能概念的抽象消除了所有实践的痕迹。也就是说，通过对形式和功能

---

① Sanford Kwinter. *Architectures of Time*. ibid. pp.27-28.

进行概念上的区分，我们能从形式是什么当中提取出使用，即人们的实践。虽然从某种设计的角度来看，这似乎是有意义的，但也存在一些问题。从另一个角度来看，当我们在观察人们在做什么时，这意味着我们必须以某种方式将"使用"添加进等式中。在许多情况下，这导致了一种对物品的看法，好像它们或多或少是被给予的，好像它们只是出现在这个世界上，供我们理解和利用。不可避免，设计变成了一个黑匣子，形式的问题最终变成了物体的视觉或塑形外观的问题。

这可能听起来像是回应了早期设计如何超越对象的论述，但这里的问题不是（非）物质性，也不是从对象到服务的转移等。相反，这很大程度上是关于设计的物质性，正如多诺万和冈恩在第七章《从物品到可能性》中探索一种原型方法时论道，"关注制造原型的实践以及此过程中涉及的材料，这使人们注意到'关系'在使未来的关系形式成为可能，而不是使未来的产品成为可能的方面所起的作用"。因此，这是一个概念重新定位之后的问题，如金特论道，"现在，一个物件不是被它的外观定义，而是被它的实践定义：它所参与的和在它之中发生的"[1]。

如果形式的概念就其最基本的意义而言，是关于事物的组织原则（即物质组成事物的方式），那么不从形式中提取实践（这是使用功能允许我们做的抽象），而把实践内化在形式中，又意味着什么？这看上去是相当哲学的问题，但若我们把它放在一个具体的语境，它所要揭示的就更清晰一些：是为设计寻找一个更可持续的方式，还是我的车，或者我开车造成了二氧化碳的排放？

---

[1] Sanford Kwinter. *Architectures of Time: Toward a Theory of the Event in Modernist Culture*. Cambridge, MA: MIT Press. 2002. p.14.

致谢

本研究由瑞典研究委员会，"可持续的形式"项目（2008-2257）资助。

参考文献

Attfield, J. 2000. *Wild Things: The Material Culture of Everyday Life*. Oxford: Berg.

Barthes, R. 1997. Toward a Psychosociology of Contemporary Food Consumption, in *Food and Culture: A Reader*, edited by C. Counihan and P. Van Esterik. 2nd edition. London: Routledge, 20-27.

Becker, L., van Rompay, T.J.L., Schifferstein, H.N.J. and Galetzka, M. 2011. Tough Package, Strong Taste: The Influence of Packaging Design on Taste Impressions and Product valuations. *Food Quality and Preference*, 22(1), 17-23.

Bergson, H. 2008 [1910]. *Time and Free Will: An Essay on the Immediate Data of Consciousness*, trans. F.L. Pogson. New York: Cosimo.

Bergstrom, J., Clark, B., Frigo, A. et al. 2010. Becoming Materials: Material Forms and Forms of Practice. *Digital Creativity*, 21(3), 155-72.

Borden, I. 2001. Another Pavement, Another Beach: Skateboarding and the Performative Critique of architecture, in *The Unknown City*, edited by I. Borden, J. Rendell., J. Kerr and A. Pivaro. Cambridge, MA: MIT Press, 178-99.

Bourriaud, N. 2002. *Relational Aesthetics*, trans. S. Pleasance and F. Woods. Dijon: Les Presses du Reel.

Csikszentmihalyi, M. and Rochberg-Halton, E. 1981. *The Meaning of Things: Domestic Symbols and the Self*. Cambridge: Cambridge University Press.

Debord, G. 1983. *The Society of the Spectacle*. Detroit: Black and Red.

Economist, The. 2011. 3D Printing: The Printed world. 10 February 2011. [Online] Available at: http://www.economist.com/node/18114221 [accessed: 19 October 2011].

De Geer, A. and Karr, K. 2011. Utvardenng Visual Voltage 2008-2010: En Utvardering av Svenska Institutets Energi- och Designutstallning Visual Voltages Internationella Turne. Stockholm: Svenska Institutet. [Online] Available at: http://www.si.se/Svenska/Innehall/Aktuella-projekt/ Projektbehallare/Facing-the-Future/Visual-voltage/Visual-Voltage/ [accessed: 19 October 2011].

Hill, J. 1998. An Other Architect, in *Occupying Architecture: Between the Architect and the User*, edited by J. Hill. London: Routledge, 135-59.

Hippel, E.V. 2005. *Democratizing Innovation*. Cambridge, MA: MIT Press.

Hunt, J. 2011. Prototyping the Social: Temporality and Speculative Futures at the Intersection of Design and Culture, in *Design Anthropology: Object Culture in the 21st Century*, edited by A.J. Clarke. Wien: Springer, 33-44.

Jones, J.C. 1992. *Design Methods*. 2nd edition. New York: John Wiley and Sons.

Kwinter, S. 2002. *Architectures of Time: Toward a Theory of the Event in Modernist Culture*. Cambridge, MA: MIT Press.

Maze, R. 2010. *Static! Designing for Energy Awareness*, edited by R. Maze. Stockholm: Arvinius.

Moholy-Nagy, L. 1998. The New Typography (1923), in *Modernism: An Anthology of Sources and Documents*, edited by v. Kolocotroni., J. Goldman and O. Taxidou. Edinburgh: Edinburgh University Press.

Muller, S. 2008. Werbung gegen realitat - teil 1. [Online] Available at: http://pundo3000.com/werbunggegenrealitaet3000.htm [accessed: 19 October 2011].

Quested, T. and Johnson, H. 2009. *Household Food and Drink Waste in the UK*. Banbury: WRAP.

Redstrom, J. 2005. On Technology as Material in Design, in *Design Philosophy Papers: Collection Two*, edited by A.M. Willis. Queensland: Team D/E/S Publications, 31-42.

Redstrom, J. 2008. Re: Definitions of Use. *Design Studies*, 29(4), 410-23.

Routarinne, S. and Redstrom, J. 2007. Domestication as Design Intervention. Proceedings of Nordic Design Inquiries, Stockholm, Sweden, 27-30 May.

Schivelbusch, W. 2009. Shop Windows, in *The Design Culture Reader*, edited by Highmore, B. London: Routledge, 194-8.

Sturt, G. 1993. *The Wheelwrights Shop*. Cambridge: Cambridge University Press.

Taylor, F.W. 1911. The Principles of Scientific Management. [Online] Available at Project Gutenberg: www.gutenberg.org [accessed: 19 October 2011].

Thackara, J. (ed.). 1988. *Design after Modernism: Beyond the Object*. New York: Thames and Hudson.

Ugolini, L. 2007. *Men and Menswear: Sartorial Consumption in Britain 1880-1939*. Aldershot: Ashgate.

Underwood, R.L. 2003. The Communicative Power of Product Packaging: Creating Brand Identity via Lived and Mediated Experience. *Journal of Marketing Theory and Practice*, 11(1), 62-76.

第六章　建造所需的时间：建筑学与考古学中的设计与使用

莱斯利·麦法迪恩

引言

　　我是一名考古学家，更确切地说，是一名史前史研究者。本文所研究的案例都是几千年前的。相比于成品，我会更多地探讨建筑，我希望能勾勒出与设计相关的共同问题。本章探讨了考古学家在他们现有的绘图或书写的实物资料中，为什么会不断地将动态的建筑项目简化为静态的形式（就"产品设计"中动态与静态的关系，请参阅本部分雷德斯托姆的《导论：决定性时刻》）。我所关注的是考古记录如何描述项目中的某个时刻，以及这些描述在何时何地使时间停滞。静态形式（static form）意味着描述的并不是过去的建筑活动，而是对建筑对象的解释。图纸（drawings）定义了许多考古学家关于过去世界的信息，但其中也有问题与矛盾。我要具体指出在建筑详图中描绘的建筑对象。考古学家在使用这些图纸时，似乎它们向后投射进了设计理念中（仿佛这些图纸代表了一个初始想法），然后向前投射到一个永不改变的建筑形式中（仿佛这些图纸天衣无缝地转换成一个实体建筑）。这些解释似乎都与人们创造、改变、体验世界的方式相去甚远。为什么当考古学由时间深度所定义时，考古学家会将建筑视为理想对象的完美实例？难道在所有学科中，考古学就理应花费时间将建筑理解为一种持续不断变化的实践——一种在其产生和消失、变化、改变的过程中被定义的实践吗？本章相继讨论作为观念对象的建筑，如何处理设计与使用、建筑与空间使用之间的关系；继而指出"使用"可能不是"设计"后产生的，而是作为创造力的前提而存在。在结论中，我会论述如果空间使用是建筑的前提条件，那么这就颠倒了与设计共存的概念的意义。

如果人们所居住的环境是设计过程中一个先天的（a priori）[①]创造性媒介，那么创造就会受到生活中已经存在的事物的启发，而这就更深入地探究了建造所需的时间。

史前史

在开始论述之前，我想说几句关于史前史的话，尤其是对其他学科的实践者。史前史是在有文字记录之前，研究人们生命实物资料的学科；通过人们所做的事情和生活来了解其他人。它是对过去的"人"与"物"关系的研究，而不是对事物本身的研究。它是对人们生活的物质及历史条件的部分参与。实物资料总是残缺不全的，但这种接触是由存在来定义的：在那些人还活着的时候研究过去的语境。它是建立在过去

---

① a priori的翻译，参考了邓晓芒译的《纯粹理性批判》的术语翻译，详见（德）康德《纯粹理性批判》，邓晓芒译，杨祖陶校，人民出版社，2004年，第696页。——译者注

与实物资料关系的现实基础上的。我觉得有必要说明一下史前实物资料的性质以及处理它的方法，以便摆脱史前史就是对干骨或遗弃废墟的研究的先入之见，或者摆脱将它看作是留存下来的人类化石的想法。因为上述想法都是以"不在场"（absence）为特征的概念。这些说明并没有本质上的错误；实际上，在人性的余晖中有一种伟大的力量，仅仅通过人与物的关系来了解人是颇具价值的。类似地，也许这就是考古学要提供给设计对象的思路，从世界上已经存在的东西中，我们便能学到不少知识了。

说了这么多，考古学家如何处理他们研究的建筑实物资料，这是一个问题。考古学对建筑学的接受，这也是一个问题。考古学和建筑史之间的思想史虽被忽视，但它们却是相互联系的。那么，这种有问题的观点是什么？它又是如何产生的呢？

建筑与设计

建筑是一个实体对象，但在文本和绘画中，它会得到批判性的解读。我们通过阅读书籍，也通过实地参观建筑物，来了解建筑。自文艺复兴以来，西欧就开始了对建筑史的研究，寻找它在罗马的起源。一位来自奥古斯都时期，名叫维特鲁威（Vitruvius）的罗马人，是建筑历史学家所认为的最早的建筑师之一。尽管维特鲁威本人既不修造建筑也不设计建筑，但他的建筑形式和实践手册似乎为文艺复兴时期的意大利学生提供了一个古典秩序的典范。这是一个可测量的建筑，有一定的比例，是用石头等耐用材料建造的。

但我关注的是，古典秩序的原则如何在文艺复兴时期的叙述中被描绘出来，即仔细探讨维特鲁威的论述——绘制的图纸被作为示意图

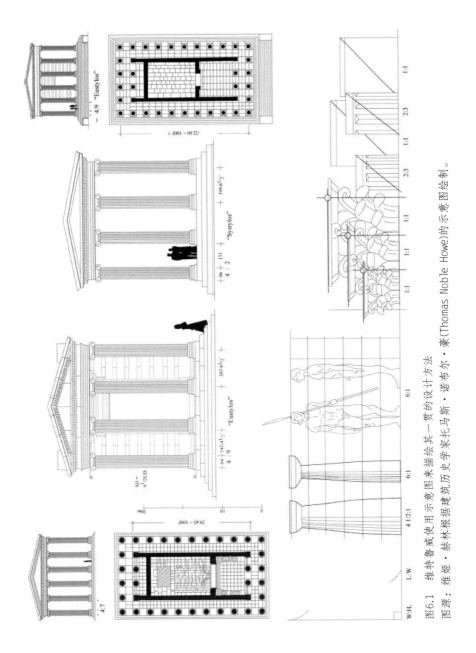

图6.1　维特鲁威使用示意图来描绘其一贯的设计方法

图源：维姬·赫林·赫林根据建筑历史学家托马斯·诺布尔·豪(Thomas Noble Howe)的示意图绘制。

（illustrations）。莱昂·巴蒂斯塔·阿尔伯蒂（Leone Battista Alberti）的《建筑论：阿尔伯蒂建筑十书》（*Ten Books on Architecture*, 1965）真正采取了维特鲁威的观点，并在文艺复兴语境内，从人文主义的角度，重新定义古典秩序的原则。建筑历史学家约瑟夫·里克沃特（Joseph Rykwert）在该书的编辑序言中写道"维特鲁威成为所有新建筑的指导和标准，一种足以同新的、伟大的罗马相匹配的建筑。"

阿尔伯蒂认为建筑师也是艺术家，在有关绘画和建筑的论述中，他写道在15世纪的意大利艺术中，已绘制的建筑框架（由一个几何网格构成）内便有了人物。阿尔伯蒂和菲利波·布鲁内莱斯（Filippo Brunelleschi）建立了光学理论和绘画之间的关系，并一直存在于建筑绘画中。例如，在图6.1中，使用了透视的几何方法来传达一个可测量的、按比例制作的古典建筑。线条以静态的形式，自始至终清晰而完美地描绘出建筑对象。这些示意图被用来描绘维特鲁威一贯的设计方法。然而，透视和古典建筑的双重利益是不可忽视的。如果我们观察图中描绘的比例，我们会看到一些线条对应似乎已经建成的建筑，还有一些线条是用来预测未来的建筑。建筑历史学家乔纳森·希尔（Jonathan Hill）指出，这是因为在文艺复兴时期，设计就意味着绘图（disegno）。从阿尔伯蒂开始，设计的概念首先在意大利被推广，一条线的绘制与一个想法的绘制便有了联系。这意味着在修建建筑物之前，必须要思考，而这一过程是通过绘图来完成的。这也表明我们可以从图纸和建筑物中读出建筑师的意图。以这种观点来看，创造力的源泉在于观念（idea）和对象（object）。这就是我们可以在一张图里，同时看到对过去的描绘和对未来的展望的原因。

建筑学与绘图

希尔在讨论设计时论证道，在建筑学中图纸胜过建筑实践。考虑到这一点，情况就更复杂了。尽管有观点认为创造力存在于观念和对象之中，但建筑师从来没有直接与他们思想的对象展开工作。简单地说，虽然图纸可以呈现关于建筑的想法，但图纸本身并不能建造建筑。建筑历史学家罗宾·埃文斯（Robin Evans）写过关于绘图和建筑之间的转换，以及建筑师在建筑生产中的劳动总是通过一些中间媒介（几乎总是通过绘图）来实现的。他指出，在艺术中你可以通过绘图来思考，一边思考一边画画。

在建筑学中，你也可以通过绘图来思考，但在画画的过程中，建筑不会成为实体。在建筑学中绘图先于构建；在艺术中，绘画紧随其后。埃文斯进一步谈论道，在建筑师的绘画中，建筑师有义务展示前建筑（pre-architectural）时期的第一张图纸，因为没有图纸就不会有建筑，至少不会有按照几何线条定义建造的古典建筑。所以艺术可能是在建筑的框架内，但是由于建筑师与设计的联系，他们必须把建筑画进他们的艺术中。这是透视与古典建筑双重结合的又一例证，以绘图作为媒介，投射未来，记录过去。

在考古学中，绘图是为了从过去别人的作品中得到一些东西；考古学家通过绘图来理解已经存在的事物。建筑实体总是物质的。建筑物先于绘图，因此人们可能认为绘图仅仅关于过去，是一种记录。然而，在考古学绘图中，建筑对象的形状描绘了建筑故事的开始和结束。在这里，知识的形式就像在建筑历史中一样是虚构的。此外，绘图的遗产总是具有双重利益。在绘图中，我们假定有一个构思的过程——一种设计方式来修建一个建筑物（即从观念到对象的过程）。建筑学中的设计已经成为考古学中的详图，建筑学中的绘图成为考古学中的规划设计。记住绘图和设计是紧密联系在一起的，所以当考古学家开始画一座建筑时，观念的进程就被理解为实体化。这就是为什么遗址分布图也被认为是蓝图（blueprints），就好像它们包含了最初的建设者对未来想法的投射。这也是为什么考古学家们不会放弃图纸的最强有力的原因之一，即便他们对已建成的世界有着不同的解释。通过绘图，考古学家更好地理解眼前的事物，但在这个过程中，图纸描绘的不仅仅是考古学家自己的设计意图：图纸变成了某种原创设计的媒介，因此看起来像是别人的意图。

这里有一个真正的遗产，建筑详图（plan）在考古学上已具有标志性的地位，仿佛图形细节创造的现实比考古实物资料本身的现实水平更高。在考古学领域，我并不是第一个提出这个观点的人。有许多已出版的著作对考古学家理解史前建筑的方式提出了质疑。例如，考古学家克里斯·蒂利（Chris Tilley）和朱利安·托马斯（Julian Thomas）曾批评过建筑详图在考古学上的力量。他们的批评仅限于反对几何视角及其"物的对象化"（the objectification of things）的记录方法。他们声称，史前人类不会以这种方式感知世界，而这一点是很重要的。然而，蒂利和托马斯并未讨论将这些图纸作为投射和记录媒介的双重利益，即设计创造有关对象的观念。这就是为什么，即使在详图被解构之后，考古学家仍然一次又一次地被他们的视觉工作所吸引。

这些建筑静态形式不仅是具有固定参数的物质对象的表征（presentations），也是现实的观念，对象已经内置其中。因此，图纸和设计坚持这样的假设，即在建造之前就已经有了思想，观念和对象标志着建筑故事的开始和结束，而这些都是绘制出来的。图纸是复杂的静态形式。

考古学与绘图

　　这是一幅考古学图纸（图6.2），是位于葡萄牙杜罗的古城堡的铜石围墙的综合平面图。这是一个纪念碑的鸟瞰图，该纪念碑由一系列次圆形结构和墙壁底座组成，这些底座是由曾经有黏土上层结构的片岩制成的。

　　还有一个半圆形的坡道，由黏土和石头制成。主围墙有多个入口通道，呈椭圆形，包含一个内塔。塔的地基由一个巨大的天然片岩露头形成，与延伸墙体相交错。在考古学中，这种鸟瞰图是必不可少的，因为它形成了构成考古遗址的主要建筑特征的整体空间分布——可理解为这

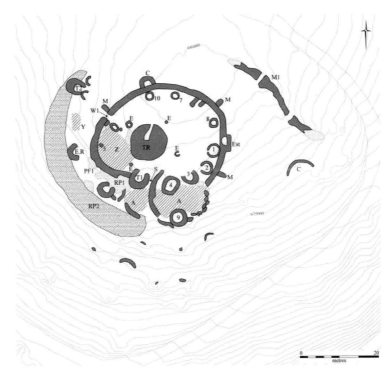

图6.2　古城堡遗址综合平面图
图源：维姬·赫林根据文档资料绘制。

是存在的功能清单，需要对其进行描述。然而，这些描述却很有限，也缺乏细节。强调命名和列出不同种类的特征，以及在平面图中强调它们的轮廓，都给人以清晰定义的建筑对象的印象。也许更具误导性的是，时间被冻结了，每一个架构特性都同时存在于页面表面（清单没有办法帮助我们理解事物的生成方式）。这幅图描绘的虽是史前建筑，但与图6.1中的古典建筑的原理相同。描述已经脱离了行动，变成了对其他事物的解释。墙壁被概括性地描绘成对建筑过去的记录，与此同时，强硬的形状又勾勒出最初建设者的观念。这幅图不可避免地传达了对未来设计的展望。

1989—2005年，考古学家苏珊娜·奥利维拉·豪尔赫（Susana Oliveira Jorge）在古城堡进行了一项挖掘计划。这个遗址很有趣，因为其挖掘时间跨度很长，而且在挖掘的过程中，豪尔赫关于建筑学的想法也发生了变化。这些变化被公开地记录在档案和她的出版物中。我从2008年开始研究档案，并在过去的两年多里持续研究物质文化和古堡历史之间的关系。我会提到"反向工作方法"（counter-workings），不过重要的是，不要忽略一个事实，即考古人员持续在现场的剪贴板上携带平面图的副本，并将其固定在办公室的墙上，虽然在挖掘中以及挖掘之后的很多工作是否定了这些图纸的。学科中这种矛盾的张力很重要。下文将会简要描述图纸的真实性如何在不同的时间范围内被拆解。

图纸与序列

挖掘过程表明，遗址分布图中列出的建筑特征在实体上并没有同时性的相互关联。按照惯例，考古学家在挖掘的时候会寻找施工顺序，并把重点放在不同建筑元素在其他建筑的上下连接处，或者两物相撞或被另一个东西切断的地方。这些实体关系也与一系列的放射性碳年代有关，这些年代是从不同的建筑特征内部和周围的有机材料中提取的，所以考古学家们创造了一个建造特定元素的时间顺序。

物质如何相互联系的顺序，以及放射性碳的年代顺序，被用来制作一系列的地层平面图。

图6.3展示了四幅图，我会按照它们各自独立组件的比例以及在古城堡遗址分布图列出的顺序一一讲解。图标记为T1的次圆形结构早于

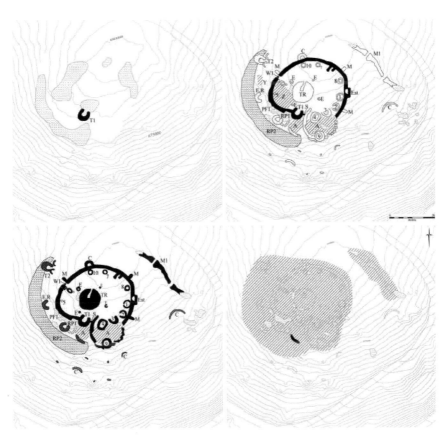

图6.3 古城堡遗址地层平面图，从左上角到右下角
图源：维姬·赫林根据文档资料绘制。

主围墙。随后修建了主围墙，以及许多进入它的道路，这些道路被堵塞后又进行改造。围护结构的后期设计也与遗址最密集的施工阶段有关，包括接下来的次圆形结构、塔楼、位于西面的部分墙体。片岩的小斑块便具有这些特征。T1的建造约在公元前3000—公元前2900年，主围墙建于公元前2900—公元前2500年，围场的精化和其他建筑的建造约在公元前2500—公元前2300年，片岩的封堵约在公元前1300年。对于史前建筑，我们不仅要研究5000年前的活动，还要研究1700年前的活动。然而，为了理解它们，考古学家参考了平面图中建筑特征的硬线边缘，并假定将先入为主的观念具体化为形式。

建筑故事的开头和结尾的界限应该被质疑，但是确实如此吗？如果我们关注大的时间范围和它交错的节奏，那么答案即是肯定的。对于一个没有明确轨迹的建筑项目，要如何确定它的起点和终点？不同元素在实践中又是如何相互联系的？例如，在一个有些部分已可被观看，而其余部分还在建造中的项目里，创造力是如何发挥作用的？一味坚持独创性，坚持在观念和对象之间画一条直线，是行不通的。有趣的是，材料只在最后的封闭阶段被描绘出来。建筑的填充物在哪里？物质文化又在哪里？这一系列建筑元素的轮廓图中都没有对行动的描述，所以围墙的设计永远只是浮在观念和对象之上，因为图中没有其他位置可以展现创造力（图6.3），实践没有被描绘出来。

与图6.2中的综合平面图一样，地层平面图也非常笼统抽象，上述顺序中定义的建筑特征永远不能代表一系列具有各自空间和时间特性的建筑物。在古城堡的挖掘过程中处理建筑特征时，大部分情况下我们都无法识别出一系列代表不同阶段残基的结构。类似地，图纸中建筑特征的硬线边缘掩盖了许多更复杂的与事物建立方式的关系。例如，在遗址的某些区域，次圆形结构的下部墙体和围墙是分开的，但它们的上部是缠绕在一起的，因此我们不可能及时对这些特征进行排序。反之也是如此，有一些特征是上部独立存在，而再往下，它们的结构是被编织在一起的。建筑特征的交织是过去实践的现实，与考古学的正常程序背道而驰。挖掘古城堡的考古学家没能发现理想的地层学，这个确实不那么走运。不过我认为，上述条件相互交织表明，建筑的动态才是关键，建造的世界是通过不断的生产而存在的，而不是一系列的形式。这也是豪尔赫在论述古城堡时提到的："一个更像动态网格的元素。"

这些红铜时代的（Chalcolithic）建筑工程不是一次性完成的，而是一遍又一遍地开展，有时是在短暂的间隔之后，有时是在更长的时间段之后。修建、重建的创造性过程，有不同的工期，不同的变化和修改范围。问题在于作为考古学家，如何更好地进入这一过程？简而言之，我们如何才能更专注于遗址的动态和活动？毕竟，考古中的挖掘本身就是一种实践，因此我们应该更直接地与建筑产生共鸣，通过建造和拆除的过程来理解建筑。

不过在往下写之前，我想讨论一下该遗址分布图或遗址分布图顺序的其他含义。我曾说过，从这个角度看，创造力的源泉在于观念和对象，因此我们可以从形式中读出意义。设计概念从观念一跃跳到成果，它没有经过实践，而是以另一种方式影响事物的时机。遗址分布图还为人们的生活设定了一个顺序——先建造，后使用。使用是次要的。这样的等级关系赋予使用一种建筑能够接受的行为形式。最好的情况是，出于功能主义的考虑与被动的用户联系在一起，最坏的情况是完全拒绝使用。例如，在遗址分布图中，除了一个轮廓形状外，没有其他的绘图细节。设计先是作为观念，然后作为对象，是原因与结果、本源与归宿的关系。在此决定中，建筑项目的使用不必成为建筑故事的一部分，因为使用已经由设计规定好了。

设计与使用

在古城堡档案中也有一些比例较小的图纸和说明，把形式、材料、物质文化的细节放在一起的图画。豪尔赫将这项工作称为"瞬间研究"（research into moments）。瞬间是由挖掘某一特征时揭示的细节构成。这个尺度是考古文脉的时间和空间，与过去沉积实践的时间和空间有最直接的关系。豪尔赫特别关注的一个例子是C形结构，里面有人类骨头的碎片。她用五个瞬间来描述实践，这些瞬间被她复制到五幅图中（图6.4）。以下是详细描述：①在建筑物北侧的黏土地基上有一层黏土（P）、动物骨头碎片（A）、人类骨头碎片（B）和陶器碎片（C）。这些集中的材料，再用石头的饰板加以分隔，形成了一个壁龛，壁龛里存放着动物骨头、人骨、陶器、两个轻木块的碎片。②在壁龛外面，还有一些人骨碎片、哑弹、陶器碎片。③在C形结构的内部，部分覆盖着大块的蓝色片岩（L）和熏肉，而在壁龛中，有人类骨骼（H）的关节部分、动物骨头的碎片、熏肉、一个几乎完整的小容器（V）和陶器碎片。④这个部分被理解为，最初是几块大石头"关闭"建筑，继而沉积了人类和动物的骨头和陶器碎片。⑤该结构被一种中小型片岩斑块所堵塞。

从某种程度上来说，这些图纸与设想中的图纸大相径庭，因为它们画的对象范围更广，而且是与物质文化相关，并非与建筑结构相关。它们展示了组装事物的过程也是带有空间特性的。类似地，通过轮廓、阴影、标签，图纸能够描绘其他的材料。这项工作的影响在于，通过对物质文化的研究，建筑和空间使用的联系更加紧密了，而这是至关重要

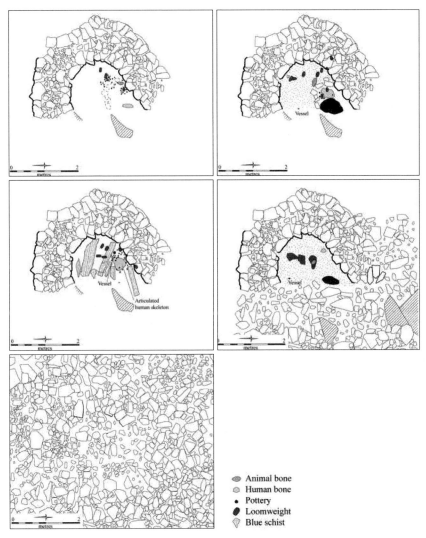

图6.4 C形结构的地层平面图和古城堡的物质文化沉积，从左上角到左下角
图源：维姬·赫林根据文档资料绘制。

的。这些图纸的灵感源于人们的现实生活，它们描述了行为。图6.4通过突出沉积事件，描绘了建筑的使用过程。这种建筑方法采取了更具空间性、更动态化的转向。这项工作的重点是空间实践，以及建筑的

经验——即建筑历史学家希尔所说的"创造性用户"（creative user）。然而，这些空间描绘仍然局限于建筑对象，而时间维度却局限于仅发生于建筑对象内部及其周围的瞬间。建筑对象总是出现在图纸中，这也是五幅图中有四幅都用厚重的墨水勾勒出了C字形结构的原因。无论多么有创意，这都呈现了体验是在设计之后（post-design）的时间关系。作为观念和对象的建筑仍然存在，设计只存在于C形围护结构的概念和静态形式中，这是一个关于如何使用它和如何沉积物质文化的故事。简单地说，使用的故事具有如此动态和详细的特征，以至于人们的注意力已经从建筑对象如何设置使用上转移开了。

由于现有的对物质和物质文化细节的描述，使得该语境下的所有元素都是活跃的参与者，但问题是，这种参与被冻结在了时间当中，沉积到空间里去了（即时间的空间化）。图6.4是对物质文化空间分布的研究，它展示了特定对象出现的频率和特定类别事物的密度，可以分析特定空间中物质文化的存在与否：它是关于事物所在的位置（where），而不是关于事物的时间（when）。例如，在图纸中，织机重锤不再固定在织机上，骨头是从尸体上取下来的，而不是从活着的动物或人身上取下来的，而羊皮是从破碎的花盆里取出来的。这些物体发生了变化。在沉积之前，有一段时间是存在于画框之外的，在图纸中无法展示。幸运的是，物质文化的碎片为它们保留了其他故事的一部分。如果物质没有在图纸中，它们便存在于其他事物之中。因此，为了进一步探索设计和使用之间的关系，走出建筑，遵循物质文化是至关重要的。

时间与事物

在本章开头我曾说过，史前史是关于通过人们的创造和生活来了解他人的。到目前为止，在我所写的文章中，总是有一些东西介入其中——考古学的绘图。绘图在很大程度上定义了考古学家如何与过去的世界交流。尽管如此，考古学家还是通过绘图来思考，以了解他们眼前的事物，并且在考古实物资料中总有一些东西抵制解释，并且具有可逃避的特性。挖掘的过程和解释的实践之间总是存在着一种张力，关于过去的解释，总是会发现绘图和文字之间有着不同的东西。考古学家花了很长时间研究世界上已经存在的东西，他们需要时间去了解它。人类学家蒂姆·英戈尔德甚至将考古学描述为一种居住形式。我再怎么强调考古学是一项多么特殊的技能也不为过。这不仅仅在于需要花时间在事物上，还在于需要花时间在别人所做的事情上。还有什么其他学科能做到这一点呢？是时候展示一些考古学家研究的最小尺度记录了。

我一直在研究古城堡遗址中的陶器碎片，以及碎片与挖掘时间的关系。我的目的是要弄清容器破裂与其碎片沉积之间的即时性或距离，并精确地表明碎片的微粒所在。我说过，在事物中，时间是物质的，如果你仔细观察图6.5中重新组装的碎片，你可以看到中间的两个碎片显示出外部表面磨损的补丁，这些补丁似乎是在容器破裂之前就存在的。右

图6.5 古城堡的一个破碎容器展示了不同碎片的不同历史
图源：本章作者拍摄。

边的四个碎片显示了破损后被烧焦的确切证据，因为在破损处，由于再次灼烧而引起的变色仍在继续。然而值得注意的是，左侧的相邻碎片没有显示出相同的浅灰色，这表明它没有被烧毁，而它在整修边缘保留了一个破损后磨损的区域。因此，在所有材料重新组合在一起并且沉积为一个特性之前，需要表明这些碎片与风化有关，而与燃烧无关。物质文化保留了它的使用时间，破损后的碎片时间，以及沉积时间。

在容器破碎之前和之后都会发生一些事情，它们不会像完美的物品一样被冻结，它们有扩展的历史（雷德斯托姆可能把这些叫作"未完成的事情"）。因此，关注容器的破损前后的历史，可以告诉我们在沉积之前发生了什么，也可以得到其他的实践，可以带我们进入其他空间。也许最重要的是，这是一项关于墙体修建之前的研究，关于沉积之前的研究。这是一个有趣的重叠，因为在物质文化的扩展历史中，这些破碎的物体将带我们回顾建筑的修建过程。这通常被理解为设计之前的使用，是与设计理论家雷德斯托姆提出的"将设计过程扩展为使用"的不同的策略。考古学是向后的、回溯性的思维，而设计理论是向前的、前瞻性的思维。

图6.6是一张从C形结构中找到的陶器的照片，豪尔赫通过沉积的时刻描述了它。通过对比小、中、大型碎片在整个组合中所占比例，可以明显看出中型碎片在出土文物中占主导地位。这很有趣，因为图6.4突出显示了碎片的位置，除了一个接近完整的容器（V—图6.4）（在白盒内-图6.6）之外，它并没有详细说明陶器的实际状态。图6.6显示了陶器的同质性，中等大小的碎片所占比例较大。它也在一定程度上描绘了大量的改装，表明容器在破碎后就直接沉积了。在C形结构外发现了几块整修碎片，这些遍布考古遗址的连接处，肯定是在建筑使用过程中形成

图6.6 古城堡C形结构
中的陶器集合
图源：本章作者拍摄。

的，因为建筑在使用后不久就被石头封盖住了。

我没有从传统的角度去思考一个结构及其后续用途，而是用我在陶器方面的工作来扭转局面，并把古城堡的建筑项目看作是一系列的活动，它们产生于对空间使用的律动和速度。因为没有证据表明破损和沉积之间有直接的联系，因此我们可以看到中型碎片占据了很大比例，容器并不完整；重要的是缺少大型件和几乎完整的改装。有相当比例的小碎片具有风化和磨损的边缘，这表明在破碎之后和沉积之前，陶器的其他用处，但这些并没有占主导地位。因此，人们在进入这个建筑之前，在沉积之前，就已经生活在破碎的罐子周围，但这并不是一个简单的抵抗性问题：这种关系比抵抗性更直接。相反，是空间使用的律动和许多处于破碎状态的日常生活的实践，为C形结构创造了条件。也许正是因为这些活动是出于空间使用的需要而产生的，所以这个建筑特征才被构造成部分开放的形状，这可能就是为什么在更大的遗址范围内可以识别出重组的陶器碎片的原因。对碎片模式的分析表明，空间使用、置身于时间之外，是建筑的一部分。即兴创作在这里一定起了关键作用。

这不仅是一个援引物质文化来探讨古城堡的建筑历史的案例，更是一个对碎片形态的分析，该分析表明空间使用，置身于时间之外，是建筑的一部分。因此，我们需要在考古学中增加故事和叙述，增加其他实践。而这就质疑了我们对设计的理解。

居住在建筑中

我接下来要论述的与我们通常概念化的建筑项目和设计过程的方式相比，会显得有点奇怪。为了展示事物形成的不同的角度，我将援引意大利建筑师阿尔多·罗西（Aldo Rossi）在20世纪八九十年代拍摄的宝丽来照片。宝丽来相机很重要，因为它能捕捉瞬间的生活片段，但对罗西来说，重要的是实践，而不是某张具体的照片。他一遍又一遍地拍摄并收集这些图像，而这需要时间：这些都是及时的行动。作为一名考古学家，对我而言重要的是他的创作过程取决于这种积累，并且生活在这种积累的碎片之中。这就是为什么他把他的建筑描述成已经被看到的东西。它是一种"在记忆与发明之间回荡"的创造力，而不仅仅是位于一个观念和一个对象中。如果我们用这些术语来思考我一直在研究的碎片（图6.7），那么物的使用可能不是设计之后产生的，而总是作为创造力的前提而存在的。我重申一遍我的观点，这颠倒了与设计共存概念的含义，并更深入地研究了建造所需要的时间。

我试图展示建筑史上对设

图6.7　正在修复的古城堡的碎片
图源：本章作者拍摄。

计的思考及其在考古学上的影响。然而，这种关系也不全是坏事，因为这正是建筑历史学家的工作，比如希尔，他帮助我找到了一种方式来阐明考古学中的一个问题。此外，通过对"占有建筑"（occupying architecture）和"创造性用户"的论述，这些作品通向设计，并像雷德斯托姆所认为的那样，他们将设计过程扩展到使用层面。我同意他们的观点，设计和使用之间的关系是随着时间的推移而发展的。然而，由于我所研究的考古实物资料的性质，我认为这种转变可能会往反方向发展。在其他的建筑项目中，我也会注意设计的时间。例如，在20世纪50年代的"找到"（As Found）运动中，人们认为居住是设计过程本身的创意部分（创意指的是关注已经存在的事物）。建筑师艾莉森·史密森（Alison Smithson）和彼得·史密森（Peter Smithson）将他们的建筑项目描述为"从事物中创造事物的任务"。人们意识到在建筑实践中已经存在的事物的重要性。在我看来，这与考古工作非常相似，因为这是一种关于时间的物质实践。在设计之后暂时不居住，这在设计实践中是一个创造性的部分。不过，正如雷德斯托姆所写的那样，我们可能会问"通过使用来定义使用"是否会成为一种新的"设计"。

我进入建筑学是为了理解考古学中的建筑，但最终我发现了我所描述的一种理解建筑的考古学方法。考古实物资料表明，创造性的实践在其中发挥作用——这些创造性时刻与建造和取消的不同时期、变化、改变的不同范围都并置在一起。作为一门学科，考古学只有在开始为自己创造不同的、更有效的方式来理解这些潮流中的设计过程时，才能取得成功。本章试图向对设计过程感兴趣，并创造性地处理人们生活现实的学者，展示考古学可能成为一门重要学科的一些方法。

致谢

感谢古城堡挖掘项目的负责人苏珊娜·奥利维拉·豪尔赫允许我复制档案。感谢剑桥考古小组的维姬·赫林（Vicki Herring）绘制图6.1、图6.2、图6.3、图6.4。感谢温迪·冈恩和杰瑞德·多诺万邀请我为本书撰稿，并感谢他们对文本的编辑工作。感谢托马斯·亚罗（Thomas Yarrow）对文本的阅读和评论。最后，感谢马克·奈特（Mark Knight）帮助我及时展开想法和参与陶艺活动。

参考文献

Alberti, L.B. 1965. *Ten Books on Architecture*. Rykwert, J. (ed.). Reprint from the Leoni Edition of 1755, with the addition of the 'Life' from the 1734 edition. London: Alex Tiranti.

Alberti, L. 2005. *On Painting*. Reprint Edition. London: Penguin Classics.

Barrett, J.C. 2006. Archaeology as the Investigation of the Contexts of Humanity, in *Deconstructing Context: A Critical Approach to Archaeological Practice*, edited by D. Papaconstantinou. Oxford: Oxbow Books, 194-211.

Berger, J. 1974. *Ways of Seeing*. London: Penguin.

Constantini, P. (ed.). 1996. *Luigi Ghirri-Aldo Rossi*. Montreal: Canadian Centre for Architecture.

Edgeworth, M. 2006. *Ethnographies of Archaeological Practice: Cultural Encounters, Material Transformations*. Lanham: AltaMira Press.

Evans, R. 1997. *Translations from Drawing to Building and Other Essays*. London: Architectural Association Publications.

Gadol, J. 1969. *Universal Man of the Early Renaissance*. Chicago: The

University of Chicago Press.

Hill, J. (ed.) 1998. *Occupying Architecture: Between the Architect and the User*. London: Routledge.

Hill, J. 2003. Actions of Architecture: Architects and Creative Users. London: Routledge.

Ingold, T. 1993. The Temporality of the Landscape. *World Archaeology*, 25(2), 152-74.

Ingold. T. 2010. No More Ancient; No More Human: The Future Past of Archaeology and Anthropology, in *Archaeology and Anthropology:Understanding Similarity, Exploring Difference*, edited by D. Darrow and T. Yarrow. Oxford: Oxbow Books, 160-70.

Jorge, S.O. 2007. Formas de Organizagao do Espago e Tecnicas de Construgao Durante a Pre-Historia Recente, in *A Concepgao das Paisagens e dos Espagos na Arqueologia da Peninsula Iberica,* edited by S.O. Jorge, A.M.S. Bettencourt and I. Figueiral. Promontoria Monografica 08: Universidade do Algarve, 9-12.

Jorge, S.O., Oliveira, M.L., Nunes, S.A. and Gomes, S.R. 1998/99. Uma Estrutura Ritual com ossos Humanos no Sttio Prc-historico de Castelo Velho de Freixo de Numao (V.N. de Foz Coa). Portugalia, Nova Serie, XIX-XX: 29-70.

Lichtenstein, C. and Schregenberger, T. (eds) 2001. *As Found: The Discovery of the Ordinary*. Baden: Lars Muller Publishers.

Lucas, G. 2002. *Critical Approaches to Fieldwork: Contemporary and Historical Archaeological Practice*. London: Routledge.

McFadyen, L. 2006. Building Technologies, Quick and Slow Architectures and Early Neolithic Long Barrow Sites in Southern Britain. *Archaeological Review from Cambridge,* 21(1), 115-34.

McFadyen, L. 2007. Neolithic Architecture and Participation: Practices of Making at Long Barrow Sites in Southern Britain, in *Beyond the Grave: New Perspectives on Barrows,* edited by J. last. Oxford: Oxbow Books, 22-9.

McFadyen, L. 2010. Spaces that were not Densely Occupied - Questioning 'Ephemeral' Evidence, in *Archaeology and Anthropology: Understanding Similarity, Exploring Difference,* edited by D. Darrow and T. Yarrow. Oxford: Oxbow Books, 40-52.

Redstrom, J. 2008. RE: Definitions of Use. *Design Studies,* 29, 410-23.

Rowland, I.D. and Howe, T.N. (eds) 2001. *Vtruvius: 'Ten Books on Architecture'.* New Edition. Cambridge: Cambridge University Press.

Thomas, J. 1993. The Politics of Vision and the Archaeologies of Landscape, in *Landscape: Politics and Perspectives,* edited by B. Bender. Providence and Oxford: Berg, 49-84.

Tilley, C. 1989. Excavation as Theatre. *Antiquity,* 63(239), 275-80.

第七章　从物品到可能性

温迪·冈恩　杰瑞德·多诺万

　　传统上，设计原型（design prototypes）已或多或少地置于线性设计过程中。我们认为，可以对设计过程重新进行概念化，以便围绕可能性和潜力进行更开放的叙述。通常而言，原型具有投射性，是探索对未来想象的一种方式。在桑德堡参与式创新研究中心（SPIRE）"室内气候与生活质量①"（Indoor Climate and Quality of Life）项目中，研究目标之一是寻找能够联系过去、现在、未来的设计及使用实践的方法。在本章中，我们的重点是在"以用户为中心的设计"论述中进行原型设计的实践，以及，如果设计师将设计理解为一个随时间发展的过程，那么这些实践将如何改变。在将原型作为未来产品的早期版本进行设计时，我们

---

① "室内气候与生活质量"是由丹麦政府资助，从2008年8月至2011年7月历时三年的项目。参与者来自五家建筑工业公司、两所大学、五户家庭，以及这些人员所涉及的幼儿园和工作场所也都囊括其中。桑德堡参与式创新研究中心的研究团队由设计人类学家、交互设计师、以用户为中心的设计师和工程师组成（请参见www.sdu.dk/SPIRE）。

提出了具有挑战性的假设，讨论了原型之为原型的想法，即作为正在进行的协同设计实践中涉及的材料。

从原型到设计刺激

在本书第二部分的导论中，雷德斯特罗姆认为，设计时刻与工业设计中使用时刻之间的区别是特定历史、社会、经济条件的结果。他呼吁对这种区别进行严格审查和重新评估，并提出一种不同的设计方法，以使设计和使用之间能够形成关系。对设计实践进行这样的重新评估具有重要意义，其中一方面的意义就是在以用户为中心的设计过程中对原型重新概念化。

原型在以用户为中心的设计中至关重要，研究人员认为原型在这些领域中的必要性是显而易见且毫无疑问的。

影响以用户为中心的设计过程中原型使用方式的主要观点有两种：一种以需求为导向，其中原型被视为识别用户需求和评估设计概念的方式；另一种以探索为导向，原型被视为支持探索设计空间的过程。

需求导向的观点与软件和可用性工程中的以用户为中心的设计基础紧密相关，在该基础上，原型被用于测试系统可行性以及建立最终用户需求和评估设计决策的手段。以用户为中心的设计的研究人员强调了原型的重要性，即通过评估和改进的迭代过程来确定设计中的用户需求和潜在缺陷。

探索导向的观点将原型理解为"深深植根于设计实践中的设计思想能动者，而不仅仅是评估或证明设计成果成败的工具"[1]。因此，原型的

---

[1] Young-Kun Lim, Erik Stolterman. The Anatomy of Prototypes: Prototypes as Filters, Prototypes as Manifestations of Design Ideas. *ACM Transactions on Computer-Human Interaction,* 15(2), 1-27. 2008. p.2.

使用与草图绘制过程是紧密相连的，作为探索设计空间以及在设计过程中让交互技术发挥作用的方式。原型在参与式设计实践中也很重要，它是促使用户参与"设计的语言游戏"的催化剂，并支持参与者想象未来可能的用途。这些方法之间存在差异，但它们有一个共同特点，即是在设计过程中，从想象中的未来成果的角度来探讨原型。正如克里斯蒂亚娜·弗洛伊德（Christiane Floyd）所说"在原型设计中最重要的是确保最终产品质量"[①]。对这一说法的一个明显的反馈是，根据原型在形式上与最终设计产品的接近程度，原型通常被描述为"低保真"（low-fidelity）或"高保真"（high-fidelity）。

重塑以用户为中心的设计中有关设计时刻与使用时刻之区别的假设，可以说这一设计传统为固定类别的发展提供了反例。由于核心原则是需要考虑用户，并像参与式设计一样，使用户积极参与到这个过程中。然而，在设计过程中，定位于想象中的未来成果，意味着从设计到使用的前瞻性发展过程。即使用户能够参与到设计的合作过程中，原型的作用仍是支持人们想象、讨论、塑造未来实践。不完美的原型将日益接近，并对最终产品进行测试与评估。

延伸开来说，设计成了一种稳定的过程，我们可以通过这个过程将想象中的未来实践变为现实。那么，我们对原型的理解又如何呼应对设计的理解，从而使设计和实践之间的关系随着时间的推动而发展呢？

在以用户为中心的设计中，原型设计的标准观点较少涉及。在设计过程中，原型设计（和其他创作活动）如何帮助建立人们在实践中建立

---

① Christiane Floyd. A Systematic Look at Prototyping in *Approaches to Prototyping*. Berlin: Springer. 1984. p.3.

起过去与当下的关联，以及实践的未来可能性。将原型作为初步设计解决方案的替代方法是发展关于"原型"的概念，其目的是引起对现有实践的反思。在系统设计领域，普雷本·摩根森（Preben Mogensen）提出通过提供机会，以获得现有做法的令人激动和具体的经验，原型可以通过实践激发对当前实践的讨论。这并不需要改变原型的物理形式，而是将设计师的角色从未来解决方案的提供者，转变为开辟出创新与即兴创作道路的追梦者。这就要求"找到世界的主角，并顺应其发展方向，同时将其推向不断发展的目标"[①]。正如威廉·霍斯特（Willem Horst）在其博士论文中写道，这里的设计场所很小，需要大量的协商技巧，并且不要导致泛化。

上述原型开发方法可以与重要人工制品方法进行比较。但是，重要人工制品的主要特点在于，原型会很长时间伴随着人们。这为人们对以往自己认为是理所当然的事情提供了一个反思的契机。这些思考随后成为原型配置（deployment）之后的"参与式工作坊"的重点。

室内气候与生活质量

人们对于如何理解室内气候产品和控制系统并不总是了如指掌，而这些却是产品与系统的设计人员最先想到的。人们难以理解（和栖息于）室内气候的原因之一是室内气候本身并不可见。

相关调查显示出一个特征，桑德堡参与式创新研究中心的团队与居住在室内气候系统（房屋，幼儿园、办公室）中的人们的日常活动进行

[①] Tim Ingold. The Textility of Making in *Cambridge Journal of Economics,* 34(1), 2010. p.92.

互动，为室内气候产品和系统的设计提供信息控制。这种在设计和使用之间建立联系的尝试，与室内气候工程设计领域的现有方法有明显的不同。室内气候领域的研究人员和行业合作伙伴强调可识别的、可测量的舒适参数，并将他们的努力集中在基于可预测行为模型的工程产品和系统上。而作为对参与式创新概念感兴趣的研究人员，桑德堡参与式创新研究中心参与了人们的即兴技能实践。

与英戈尔德关于"设计应邀请各行各业的人们进行交流"的主张一致，室内气候和生活质量项目的原型被视为材料（而不是物品），是人们产生想法的一种方式。其重点在于"物质流"（material flows）和"感官意识"（sensory awareness），使项目参与者在自己的定位和行动过程中相互反省。这个项目还包括合作的大学、桑德堡参与式创新研究中心研究人员、办公室工作人员、托儿所老师、家庭成员。图7.1为这一原型的图示，来自家庭、幼儿园、办公室的项目参与者对室内气候有不同

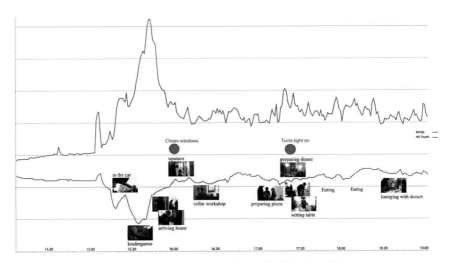

图7.1　通过居住在室内气候的实践对室内气候的参数进行叠加测量
图源：Svenja Jaffari绘制　©SPIRE，马斯·克劳森研究所。

的理解，他们开始反思如何将室内气候参数的测量与其日常活动联系起来。

与此同时，材料也被囊括了进来，用于重塑室内气候产品及系统的设计师和室内气候及系统的用户的关系。这涉及在公司和大学的科研期间，策略性地把在办公室、幼儿园、家庭里实地考察的结果并置起来。这里必须提到，桑德堡参与式创新研究中心研究人员对代表"用户"（the users）并不感兴趣。他们的做法是把来自家庭、幼儿园、办公室的叙述——以对原型回应的形式，用来建立与其他研究人员和合作公司的关系。困难在于在长达三年的合作活动中，确保所有叙述声音都持续存在。在这些持续的关系中，参与是各方努力的汇合点，原型旨在催生其他关系的关系网格里，起到了诸多不同的作用。想象工作坊进展过程中会发生什么，是一个社交行为，取决于参与者也不知道会是如何进展的、展开的、向前的活动。未来的结果是开放的（open）。开放就是"从不断变化的动力学世界中不断前进"[①]。重要的是，如上所述，原型在工作坊中并未被视为物品。相反，原型的价值在于其制作过程中产生的多种关系。这里定义的时刻是"……不是关于文化，而是关于人，以及人如何通过与他人的关系改变和发展……[②]"

在一次在幼儿园举办的反馈会议上，桑德堡参与式创新研究中心的研究人员展示了在上次访问中记录的幼儿园各个房间的温度图。老师们

---

① Maxine Sheets-Johnstone. Thinking in Movement in *The Corporeal Turn: An Interdisciplinary Reader*. Exeter: Imprint Academic. 2009. p.30.

② James Leach. Intervening with the Social? Ethnographic Practice and Tarde's Image of Relations between Subjects in *The Social after Gabriele Tarde: Debates and Assessments*, edited by M. Candea. London: Routledge. 2010. p.205.

坐在幼儿园的公共区里，互相传递温度图的复印件。一位老师收到了她的图表后，抬起头说："我就知道我的教室比较冷！"该图显示，在收集数据期间，她所在房间的温度始终低了一到两度。通过描述图表和同事们交谈，这位老师可以清楚地认识到他们彼此之间体验的差异。为了创造一种不同的室内气候，可能有必要改变他们的日常活动。

幼儿园室内气候变化很小，这引起了教师和研究人员之间的讨论。讨论的内容是，为什么某个房间的温度更低？他们在日常活动中发生的什么变化会使环境变暖？作为讨论的一部分，老师们把房间的低温与孩子们在幼儿园的活动联系了起来。他们讲述了孩子们早上向父母挥手道别时，站在前门旁边的玩具猪上。当孩子们这样做时，他们得用一个向上翘的牛奶箱来支撑幼儿园的内门（图7.2，右图）。这就使气流进入了幼儿园。

在此反馈会议的计划内活动中，我们整合了各种输入设备的素描纸板模型，其中包括纸板开关、转盘、旋转器、滑块。实物模型被理解为一种与教师开启对话的方式，讨论他们希望在什么时候、在哪里控制室内气候，以及如何与幼儿园的孩子们共享（或不共享）这种控制。我们要求老师们分成若干小组，每一组选择一种模型，并将其放置在幼儿园的环境中。有一组教师（包括感受到自己教室较冷的那位老师）选择了"滑块"（slider），并将模拟物带入了教室。

稍后，我们聚在一起聆听每个小组的想法，那个小组描述了他们是如何将滑块放在教室门旁边的墙上，目的是当幼儿园的前门打开和关闭时，滑块会相应上下移动（图7.2，左图）。老师们开始讲述他们是如何想象这些东西来支持他们向孩子们解释，早上挥手告别时打开和关上前门与房间里的温度之间的关系（图7.2，右图）。

图7.2 教师用滑块（左图）部分关联房间温度与前门开启（右图）的关系
图源：Jesper Pedersen摄 ©SPIRE,马斯·克劳森研究所。

我们在幼儿园进行的实地考察表明，教师实际上是可以识别出抽象难懂的室内气候图，并将这些信息与自己的实践经历联系起来的。从研究的角度来看，这为室内气候研究的"技术—科学铭文"（techno-scientific inscriptions）和工作坊参与者的生活经历中的民族志实地考察建立了部分联系。在与幼儿园教师建立持续关系的这段时间内，我们意识到人们有兴趣提高自己对室内气候质量的认识，包括解读像二氧化碳含量这样难以理解的参数。

与合作的公司和大学一道开展原型研究（图7.3）

如上所述，除了实地考察外，桑德堡参与式创新研究中心的研究人员还与来自大学、公司、对室内气候有不同兴趣的项目合作伙伴开展了多次工作坊。工作坊协调者的工作难点在于保证所有参与者在活动期间都能发声，并避免采用单个用户的代表性意见。通过与大学和公司举办工作坊，我们尝试探索不同的设计方式，这些方式将挑战对室内气候的假设，而不是引入技术解决方案。具体来说，研究团队有兴趣揭示室内气候技术科学话语中的理所当然的假设，以及它们如何与（或不与）居住室内气候的日常实践相冲突。通过观察人们在家里、幼儿园、办公室中与原型进行交互的视频文档，以及在工作坊环境中使用相同原型的可能性，使得大学和公司能够开启探索的链条。重要的是，正如邓肯·加罗（Duncan Garrow）和伊丽莎白·肖夫（Elizabeth Shove）所论证的那样，这些会面地点使人们熟悉的工作方式成为焦点，并揭示了一些以往未曾想到的方法论反思。

雅各布·布尔（Jacob Buur）和拉丽莎·斯多雷丝（Larisa Sitorus）提出，原型在公司内部可以用来激励用户并做出明确的假设，而在公司外部则可以挑战用户重新考虑他们的工作。在"室内气候"工作坊中，公司和大学的参与不一定是针对新产品的构思，而是对创新潜力的重新构架。如BCG模型（BCG matrix）[①]考虑了室内气候的创新潜力。然而，这一模型不是麦肯锡模型（McKinsey model），BCG的制作方式具有战略意义。这是一种挑战，将看似相似的管理系统并置在一起，让它们变得出奇的陌生。这种陌生正是因为它将基于居住在室内的日常实践中的"室内气候"概念添加到了模型上。

图7.3 在"桑德堡参与式创新研究中心"的工作坊中，向合作公司和大学展示不同种类的原型
图源：Miriam Deutch摄 © SPIRE，马斯·克劳森研究所。

---

① BCG模型是一种项目管理工具，能可视化公司业务部门的产品线优先级。

诸如可视化变化、促成行动、民主化协商、室内到室外的连接之类的假设被放置在模型中，这取决于参与者所能想象的具有创新潜力的内容。在开发室内气候产品和系统方面，就想象创新潜力而言，"促成行动"和"民主化协商"是公司和大学面临的最大挑战。

放弃社会物质区分

回到我们最初的问题：关于原型设计实践的假设如何随着对设计的理解而变化，从而使设计和使用之间的关系随着时间的流逝而展开？作为研究团队，我们在参与者（合作的公司和大学，在幼儿园、办公室、家里的人们）之间重新构架（社会）关系的实践，涉及旨在使落实抽象概念的设计材料，以便：a）拓宽想象力的视野；b）学会思考超出专业知识所允许的范围。通过涉及设计材料的工作坊活动，可以在设计和使用实践之间重绘生成线（generative lines），从而使参与者可以立即分享在同一时间做某事，共同度过时光的经验。我们不是让参与者坐在一起聊天，而是鼓励他们通过涉及设计材料的实验来互动：玩耍，随波逐流，对不知道确切的去向感到不舒服。共享的时刻充满了疑问、犹豫、不确定性，并且出现了对话，刺激对话朝着不同的方向前进。

在工作坊中，原型并未被视为最终形式的代表，在成为最终产品的过程中也可以有不同的阐释。因此，这些原型被认为是不完整的，它们出现在设计实践中，旨在保证设计的合作过程。在参与者的期望与梦想和当前制约因素（制度、物质、知识传统）之间遇到摩擦时，激发参与者去想象事情会如何不同。这种方式关注的是创造可能的梦想，而不是未来，即我们不关注实施和计划，或复制现有的室内气候产品和控制系统；而关注原型被用来探索设计室内气候系统和产品的不同方法，并在此过程中提出了许多问题。例如，如果我们考虑舒适度的时间维度，该怎么办？

桑德堡参与式创新研究中心的研究人员没有用规定性的设计来结束设计过程，而是尝试让正在进行研究的人员参与到一个持续活跃的合作设计过程中。研究人员将设计实践理解为从材料和设计师之间的对话，转向材料和他/她/他们一起工作的人之间的对话。实践和材料都提供了跨越专业和当地知识领域的途径。

在三年的时间里，桑德堡参与式创新研究中心的研究人员与家庭，教师和办公室工作人员，公司和大学的项目合作伙伴一起工作，试图从战略上重新设计"室内气候产品和控制系统"的使用与设计之间的关系。这个过程需要设计师放弃对原型以及原型出现方式的控制，这样就放弃了一些设计师的控制权。项目参与者以叙述和设计材料（包括原型）的形式，参与到压缩的（condensed）实地考察中，他们意识到了人们在房屋、办公室、幼儿园中为理解室内气候系统和产品所付出的时间与技术科学论述之间的摩擦，以及人们应该如何与系统和产品进行交互。因此，除了对室内气候工作坊的理解有所不同之外，参与者还面临他们知识范围的局限。

最后，其实很难追踪参与工作坊是否确实给参与者一种关于室内气候产品和控制系统的设计与使用的不同思维方式。不过，对项目合作伙伴组织中的当地知识的吸收进行的延伸研究表明，确实发生了一些改变，尽管这种改变比较微小。

关系构建的旅程

与一般意义上的原型不同，本章中的原型被视为设计和使用实践之间不断进行的关系构建过程中的材料。你可以说，以原型作为材料的积极参与，可以同人和物之间的日常接触相比较——形式是通过使用而出现的，是世代相传的，而且从未真正完成过，提醒我们形式始终处于变化中。以这种方式进行设计的目的，是打开可能性，而不是研究确定性，从而在设计和使用之间建立关系：

是在不断变化的人类状况中开展的一项活动；

是那些计划、建设、组织、参与变化中的环境的人们的愿望的汇集；

应各自带来当地知识和与一般规划程序互动的实践①。

将设计材料视为反映工具和记忆的手段，并在设计的展开过程中构建关系，为阐明人们在日常活动中如何协商室内气候控制系统的部分理解创造了可能性。通过参与涉及设计材料的现场考察和工作坊，可以吸引不同类型的人进行对话，以探讨居住室内气候的意义。这里的设计涉及不同地点之间的持续移动——家庭、幼儿园、办公室、公司、大学，从而允许研究人员、公司合作伙伴、使用室内气候系统和产品的人们之间不断进行对话。为了实现这种流程，原型必须具有不完整的内置形式，使人们有可能构建自己的叙述。该过程使原型具有意义，与特定的地点和时间有关。关注制造原型的实践和在此过程中的材料，会使人们意识到关系（relations）是在制造未来的关系，而不是制造未来的产品中所发挥的作用。通过这种方式，我们认为原型不是物品，而是由于原型之间的相互关系而具有价值。在这一点上，我们指的是詹姆斯·利奇

---

① 参与者在2009年9月10日至11日，在"斯特拉斯克莱德大学高级研究所"（现为苏格兰大学洞察力研究所）举办的"为生活设计环境 工作坊1"（Designing Environments for Life Workshop 1）上制定的合作声明。

（James Leach）对巴布亚新几内亚海岸线（Rai Coast）的人们如何通过物品制造的过程和实践来创造意义的描述。礼仪鼓的制作者认为，在"制作中"（in-the-making）的鼓（一种装饰物）在产生和提醒人们社会关系方面有积极作用。你可能会说，我们在设计和使用之间建立关系的尝试取决于使设计和使用的示意动作更加接近。以这种方式理解原型可能是一种挖掘潜力的方法，也是一种特定人类学的例子——这是一种具有批判性的，基于研究的实践[①]。

致谢

能完成本章节，我们要感谢杰斯珀·佩德森（Jesper Pedersen）、劳伦斯·波尔（Laurence Boer）、雅各布·布尔（Jacob Buur）、斯维尼亚·贾法尔（Svenja Jaffari）、克里斯蒂安·克劳森（Christian Clausen）。非常感谢桑德堡参与式创新研究中心（SPIRE）和苏格兰高级研究所（SIAS）工作坊的参与者，他们对我们的帮助使我们对居住室内气候的意义有了不同的认识。

参考文献

Binder, T., Brandt, E. and Gregory, J. 2008. Design Participation (-s) - a Creative Commons for Ongoing Change. *CoDesign*, 4(2), 79-83.

Bowen, S. 2009. A Critical Artefact Methodology: Using Provocative Conceptual Designs to Foster Human-Centred Innovation (PhD dissertation, Sheffield Hallam University).

---

① see http://anthropos-lab.net/studio/para-sites-a-proto-prototyping-culture-of-method/.

Brandt, E. and Grunnet, C. 2000. Evoking the Future: Drama and Props in User Centred Design, in T. Cherkasky (ed.) *Proceedings of the Participatory Design Conference 2000*. New York, United States of America, 28 November-1 December 2000, 11-20.

Bragger, B. 2009. Economic Anthropology, Trade and Innovation. *Social Anthropology*, 17(3), 318-33.

Buur, J. and Sitorus, L. 2007. Ethnography as Design Provocation, in *Proceedings of Ethnographic Praxis in Industry Conference*. Keystone, Colorado, USA, 3-6 October 2007, 146-57.

Buur, J. and Matthews, B. 2008. Participatory Innovation. *International Journal of Innovation Management*, 12(3), 255-73.

Buxton, B. 2007. *Sketching User Experiences: Getting the Design Right and the Right Design*. Maryland Heights: Morgan Kaufmann.

Ehn, P. and Kyng, M. 1991. Cardboard Computers: Mocking-it-up or Hands-on the Future, in *Design at Work: Cooperative Design of Computer Systems*, edited by J. Greenbaum and M. Kyng. Hillsdale, New Jersey: Lawrence Erlbaum Associates, 169-95.

Floyd, C. 1984. A Systematic Look at Prototyping, in *Approaches to Prototyping*, edited by R. Budde, K. Kuhlenkamp, L. Mathiassen and H. Ziillighoven. Berlin: Springer, 1-18.

Garrow, D. and Shove, E. 2007. Artefacts between Disciplines: The Toothbrush and the Axe. *Archaeological Dialogues*, 14(2), 117-31.

Gould, J.D. and Lewis, C. 1985. Designing for Usability: Key Principles and What Designers Think. *Communications of the ACM*, 28(3), 300-11.

Gunn, W. and Clausen, C. 2010. Transformation within Knowledge Practices: Challenging Taken for Granted Assumptions of What it Means to Inhabit Indoor Climate, paper presented at European Association for the Study of Science and Technology Conference on Practicing Science and Technology, Performing the Social, Faculty of Sociology, University of Trento, Italy, 3 September 2010, see http://easst.net/wp-content/uploads/2012/04/EASST_2010.pdf [accessed: 30 April 2012].

Horst, W. 2011. Prototypes as Platforms for Participation: Designing Prototypes for Collaborative Product Development (PhD dissertation, University of Southern Denmark).

Ingold, T. 2010. The Textility of Making. *Cambridge Journal of Economics*, 34(1), 91-102.

Ingold, T. 2011. *Being Alive: Essays on Movement, Knowledge and Description*. London: Routledge.

Ingold, T. and Hallam, E. 2007. Creativity and Cultural Improvisation: An Introduction, in *Creativity and Cultural Improvisation*, edited by E. Hallam and T. Ingold. Oxford: Berg Publishers, 1-24.

Ingold, T. and Vergunst, J.L. 2008. *Introduction, in Ways of Walking: Ethnography and Practice on Foot*, edited by T. Ingold, and J.L. Vergunst. Farnham: Ashgate, 1-20.

Jaffari, S., Boer, L. and Buur, J. 2011. Actionable Ethnography in Participatory Innovation: A Case Study, in *Proceedings of the 15th World Multi-conference on Systemics, Cybernetics and Informatics*. Orlando, Florida, 100-106.

Kjærsgaard, M.G. 2011. Between the Actual and the Potential: The Challenges of Design Anthropology (PhD dissertation, Department of Culture and Society, Section for Anthropology and Ethnography, University of Aarhus).

Leach, J. 2002. Drum and Voice: Aesthetics and Social Process on the Rai Coast of Papua New Guinea. *Journal of the Royal Anthropological Institute* (N.S.) 6, 713-34.

leach J. 2009. Choreographic Objects: Traces and Artifacts of Physical Intelligence, research report, [online] available at: http://projects.beyondtext.ac.uk/ choreographicobjects/index.php [accessed: 17 November 2011].

Leach, J. 2010. Intervening with the Social? Ethnographic Practice and Tarde's Image of Relations between Subjects, in *The Social after Gabriele Tarde: Debates and Assessments*, edited by M. Candea. London: Routledge, 191-207.

Lim, Y.K., Stolterman, E. and Tenenberg, T. 2008. The Anatomy of Prototypes: Prototypes as Filters, Prototypes as Manifestations of Design Ideas. *ACM Transactions on Computer-Human Interaction*, 15(2), 1-27.

Marcus, G. [n.d.] Para-sites: A Proto-prototyping Culture of Method? [Online] Available at: http://anthropos-lab.net/studio/para-sites-a-proto-prototyping-culture-of-method/ [accessed: 17 October 2011].

Mogensen, P. 1994. Challenging Practice: An Approach to Cooperative Analysis (PhD dissertation, Computer Science Department, University of Aarhus).

Rettig, M. 1994. Prototyping for Tiny Fingers. *Communications of the ACM*, 37(4), 21-7.

Sheets-Johnstone, M. 2009. Thinking in Movement, in *The Corporeal Turn: An Interdisciplinary Reader*. Exeter: Imprint Academic, 28-63.

Shove, E. 2009. Beyond the ABC: Climate Change Policy and Theories of Social

Change. *Environment and Planning*, 42(6), 1273-85.

Sundstrom, P., Taylor, A., Grufberg, K. et al. 2011. Inspirational Bits: Towards a Shared Understanding of the Digital Material, in *Proceedings of the 2011 Annual Conference on Human factors in Computing Systems*. CHI'11 Vancouver, BC, Canada: ACM, 1561-70.

第八章　社会互动中用户身份的出现

亨利·拉森　克劳斯·哈弗

引言：建立关系的过程

在本部分的导论中，雷德斯托姆关注的是决定产品的设计与使用关系的时刻。在工业时代之前，裁缝会在持续互动的"决定性时刻"就开始了解如何才能使衣服最合身——雷德斯托姆认为，生产者与用户之间的紧密互动在工业时代就已消失。在工业时代，固定的原型被视作为用户优化成果。他还认为，我们需要有足够的能力来解读实践的形式：揭示设计与使用之间的关系。

我们会从每个撰稿人的角度出发，探索体验与实践的特殊形式。我们团队中的一名成员在担任顾问期间意识到自己的听力正在逐渐衰退，并开始使用助听器。这是如何发生的？

从更宏观的维度看，作为设计师或研究人员，我们应如何理解认真对待用户视角的过程？用雷德斯托姆的话来说，我们应如何理解用户的"决定性时刻"？在我们的案例中，这个所谓的决定性时刻，就是成为助听器使用者的那个时刻。如何处理这些问题，才能加深我们对用户体验的理解？

通常来看，有听力障碍的人并不使用助听器。丹尼斯·戴（本书第三章）根据自己的经验反思了一个问题：如何不使听力障碍成为生活阻碍？在这里，"熟练的使用者"的概念并不是指助听器的使用，而是指个人处理社会状况的方式。在本章中，我们将进一步关注人与人之间的社会互动，而这也是听力的一个重要方面，它对助听器的设计、生产、营销、建议都至关重要。

经过十多年的工作——与专业人士合作、为机构改革过程提供咨询服务，我们的研究兴趣已经从即兴剧院的工作中拓展出来。我们的工作受拉尔夫·斯泰西（Ralph Stacey）、道格拉斯·格里芬（Douglas Griffin）、帕特丽夏·肖（Patricia Shaw）的影响，程度逐渐加深，他们把人类的互动理解为复杂的、回应的、建立联系的过程（complex responsive processes of relating）。

借鉴美国实用主义学者的研究成果，特别是乔治·赫伯特·米德（George Herbert Mead）、过程社会学家诺伯特·埃利亚斯（Norbert Elias）、斯泰西等人的假设：人类身份本质上是社会性的，是在持续不断的即时互动中产生的。这种交流互动也被理解为建立联系的过程，在此过程中，人类共同创造了自己的身份和意义模式。由于我们无法预见对方会说些什么，因此，我们需要对不断变化的新情况做出回应；同时，由于我们的会面带有不同的意图，情况很容易变得复杂。在与即兴剧院的合作中，可以看出我们与基恩·约翰斯通（Keith Johnstone）的工作有很强的关联性。他在即兴剧院中阐释道，所谓演员是对另一角色的反应，而不是扮演某个预定的角色。同样，我们也逐渐了解到自己作为参与者的顾问角色，在当下正在发生的时刻里，即兴发挥与客户之间的关系。在这些过程中，我们不仅协商形势，还协商自己作为顾问的身份。在"复杂的、回应的、建立联系的过程"的框架内，我们将探索在自己与他人的持续互动中识别或不识别听力问题的过程，并反思可能的"决定性时刻"。

梅洛-庞蒂（Merleau-Ponty）将感知理解为身体体验；我们还会讨论他作为现象学家的立场。最后，我们将探索延伸到如设计师、顾问、研究人员之类的局外人，他们可能开始掌握局部的互动影响，使用户实践有意义。

作为用户和研究者的经历（克劳斯·哈弗自述）

我和同事刚下榻到英国的酒店，准备参加一次有关复杂性思维的年会。晚餐时，我们迟到了，但找到了去餐厅的路。餐厅里，与会者们正积极地进行对话。在房间里，我们与友人相互打招呼，并在桌前找到了合适的位置。点餐前，另一位同样迟到的与会者加入了我们。这个人十分有趣，在我们开始用英文交谈时也表现得很自然放松。很快，我们就发现她是挪威人，而我们恰好都是斯堪的纳维亚人，于是这次对话就夹杂着挪威语和丹麦语进行下去了。我发现自己很难听懂他们在说什么，即使读唇语也于事无补。很遗憾，我逐渐退出了这次谈话，而在我退出的同时，我的同事则积极地进行着交流。我很紧张，强颜欢笑，试图维持这段刚开始看起来很有希望的联系。但最终我却十分挫败，仿佛自己（无论是从个人的角度，还是从专业角度）在这场建立联系的游戏中被踢了出来。

在回丹麦的飞机上，我对自己在餐厅的表现十分不满。这种表现实在太不寻常了。我十年前就查出了听力问题，但这并没有给我与同事们的密切来往造成阻碍：随着时间的推移，我还学会了弥补。

在接下来的几天里，我开始有了似曾相识的感觉——发现自己在此之前也曾有过类似的状况。我突然意识到，在很多关系互动中，我都很难捕捉到对话的细节，并在之后感觉自己被排斥在社交互动之外。

另一个我几个月前想到的例子：作为一名与演员合作的机构顾问，我正在进行一项研究，与大学的科研人员和助听器制造商的听力学家合作。在研讨会之前，我强调了理解作为助听器使用者的意义的重要性。由于现场没有用户，我根据自己的经验提供了用户知识，同时也促进了研究过程。尽管我以一种超然且客观的方式描述了自己的体验，但一位来自助听器制造商的听力学家开始给我提供个人建议——在这一点上，我很快淡化了我的用户知识：我自己没什么问题，我只是想为这部戏提供我的经验。

坐在飞机上，回顾自己这周末的经历，我意识到自己确实有严重的听力问题。几周后，我开始定期使用助听器了。

现象学家对经验的看法

梅洛-庞蒂以埃德蒙德·胡塞尔（Edmund Husserl）的现象学为基础，坚持认为我们的具体化经验与认知有密切相关。人不是区分为心智和身体；人就是他们的身体。身体并不是笛卡尔（Descartes）所说的"心智的客体"，而是与心智相互作用的主体：对梅洛-庞蒂来说，身体变成了"我"。正如泰勒·卡曼（Taylor Carman）所说，"对梅洛-庞蒂来说，身体本身是知觉的一个原始组成部分，而知觉反过来形成了广泛的意向性的永久背景"[1]。人类学家托马斯·乔尔达什（Thomas Csordas）也广泛

---

[1] Taylor Carman. The body in Husserl and Merleau-Ponty. *Philosophical Topics*, 27(2), 1999. pp.205-26.

借鉴了梅洛-庞蒂关于身体的观点，将其作为分析文化和自我的生产性起点。他试图展示知觉和实践的调查，当以身体为基础时，如何打破主体和客体之间的传统区别。

如果我们在解释克劳斯的经历时考虑到这一点，这显然不是一个贯穿于他的大脑的活动，以及接下来行动的理性决策或心智模式的问题。在吃晚饭的时候，身体上的反应对克劳斯产生了一种无法摆脱的思想上的影响；感性的感知形成了意向。

露西·萨奇曼（Lucy Suchman）引入了情境行为（situated action）这一概念。她借鉴了民族志方法学的理论，认为所谓意义是在当下发生的交际互动中产生的，解释行动的含义需要靠团队协作来完成。然而，意义的含义超出了言语的实际意义，超出了情境的特殊性，超出了历史、语境、非正式的理解。就克劳斯的经历而言，重要的是要意识到一个特定的环境（坐在一个陌生的房间里）从英语到斯堪的纳维亚语的变化，以及其他人的存在。这些环境条件对塑造他的感官至关重要。保罗·多利什(Paul Dourish)借鉴了萨奇曼的观点，认为语境的影响，及其对对话者来说具有社会意义的要素是不可忽视的。他还借鉴了阿尔佛雷德·舒茨（Alfred Schutz）的主体间性（intersubjectivity）概念：虽然经验是个人感知的，但人们可以发现彼此的经验是有意义的。梅洛-庞蒂关注的是具体化的经验是如何与认知意义形成联系的，而萨奇曼的研究揭示了采取他人态度的经验的重要方面。在这里，经验不仅体现出来，而且还取决于环境和社会含义。然而，通过观察人与人之间的关系的形成过程，我们发现关于人际互动的影响还有更多可说的。在更深入地研究这个问题之前，让我们看一下斯泰西等人与我们的第一个叙述产生的共鸣：

我们的同事，亨利，经历了什么？

我也是参会人员，如克劳斯所说，我与听力学家们一起参加了那次大学研讨会。尽管我曾经听人提起过听力问题，却从未认真思考过它。在我看来，克劳斯并不太擅长回应他人。对于咨询工作而言，这是一个小缺陷。而当他开始使用助听器后，我和其他同事都感受到了巨大的转变。他成了一个更加负责的咨询人员——可能是因为他能更清楚地听到人们的对话。

在会议上，克劳斯提到了之前在餐厅的那件事。然而，我并没有太留意：我也时常觉得自己疏离于对话之外，尤其是当这段对话里夹杂了外语时。

当克劳斯在一次会议上向某个听力专家透露自己的听力问题时，我并没有把它看得太严重（也许是因为他对问题的轻描淡写，也许是因为我尚未意识到问题的严重性），也并不理解为什么他始终在扮演一个"用户"的角色。他说自己家里有助听器，但他并没有使用，听力学家坚持认为他一定是搞错了，因为拥有这些助听器即意味着他的听力缺陷已经相当严重。我依稀记得自己在笔记上写过，他可能有听力障碍，但我很快就把这件事忘了。

作为他的同事，我要如何才能理解这些问题呢？十年前，我是雇用克劳斯的人之一。如果公司注意到了他的听力缺陷，我们可能会将其视为一个严重的短板，因此他会倾向于不提及这件事。当我们工作时，听力障碍并未成为一个问题，直到在那次会议上他主动提起自己的听障。即使在那时，我也没把这当作一件重要的事。而当我第一次感受到助听器为他带来的改变时，我才意识到，不戴助听器会给他带来多少麻烦。

为什么克劳斯过了这么久才意识到他可以从助听器中受益？为什么

直到克劳斯自己挑明了情况后，亨利才意识到克劳斯有听力障碍，并帮克劳斯在会议的对话中淡化这一主题？从"复杂的、回应的、建立联系的过程"这一观点来说，参与者之间的互动是至关重要的。

他者的态度

基于乔治·赫伯特·米德的理论，斯泰西论述了人类的交流如何成为理解危机和维持互动的模式，并形成参与交流人员身份的关键。发送者—接收者模式（the sender—receiver model）由克劳德·香农（Claude Shannon）和沃伦·韦弗（Warren Weaver）提出，它常常被理所当然地看作是理解沟通的方式。在这个模式中，沟通只是一种传递既已存在的思想的工具——仿佛人类的互动就像一条电话线，只涉及一个传输信号和某种被动的过滤。相比之下，米德将人类的互动描述为示意和回应的过程，我们在这个过程中创造了意义。在当下，我们往往会让自己大吃一惊，就像我们会让别人吃惊一样。我们也通过重复示意和回应来自我安慰，正如我们安慰别人一样；因此，这种身份的创造和共同创造（co-creation）必须被理解为本质上是社会性的——不是社会互动的被动产物，而是出现在我们与他人持续参与的过程中。由于我们不可避免地会与他人相互依赖，无论我们选择与否，这种共同创造都会出现。

埃利亚斯是斯泰西等人的另一个灵感来源。对埃利亚斯来说，权力（power）是人际互动的一个方面——不是一方对另一方施加控制，而是人与人之间的相互依赖。以为人父母为例，新生婴儿完全依赖父母，孩子的需求约束了，甚至塑造了父母的生活，因此这种关系是相互依存的。

作为权力关系的一个方面，埃利亚斯和约翰·斯科顿（John

Scotson）描述了在包容和排斥的过程中，人们倾向于建立起"我们"与"他们"相对立的组织形式，以及"八卦"起到的重要作用。马克斯·格鲁克曼（Max Gluckmann）把"八卦"理解为最重要的社会和文化现象之一，并且像埃利亚斯一样，他发现"八卦"有助于维持社会凝聚力。

在我们作为同事的共同经历中，对包容与排斥的相似观念很可能促成了我们周围群体的出现。多年来，我们每个人都与同事们进行过不同的谈话，在这些谈话中，对方的八卦帮助我们确立了自己作为咨询顾问的身份，认识了每个小组的成员，并找到了与同事和客户合作的方法；但这也可能造成名誉的损害。在这种相互竞争中，我们是真正相互依存的——比如在工作中，我们每个人各有自己的优缺点。在这个过程中，正在进行的谈话似乎变得重复了；"交谈的质量"并没有催生太多的自发性。

在与他人的互动中，我们共同创造了自己的身份。在这些情况下，亨利塑造了自己和克劳斯的特殊形象，不允许外界严肃对待类似于听障的事情。根据米德的想法，我们在不断"接受他人的态度"的同时，也在以自己无法预测的方式做出回应。在回应他人时，我们也在回应自己——以我们对他人采取的态度回应自己。对米德而言，自我（Self）是一种持续不断的对话，在内部以"主格的我—宾格的我"辩证法（I-Me dialectic）的形式发生，在外部以"示意—回应"的形式发生——实际上，这两个过程同时发生。因此，多年来在与他人的互动中，我们塑造了自己作为顾问的形象；而在我们两人的互动中，我们把自己塑造为在一个小公司中扮演相似角色的两个个体。

在这些互动中，有些主题并没有被讨论到。无论从经理还是从同事的角度来看，只要工作完成了，就算我们意识到同事有听力障碍，也没有理由进行干预。不过，不愿采取行动的原因有很多——比如想要维持熟悉的权力关系模式，或者我们宁愿最亲密的伙伴保持他们稳定的身份，因为任何改变都会不可避免地挑战我们自己的形象。

因此，作为理解听障这一明显的客观主题的一部分，交谈有助于在参与者之间共同创造意义和意图，不仅如此，有意义的谈话也能维持彼此的熟悉关系。这样一来，我们才能识别自己和对方。米德的想法似乎与舒茨所称的主体间性和"我们—联系"（we-relation）类似。然而，正如罗伯特·巴纳亚甘（Robert Perinbanayagam）所指出的那样，舒茨对于"他者"的论述与米德的论述大相径庭。在舒茨看来，主体间性以个体主体的形式出现，个体主体在动机和意图的交换和相互确认中不时相遇，或者在没有这种确认时相遇；而对米德而言，自我与他者是相互影响的关系。

在米德的论文中，舒茨和哈罗德·加芬克尔（Harold Garfinkel）从胡塞尔的个人主义现象学发展了他们的思想，而米德则植根于美国的实用主义，其源头在于黑格尔（G·W·F·Hegel）的思想。

参照米德的观点，巴纳亚甘写道："他者并不只在我们想要的时候出现。无论我们是否想要，它都会出现——不请自来，无所不在，拥有一定程度的权力，一定程度的影响力，以及完全的意图"①。显然，这些持续的相互作用维持了作为顾问的两位笔者的关系和身份，这也使我们很难接受类似于听障的主题。遵循米德的论证和"主格的我—宾格的我"辩证法，克劳斯的内部对话也是如此。

从"复杂的、回应的、建立联系的过程"观点来看，我们可以认识

---

① R. S. Perinbanayagam. The Significance of Others in the Thought of Alfred Schutz, G.H. Mead and C.H. Cooley. *The Sociological Quarterly*, 16(4). 1975. p.518.

到两位笔者参与的重复互动模式地出现在一段时间内并没有为听力主题留出空间。要理解最终发生的变化，就需要仔细观照我们是如何根据社会互动来理解其中涉及的情感的。

情绪与体现

在《感受发生的一切:意识形产生中的身体和情绪》(*The Feeling of What Happens: Body and Emotion in the Making of Consciousness*, 2000)中，安东尼奥·达马西奥(Antonio Damasio)认为，情绪的身体感知和相互作用对人类至关重要，并且与认知和意识的出现密切相关。通常认为，情绪从思想中产生，并以一种连续的方式呈现：先是经验，再是思想，最后是情绪。然而，最近的神经学研究却证实了一个不同的观点，这个观点最早是由实用主义者威廉·詹姆斯(William James)在125年前提出的：情绪是知觉直接的结果，在思想出现在心智之前就已经存在。达马西奥认为，神经学研究实际上证实了詹姆斯的观点：没有一种被称为"情绪"的精神影响会造成对身体的影响。达马西奥思考了他所谓的"情绪的感觉"(the feelings of emotions)——在情绪状态中对我们身体状态的感知，一种情绪的自反性(reflexivity)。

这一假设或许能够说明情绪在我们的案例中所扮演的角色。识别一种特定的情绪可能与识别一种互动模式差不多，这种互动模式也就是克劳斯所说的"似曾相识"(deja vu)的感觉。我们可以注意到，同样重要的是现在时刻的特殊性；克劳斯与亨利和挪威女人坐在一起的那一刻，他的实际身体体验就是情绪。克劳斯立即认识到一种情绪的感觉，于是他对多年来对经验的解释产生了怀疑：一种与他人建立关系的亲密联系，引起身体体验的情绪，同时产生一种公认的情绪感受。这使我们接下来探讨米德所谓的"现在时刻"。

现在时刻作为决定性时刻

如果需要改变，就必须打破现在时刻不断重复的社会互动模式。在这里，唤醒的呼唤与强烈的情绪联系在一起；但是，解决这个问题需要参与者一定程度的自反性和胆识，这与达马西奥所称的"情绪的感觉"有关。对米德来说，行动和思考是紧密联系在一起的，并且与现在时刻联系在一起：

对于新兴事件，它与先行过程的关系成为条件或原因。这种情况是一种现状。它标记出，并在某种意义上选择了使它的独特性成为可能的东西。它以其独特性创造了过去和未来。一旦我们看到它，它就变成了历史和预言。它本身的时间直径随事件的范围而变化[①]。

在米德看来，"现在"不可避免地意味着一个社会互动的时刻：即使一个人是孤独的，从他者的态度涉及"主格的我—宾格的我"辩证法的意义上来说，内部对话也是社会性的。这种对现在的矛盾理解描述了思想的运动，它不仅仅是一个时间点，而是一个延伸的时刻，在这个现在时刻里，对过去的回忆和对未来的渴望影响着人们所采取的行动，同时思考当下。矛盾的是，这种暂时的意识在现代时刻里改变了过去和未来，进而改变了对过去的回忆和对未来的渴望。同样，从这个角度来

---

① George Herbert Mead. *The Philosophy of the Present*. New York: Prometheus Books. 2002. p.52.

看，现象学主题的具体性（particularity）、语境性（contextuality）、空间性（spatiality）显然是重要的，但它们都必须以社会互动中发生的时间性（temporality）主题来看待。米德对现在时刻和过程的理解是时间在相互关联中给了我们一个机会，让我们的互动中认识和反映我们将其视为"决定性时刻"的东西——虽然这些只能是事后的看法，承认了谈话模式的变化。对克劳斯和那些与他有关的人来说，餐馆里的情况成了一个决定性时刻，但这只是因为随后的现在时刻建立了新的谈话模式。对"决定性时刻"的认识稍后才会出现——在其他的现在时刻里，当特定经历被重复并赋予新的意义时。

也许对克劳斯来说，现在的互动和被排斥的感觉所引起的具体化情感唤起了一种认知，过去的经验获得了新的意义，对未来的渴望得到了回顾。在后来的对话中，克劳斯决定开始使用助听器，"决定性时刻"在正在进行的对话中得到了认可。

在音质方面和在作为表达使用者个性的小工具方面，助听器都有了长足的发展：它现在小得多，可以被视为一个设计物品（图8.1）。它成

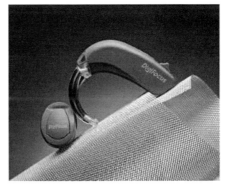

图8.1 助听器：克劳斯用了十年的助听器（左图），现在使用的助听器（右图）
图源：©奥迪康（Oticon A/S）。

为米德所谓的"社会物品",因为意义是从社会互动中产生的。随着时间的推移,这种意义可能会发生变化。我们已经体验到助听器作为社会物品在过去的三十年中的变化,当然,这种在局部互动中的出现也可能影响了克劳斯的决定。

向研究人员介绍互动的身体体验

这些动态的社会互动不仅仅是"用户"互动的一个方面;两位笔者也同样是咨询者和研究者,并且个体身份与意义的产生过程在本质上也是相同的。

基于上述思考,我们与科研伙伴合作,组织了一个研讨会。在这个研讨会中,邀请参与者体验在扮演角色之间相互依赖的情况下,人们需不断进行的互动。研讨会以"谈论听力"为题,着重于临床环境下听力学家与听障患者间的互动。

本·马修斯(Ben Matthews)和特赖因·海涅曼(Trine Heinemann)描述了在听力学家与听障患者的相互咨询过程中出现的一个问题。相比扮演自己,我们更希望参与者能扮演另一个角色;因此我们让听力学家扮演听障患者,而研究者则扮演听力学家。我们将参与者分为两组,每一组都配有一位专业演员来帮助他们为自己扮演的角色做准备。

专家们相互交谈,说服自己接受这个新角色,并将其表演得活灵活现。下一步,就是让他们在诊所见面。按照要求,(扮演的)"听力学家"需要安排自己的诊所,而(扮演的)"听障患者"则需要准备好自己的咨询原因。

我们没有做任何损害(扮演的)"听障患者"听力的事,而是让第三组人员作为观察者戴着耳塞参加了会议。

看到咨询会中迸发的能量是件有趣的事。后来，真正的听力学家反映，尽管存在一些事实错误，但互动中的权力关系是非常真实的。不可预知的情况出现了。例如，一位研究者扮演了公共卫生领域中听力学家的角色，而令他吃惊的是，他发现自己在思考为客户提供经过改进的新式助听器是否合理，这随后导致了对如何从互动中产生不同角色的反思。

第三方观察者戴着耳塞，很难听懂他们的谈话。这引发了不同的情绪，而这些情绪正是重要的经验。后来，我们展示了这个实验的视频，并且，由于同时进行着多个咨询，我们意识到自己很难听清楚。我们让第三方观察者仔细听发生了什么，并播放了几分钟的视频。一开始，他们尽力去听，但逐渐意识到想要听清楚是几乎不可能的。我们征求反馈时，他们立即表达了听不见的沮丧；虽然他们已经意识到自己在这方面并不孤单，但也曾短暂地体验过被排斥的感觉了。

如果我们将自己的经验与我们构想的框架相结合，是一件颇为值当的事。类似于在用户互动中体验到的身体情绪，将是身体互动的一部分。

进一步的思考

当我们试着去理解听力在设计与使用之间的关系时，我们看到两位笔者与其他参与者之间持续的互动如何帮助我们将听力看作一种社会物品。我们看到了互动的过程是如何导致停滞的、重复的互动，以及同样的互动又是如何导致截然不同的结果。在这个转变中，情绪（我们认为情绪是社会性的）发挥了作用。我们发现，带有现象学影响的解释，其重点在于体现、语境、主体间性，这些要素虽然相关，但不足以给予我们的案例一个更全面的理解。虽然这些观点之间有很强的相似之处，比如关注互动和当下，但现象学的立场并没有从"复杂的、回应的、建立联系的过程"视角出发，考虑到人与人之间的相互依赖。

人类学关注的是在现在中的过去，而设计关注的是未来创造的实践。在对听力的反思中，我们提出了一种特殊的理解，即在我们作为用户理解自己所处的一系列"现在时刻"中发生的事情。

反思对话模式的能力，以及面对试图打破这种模式所涉及的感知风险的能力，是我们所说的"交谈的质量"的重要组成部分。因此，对设计和使用关系的理解，如果只理解单个用户和物品之间的关系，或者从一个人的角度来理解社会互动，就太具有局限性了。"交谈的质量"不仅对理解用户之间的互动过程有意义，而且对参与产品的服务研发人员以及科研人员也有意义。

致谢

感谢本书编辑温迪·冈恩和杰瑞德·多诺万对我们撰写本章的耐心。我们从与冈恩、多诺万、雷德斯托姆的合作中获益良多，从他们的研究领域中得到了大量的见解。

参考文献

Buur, J. and Larsen, H. 2010. The Quality of Conversations in Participatory Innovation. *CoDesign*, 6(3), 121-38.

Carman, T. 1999. The Body in Husserl and Merleau-Ponty. *Philosophical Topics*, 27(2), 205-26.

Csordas, T.J. 1990. Embodiment as a Paradigm for Anthropology. *Ethos*, 18(1),

5-47.

Damsio, A. 2000. *The Feeling of What Happens: Body, Emotion and the Making of Consciousness*. London: Vintage Press.

Dourish,P. 2001. *Where the Action Is: The Foundations of Embodied Interaction*. Cambridge, MA: MIT Press.

Egbert, M. and Deppermann A. (eds) 2012. *Hearing Aids Communication: Integrating Social Interaction, Audiology and User-Centered Design to Improve Communication with Hearing Loss and Hearing Technologies*. Mannheim: Verlag fur Gesprachsforschung.

Elias, N. 1991. *The Society of Individuals*. Cambridge, MA: Basil Blackwell.

Eias, N. 1998. *Norbert Elias on Civilization, Power, and Knowledge: Selected Writings*. Chicago: University of Chicago Press.

Elias, N. and Scotson, J.L. 1994. *The Established and the Outsiders: A Sociological Enquiry into Community Problems*. Thousand Oaks, CA: Sage.

Garfinkel, H. 2002. *Ethnomethodology's Program*. New York: Rowman and Littlefield.

Gluckmann, M. 1963. Gossip and Scandal. *Current Anthropology*, 4(3), 307-16.

Griffin, D. 2002. *The Emergence of Leadership: Linking Self-Organization and Ethics*. New York: Routledge.

Have, C. 2007. Responsibility in Consultancy from a Perspective of Emergent Social Interaction (MA dissertation, Complexity and Management Centre, University of Hertfordshire).

Heidegger, M. 1962. *Being and Time*. New York: Harper and Row.

James, W. 1884. What is an Emotion? *Mind*, 9, 188-205.

Johnstone, K. 1981. *Impro: Improvisation and the Theatre*. London: Eyre Methuen.

Larsen, H. 2005a. Risk and 'Acting' into the Unknown, in *Experiencing Risk, Spontaneity and Improvisation in Organizational Change*, edited by R. Stacey and P. Shaw. London: Routledge, 46-72.

Larsen, H. 2005b. Spontaneity and Power: Theatre Improvisation as Processes of Change in Organizations (DMan dissertation, Complexity and Management Centre, University of Hertfordshire), Dusseldorf: VDM Verlag Dr. Mueller e.K 2008.

Larsen, H. 2011. Improvizational Theatre as a Contribution to Organizational Change, in Facilitating Change, edited by L. Baungaard. Copenhagen: Polyteknisk Forlag, 327-54.

Matthews, B. and Heinemann T. 2009. Technology Use and Patient Participation in Audiological Consultations. *Australasian Medical Journal*, 1(12), 174-80.

Mead, G.H. 1910. What Social Objects Must Psychology Presuppose? *Journal of Philosophy, Psychology and Scientific Methods*, 7, 174-80.

Mead, G.H. 1934. Mind, *Self and Society from the Standpoint of a Social Behaviorist*. Chicago: University of Chicago Press.

Mead, G.H. 2002. *The Philosophy of the Present*. New York: Prometheus Books.

Merleau-Ponty, M. 1962. *Phenomenology of Perception*. London: Routledge.

Perinbanayagam, R.S. 1974. The Definition of the Situation: An Analysis of the Ethnomethodological and Dramaturgical View. *The Sociological Quarterly*, 15(4), 521-41.

Perinbanayagam, R.S. 1975. The Significance of Others in the Thought of Alfred

Schutz, G.H. Mead and C.H. Cooley. *The Sociological Quarterly*, 16(4), 500-21.

Schutz, A. 1967. *The Phenomenology of the Social World*. Evanston, IL: Northwestern University Press.

Shannon, C.E. and Weaver, W. 1949. *A Mathematical Model of Communication*. Urbana, IL: University of Illinois Press.

Shaw, P. 2002. *Changing Conversations in Organizations: A Complexity Approach to Change*. New York: Routledge.

Stacey, R.D. 2001. *Complex Responsive Process in Organizations: Learning and Knowledge Creation*. London: Routledge.

Stacey, R.D., Griffin, D. and Shaw, P. 2000. *Complexity and Management: Fad or Radical Challenge to Systems Thinking?* London: Routledge.

Stanislavski, K. 1988 [1936]. *An Actor Prepares*. London: Methuen.

Suchman, L. 1987. *Plans and Situated Actions: The Problem of Human-Machine Communication*. Cambridge: Cambridge University Press.

第九章　供应链在产品设计中的作用

贝娜迪特·布洛格

西奥多·阿多诺（Theodor Adorno）曾就工作与工作产物之间的关系向我们提出警示："事物中的历史表达无非是过去的伤痛"①。他提醒我们，产品的设计（design of a product）与产品中的设计（design in a product）之间的密切关系，制造产品并不是机器的事，而与主观经验和特定语境相关。这句话是对工业生产导致的表达方式和个体缺失的哀叹。在马克斯·韦伯（Max Weber）的启发下，阿多诺认识到，这种情况是一种"祛魅"（disenchantment），即现代性带来的意义缺失；而在卡尔·马克思（Karl Marx）的启发下，他则认识到了异化与物化的危机。

阿多诺认为事物的意义不是它固有的功能，而是把意义置于事物产生的条件上。承认人类的劳动价值，是设计中的决定性时刻。后来，邀请用户参与创新过程，这一行动需要重新定义生产和使用之间的区别，这是另一个决定性时刻。本章同样将劳动成果视作事物的意义。但是，

---

① 本章作者将这句话从德文译为英文。——译者注

我们所讨论的并不是那些赋予物品以物质形式的劳动，而是关注那些将其从一个物品变为一个可销售的物品所需的劳动。随着供应链的出现，人们将"购买时刻"（the point of purchase）视为另一个设计的决定性时刻。因此，我对阿多诺的看法是，本章讨论的焦点是他批判的对象：出售给大众的、批量生产的产品。在我看来，制造商品需要独立的创意工作，阿多诺称之为品质，或者说折磨。作为"与产品一起设计"（design with the product）中的一个元素，产品的历史形式在这个过程中仍然会产生影响。

引言

无论在营业额还是在地理范围上，世界贸易都在迅速扩张。这一发展对产品设计产生了根本性影响。

新技术带来的自动化和机械化是导致世界贸易扩张的原因之一。在这一点上，零售革命与工业革命有相似之处。随着工厂取代了手工作坊，功能一体化的连锁零售店也取代了独立的贸易公司网络。20世纪90年代，许多独立的贸易关系都整合到了同一个物流运作系统中，集成供应链（integrated supply chains）变得越发流行起来。零售业刚开始的时候，延续了旧有的贸易网络模式。

一开始，制造业的劳动分工在产品设计中是被保留下来的。设计是制造商、工程师、设计师的专属特权。然而，随着连锁店成为更大的买家，而更大的买家有巨大的议价权，连锁店也开始对产品设计提出种种调整要求。这种需求是基于连锁店对自己的市场分析和商业战略，而不是基于对技术或材料及其特性的考虑。有些连锁店推出了自己的商标，尽管这些产品通常仍然是由同一家生产商生产的。另一些连锁店则垂直扩张，将现成的制造公司整合到自己的业务中，或开设自己的工厂。如今，分配装置已经在很大程度上影响了批量生产的产品的设计。这在已经发展成熟的集成供应链中更为明显，在以价值链的贸易端为目标的零售链中也是如此。

设计和制造产品并不是零售链的核心商业理念，确保产品能够顺畅流通才是至关重要的。为此，这些物品必须是可销售的。一个物品，没有什么内在品质可以确保它得以售卖。有些人准备出售这件物品；在一定的规则规范下，有些情况是适合买卖的，因此这个物品成了一个商品（a ware），但这只是暂时的。在英语中，单数形式的"ware"指的是"陶器和陶瓷制品"，也可以指"销售的商品"，这里使用的是后一种意思。

当顾客购买某件物品时，它便不再是商品。"ware"一词与其他词的组合方式表明了销售与使用之间的密切联系。"ware"是"硬件"（hardware）一词的后半部分，它精确地表明了硬件、工具、机器零件的意思；"软件"（software）指控制机器的操作程序，还有银器（silverware）和餐具（tableware）这样的词。警惕（beware）和意识（aware）同样如此。在这个用法中，"ware"唤起了一种关注和关心的感觉，仿佛是一种被保管的物品。物品被持有，就意味着它没有被使用、没有被消耗，但持有绝不仅仅是提供存储的被动行为。打造一件商品，既需要阐明产品的特性与特点，还得与其他元素相结合，并进行展示及销售。产品的设计决定了它可以做什么。制造一件商品所需的技能，是将设计转化为产品，并使其在消费者的生活中发挥意义与作用。

我们可以将商品制造的技能理解为包装艺术。这里使用的"包装"具有广义和狭义两层含义。狭义的包装指包装纸、标签、说明，用于实际包装项目。它是生产的一部分，是具体类型的物品。广义的包装则指具体时间、空间中元素的配置，包括人、建筑设备、时间、其他商品、活动、场合等。百货商店和超市就是广义包装的例子。产品中的设计，是"与产品一起设计"的出发点，它非常重要，不过上述两组不同的活动需要不同的技能。

本章大纲如下：在下一节中，我会介绍对一些项目的研究与开发，在这些项目中，把商品制造理解为一种特殊技能。这些是挪威零售连锁店的纵向发展项目。尽管许多从事商品包装的专业都包含在内，但本章并不涉及广告、营销、品牌、店面陈列，而关注设计在销售过程中的作用，这里的销售过程是有专业商家参与的。在介绍研究设计之后，接下来的部分将商品制造的三个不同方面对应三个主题，分别涉及产品经理的、展销会期间、零售店中的设计考虑。在最后的总结部分，我将回到文章开头提及的阿多诺的警句，对其进行另一种解读。

数据与研究方法

在与挪威零售连锁店的两个合作研究项目进行期间，有三种商品制造设置的描述。项目从1999年持续到了2007年。在此期间，挪威的零售贸易正进行着巨大的转变，以适应连锁形式。第一个项目是一个网络项目，八家非竞争关系的连锁店比较在培训领域进行的类似举措的结果。第二个项目是在一个连锁店内进行的研发项目——技术供应伙伴（Technical Supplies partner）。这两个项目由同一个团队运作，团队成员有来自连锁机构的代表，来自奥斯陆工作研究所（Work Research Institute, Oslo）和挪威商学院（Norwegian School of Management）的研究人员。

下文对商品制造的过程以多层次分解的形式进行描述。详尽描述指对正在进行中的事件进行富于经验分析的叙述和解释。每种描述对作为产品设计技能的商品制造给出的观点各有千秋。这些描述彰显了对美学、功能、使用、价格、质量、信任的关注，并清楚地展示了在解决它们之间的张力上所付出的努力与劳动。

项目的研究策略基于两个互补的传统：一是主流实证分析的社会科学定性研究，其形式为调查和"半结构式访谈"（semi-structured interviews）；二是基于斯堪的纳维亚传统的行动研究项目，又被称作"民主对话"（democratic dialogue），其形式为工作坊和由产业链上的人员运营的临时项目。

设计批发的产品

物品的生产不仅仅是将材料部件组合成型，这些物品也是由话语构成的。"商品"这一概念所属的话语结构是经济理论和供应链物流管理。然而，该术语的话语地位及其在理论结构中的重要性却很少得到认可。在古典经济理论中，分配一词主要指的是收入分配，商品的分配模式被看作是生产者（卖家）与消费者（买家）进行交换的结果，而这一交换过程又由货币价格机制来调节。市场交换对其参与者的意义是毋庸置疑的。无独有偶，供应链理论也是在严格的功能主义脉络下发展起来的，它缺乏对实际的日常实践的认识，也缺乏制度框架。

米歇尔·福柯（Michel Foucault）也曾力证，任何话语都无法通过接近一种语言来质疑自己的认识论前提。如果有人提出了这样的问题，那么那些迄今为止被认为是本体论上真实的东西就会变得可疑，并且面临消失的危险。商品就是这样一种本体论上真实的物品，它们的存在仿佛是理所当然的事。在关于贸易的话语中，用来分析它们是如何产生的语言很难进展下去。因此，很少有人承认经营市场所需的技能，包括生产商品的技能。

随着供应链的出现及其对产品设计的影响，商品制造（waremaking）的技巧为更多人所知。然而，商品制造在一开始总是被理解为品牌创建，即对商业概念和服务营销的设计。这些活动再次成为专家的领域，这些专家的工作却是脱离了实际产品交换语境的。工艺与技术知识和艺术息息相关，而在传统上，技术和艺术都与市场交换毫无关联，这使得我们忽视了生产商品的必经之痛。

产品从工厂离开绝不仅仅是物理上的移动，更是转移到了一个新的语境中。在这里，设计有了新的意义。让我们来看下面这个例子。大卫是TSP连锁企业仅有的五位产品经理之一，负责管理连锁店三万种产品的库存流入。整个供应链中的购买者并不多。

产品经理被高度重视，业内以近乎敬畏的态度看待他们，但正因如此，他们的日常工作和技能的明显缺陷可能被掩盖。因此，即使商品制造所需的工艺尚未被话语确定，它的实际重要性也获得了认可。

大卫说，他工作的一部分是阅读所有产品相关的资料。这些出版物能够帮助他在一段时间内以及在不同的生产者之间比较产品的差异。产品销售材料只是他探索的第一步，他还研究技术类杂志，以了解最新的发明创造；还研究消费类杂志，以检查产品测试的结果。他渴望读图，正如渴望看说明书一样。这些阅读经历能够让他对产品质量有所了解。相较于检查实际产品，可见和有形的特征是衡量质量的指标。

功能性（functionality）和美学都很重要，但我始终无法确定哪个对他来说是更重要的。在他的口头评价中，他描述材料质量、技术解决方案、配色方案或实用性的方式包含了功能和形式的要素。对他而言，每一个细节都是有意义的，正是细节揭示了产品所能提供的服务。在他看来，糟糕的美学加上草率的收尾正是实用性差和服务低下的表现。一个产品的可见方面能够转喻地代表整批产品，并影响了他是否购买的决定。品质也很重要，它通常是间接和无形的，表现为生产商品牌的市场地位。根据过去的经验，他还会考虑生产者的质量，以及退货政策的灵活性和交货的及时性。

与产品的功能、审美、社会关系等方面的判断一样重要的是经济计算。大卫竭力了解竞争对手产品的价格，并尽可能将其作为基准根据。对他而言，最可靠的经济信息来源是中央仓库。他可以得到一份清单，清单上详细列出了每种产品的全年销售额。大卫会根据各种类似的消息来源，准备与生产商就明年的采购进行协商。

协商是按照既定的年度日程规划进行的。大卫到国外去参加这些会议，我们无法与他一起了解实际的程序。从他讲的故事中我们了解到，这些会议也是他通过自己的亲身体验来了解产品的好机会。大卫的技巧是独一无二的。技巧与他在有限范围内的产品和具体形式的交换方面的经验有关，而与任何形式的成文知识无关。产品中的设计在他的工作中发挥了突出的作用，但只是作为产品服务的表现。他对它的关注纯粹是出于工具性的，是功利主义的。实际上，大卫并没有做任何"与产品一起设计"，但他的所作所为却使"产品的设计"与"产品中的设计"之间的联系变得松散，这使"与产品一起设计"成为可行，并将市场的关注点直接转向了生产商。

在与生产商进行谈判的同时，产品经理也参与了TSP连锁企业发展自有品牌的战略。至于在国外建立生产设施，他们则较少参与。大卫说自己并不具备连锁店管理所需的技能，他更喜欢做产品经理而不是生产经理。他对产品经理这一身份的坚持，正是购买东西时设计所需的独立技能的佐证。

产品设计与展销会上的生产商

在经济理论中，交换物品指的是那些在基本生存需要得到满足后留下来进行贸易或物物交换的物品。另一个颇具影响力的观点是，在人工和市场制度中的市场交换在某种程度上与"真实的"社会关系是不一样的。那时，制造商品应该是一件奢侈的事情，需要付出纯手工劳动。然而，民族志研究表明，有关消费或交换的决定是所有类型的经济活动的组成部分，由此产生的销售物品范围属于经验问题，而非理论问题。有些物品具有作为"认知物品"（epistemic objects）的意义，通过这些物品，对世界的新认识成为可能。在供应链中，具体的商品可以被理解为认知物品，尤其是新产品尚未完全确定时。他们处在可能的边界上。至少在它们被出售之前，需要花费相当大的努力来固定它们。很少有产品能够成为家喻户晓的品牌名称，而能够成为日常语言中的通用术语的更是凤毛麟角。

许多商品的第一次公开亮相都是在展销会上。展销会属于公共活动，其成本和收益由诸多利益相关者共同承担，贸易公司、会议中心、协会、付费客户都可能是利益相关者。然而，下文中描述的年度展销会是由TSP连锁企业单独举办的，这是向竞争对手和客户就权力与地位发出的第一个响亮信号。除此之外，它的形式和持续时间均与挪威其他展销会类似。

展会上，我的向导是尼克（Nick），ICT公司的一位经理。他负责组织展销会的工作小组，需要完成大量的行政工作。我在大厅里走动时，看到了工作小组在过去一年里多次审议的结果。最重要的考虑之一是展厅的整体布局。有很多需求是相互冲突的，并就不同要素的定位进行了多次微妙的谈判。美学是一个需要考虑的要素：如何以最佳方式展示商品？这就需要考虑墙壁颜色、灯光、音响系统，并做出最能达成目的的选择。另一个需要考虑的是价格因素：制作人需要多少空间来展示他们的作品，他们愿意为此支付多少钱？

普通的展销会上，场地使用费通常由参展商自己承担。然而在这种情况下，供应链的成本是要高于往常的。为了达到表明自己市场地位的目的，公司愿意进行这样的投资。然而，工作小组必须为参展商的使用空间确定一个价格。除此之外，功能和效用也是需要考虑的。许多参展商互为竞争对手，产业链上的人员则希望能在最大程度上利用这种竞争，使双方都以最佳状态出现，而不会加剧敌对关系。那么，如何使一种产品得到展现，而另一种产品的特点和优势也能得到增强呢？如何增加总销售额，而不仅仅是增加某个特定产品线的销量？在展销会期间，空间和商品必须以这种能够使潜在客户真正接触到、看到、体验到产品的方式呈现。

展销会上展出的物品不能像普通商品一样正常出售，因为它们已经被使用过了。举办展销会的主要目的不是为了赚钱，而是为了测试需求，为销售创造条件。展销会是商品制造的特殊场所，在这种环境下操作，需要掌握与产品经理完全不同的技能。与生产者的协商依赖于在两个独立公司中具有相似镜像功能的对等双方之间的二元关系，而展销会则依赖于几个独立方之间的合作，因此，它的组织环境更为复杂。展销会也是一个公共场所，很少有秘密和隐秘策略。价格更加公开，公用设备有形可见，商品也是现成的。当一个人工制品在一个可得到的环境中出现时，人们可能会直接意识到它，以及它周围其他人的行为。这就是展销会上所发生的事情，也是展示之所以如此重要的原因。这是"产品中的设计"为"与产品一起设计"创造可能性的地方。生产商在展销会的整体设计中仍占有一席之地，但现在作为展示的一部分，展销会的目的是展示商品的质量。

与零售店设计的冲突

展销会的案例清楚地表明，产品中的设计在其实施时是具体的"社会—物质配置"（socio-material configurations）中的一个活跃方面，不包含任何行动蓝图或用途计划。这些物品在所谓的"本体论编排"（ontological choreography）中扮演了部分角色，或者更准确地称为产生商品的"本体论表演"。商品也在"以物为中心的社会性"（object-centered sociality）的特定形式中充当节点。在这里，物品的地位与社会关系一样重要，具有社会意义。它们并不代表人类的社会关系，而是构成话语、物质性、社会性关系的组成部分。

商品一旦进入零售商店，就即将成为消费和使用的文化世界中的一部分，其他类型的创造性工作也就开始了。而当商品被购买，可能很快就会被消耗，或者变成其他种类的物品。商品可以变成礼物，产品可以成为身份的象征，骄傲的雕像则可能成为堕落的象征。当物品被用于某些具体用途时，它们就不再是商品了。在商店里，制造商品的技能使从生产到使用的转变成为可能。

我举的例子是一家小型家庭商店。我之所以选择这个例子，是因为商店所有者与连锁店的区域经理之间存在冲突，这引发了关于产品设计的关键思考。

欧乐（Ole）是一家商店的老板，他对店铺颇具新意的室内设计非常满意。欧乐希望顾客能够在连锁店提供的多种电视中进行选择，并想出了一个他自认为很不错的解决方案。他在房间中央放了两把宽敞的躺椅，中间有一张小桌子，桌子上摆着一个盛着咖啡和饼干的小托盘。他在没有门的三面墙上挂了很多电视，每台电视旁边都挂着产品信息，包括价格标签。他说，这样的空间布置能够让他与客户坐下来打开电视，一个接一个地观看节目，以便讨论不同产品的特点和优点。顾客会觉得他们是在自己的客厅里，能够舒适、平静地做出选择，而他可以为顾客提供他们需要的技术和价格信息。

连锁店区域经理凯尔（Kai）十分愤怒地告诉我，连锁店否定了欧乐的特权。根据连锁店空间使用和类别归置的逻辑，所有电视都应该置于同一面墙上，同时打开，显示相同的节目。商品的价格和特性最好能清楚地显示出来。在他看来，这是唯一能让客户在不同电视机间进行比较的方法。商店销售人员的工作是在顾客需要的时候向他们展示更专业的技术细节，而不是邀请他们来喝咖啡。

欧乐和凯尔都想以最好的方式包装产品，赋予商品以意义，从而可以销售给客户。但他们在如何实现这一点上存在分歧。在商品制造的过程中，他们二位都十分关注美学、功能、使用、价格、社会关系。而他们的不同之处在于各自偏好的特定的元素配置。欧乐在第一轮竞争中取得了胜利，但在他退休几年后，凯尔占据了上风，欧乐的商店被连锁店接管了。

结论

在某种程度上，产品设计具有一种命令性的力量，但它必须经过重新配置才能成为一个商品。文中三种粗浅的描述表明，制造商品所需要的技能既不简单，也不容易自动化或机械化。第一个例子显示了产品设计如何在切断生产者和产品的联系的过程中发挥关键作用；第二个例子是展销会，在展销会上，产品的设计是展示产品特点和优势的一个关键特征，能够使产品更加畅销；第三个例子说明了如何展示这些产品才能使它们在潜在客户的生活中成为实用的物品。在这种情况下，利用设计来吸引客户理解设计的技巧也同样重要，尽管哪些技巧和什么值得强调，仍是存在争议的。商品（wares）的存在远不像经典经济理论里说的那样不言自明，也不像阿多诺等批评家所描绘的那样令人惋惜，而是可以证明购买也是设计的决定性时刻。

参考文献

Adorno, T. 2003 [1951]. *Minima Moralia: Reflexionen aus dem Beschadigten Leben*. Surkamp taschenbuch wissenschaft 1704, erste auflage. Frankfurt am Main: Suhrkamp.

Brogger B., Johannessen Y., Osvik A. et al. 2001. *Organisasjonsutvikling i varehandelen: Fra mangfoldige kunder til enhetlige butikker*. Oslo: AFI - rapport 4.

Brogger, B. 2009. Economic Anthropology, Trade and Innovation. *Social Anthropology*, 17(3), 318-33.

Brogger, B. 2010a. An Innovative Approach to Employee Participation in a Norwegian Retail Chain. *Economic and Industrial Democracy*, 31(4), 477-95.

Brogger, B. 2010b. Work Tasks on the Move: Local Consequences of Global Divisions of labor. [online] Available at: *iNtergraph: Journal of Dialogical Anthropology* 2(2), http://intergraph-journal.net/enhanced/vol2issue2/6.html [accessed 15 May 2011].

Brogger, B. 2010c. Kjeder, entreprenorskap og antropologisk kunnskapsdannelse. *Norsk Antropologisk Tidsskrift*, 21(2-3), 129-42.

Burgess, K. and Singh, P.J. 2006. A Proposed Integrated Framework for Analyzing Supply Chains. *Supply Chain Management: An International Journal*, 11(4), 337-44.

Carriers, J.G. (ed.) 1997. *Meanings of the Market: The Free Market in Western Culture*. Oxford/New York: Berg.

Cussins, C. 1996. Ontological Choreography: Agency through Objectification in Infertility Clinics. *Social Studies of Science*, 8, 575-610.

Foucault, M. 1972. *The Archaeology of Knowledge and the Discourse on Language*. New York: Pantheon Books.

Foucault, M. 1994 [1970]. *The Order of Things: An Archaeology of the Human Sciences*. New York: Vintage Books.

Geertz, C. 1973. *The Interpretation of Cultures*. New York: Basic Books.

Gudeman, S. 1978. *The Demise of a Rural Economy. From Subsistence to Capitalism in a Latin-American Village*. London: Routledge and Kegan Paul.

Gustavsen, B. 1992. *Dialogue and Development*. Assen: van Gorcum.

Gustavsen, B. 2007. Work Organization and the 'Scandinavian Model'. *Economic and Industrial Democracy*, 28(4), 650-71.

Hallam, E. and Ingold, T. (eds) 2007. *Creativity and Cultural Improvisation*.

ASA Monograph 44. New York: Berg.

Hippel, E.V. 2005. *Democratizing Innovation*. Cambridge, MA: MIT Press.

Ingold, T. 2000. *The Perception of the Environment: Essays in Livelihood, Dwelling and Skill*. London: Routledge.

Knorr Cetina, K. and Bruegger, U. 2000. The Market as an Object of Attachment: Exploring Postsocial Relations in Financial Markets. *Canadian Journal of Sociology*, 25(2), 141-68.

Kopytoff, I. 1988. The Cultural Biography of Things: Commoditization as Process, in *The Social Life of Things*, edited by A. Appaduari. Cambridge: Cambridge University Press, 64-93.

Levy, M. and Weitz, B. 2011. *Retailing Management*. Eighth edition. New York: McGrawHill/Irwin.

Lichtenstein, N. 2009. *The Retail Revolution: How Wall-Mart Created a Brave New World of Business*. New York: Metropolitan Books.

Lundvall, B.A. 1985. Product Innovation and Use-Producer Interaction, Industrial Development. *Research Series 31*. Aalborg: Aalborg University Press.

Malinowski, B. 1984 [1922]. *Argonauts of the Western Pacific*. Prospect Heights, IL: Waveland Press.

Meyer-Ohle, H. 2003. *Innovation and Dynamics in Japanese Retailing: From Techniques to Formats to Systems*. Houndmills, Basingstoke: Palgrave Macmillan.

Miettinen, R. and Virkkunen, J. 2005. Epistemic Objects, Artefacts and Organizational Change. *Organization*, 12(3), 437-56.

Miller, D. 2001. Alienable Gifts and Inalienable Commodities, in *The Empire of*

Things, edited by F. Myers. Sante Fe: School of American Research Press, 91-115.

Naslund, D. 2002. Logistics Need Qualitative Research: Especially Action Research. *International Journal of Physical Distribution and Logistics Management*, 32(5), 321-38.

Polanyi, K. 2001 [1944]. *The Great Transformation: The Political and Economic Origins of Our Time*. Boston: Beacon Press.

Robertson, T. 2002. The Public Availability of Actions and Artefacts. *Computer Supported Cooperative Work 11*, Netherlands: Kluwer Academic Publishers, 299-316.

Suchman, L. 2007. *Human-Machine Reconfigurations: Plans and Situated Actions*. second edition. Cambridge: Cambridge University Press.

Sahlins, M. 1972. *Stone-Age Economics*. Chicago: Aldine-Atherton Transactions.

Svensson, G. 2002. The Theoretical Foundation of Supply Chain Management: A Functionalist Theory of Marketing. *International Journal of Physical Distribution and Logistics Management*, 32(2), 734-54.

第三部分

⌄

人与物

导论：设计中的人道主义

——关于人类学与物质性关系的几点思考

彼得-保罗·韦尔贝克

引言：物的人类学

如何概念化人与物之间的关系？虽然从设计人类学的角度出发，这个问题看起来很明显，但在哲学史和社会理论史上，它根本就不是一个不言自明的问题。事实上，我们甚至可以说，西方哲学的很多特征就是恐怖材料（horror materiae）。物质的"物"被思想占据，常常从哲学的雷达上消失。然而，也有一些积极的例外。特别是在技术哲学中，大量的精力致力于概念化技术人工制品的社会作用，以及人类与技术之间的关系。这些关系是错综复杂且多方面的：人不能孤立地考虑任何一种关系，而需要囊括其他关系，通盘考虑。一方面，人工制品是人类设计过程中的产物。与此同时，这些人工制品在我们如何互动、如何移动、如何行为、如何体验和解释周围的世界方面起着重要的作用。人类塑造物，物也塑造着人类。因此，在设计实践中，人类不仅塑造物质世界，也塑造自身的存在。基于此原因，人与物的关系是设计人类学的一个重要内容。本部分探讨这种关系的性质及其设计含义。在接下来的四个章节中，我们将以概念和经验的方式来研究使用和设计的实践。

作为进一步探索这种关系及其设计含义的基础，本章将为物的人类学提供一个更广阔的背景，讨论它如何与哲学人类学的历史和"人—技术"关系的研究相联系。首先，我将对设计物品含有的特定特征给出相当抽象的哲学分析，对经典的艺术哲学和技术哲学进行批判性的讨论，探讨马丁·海德格尔（Martin Heidegger）的文章《艺术作品的本源》（*The Origin of the Work of Art*）。该文本考察了"纯然物"（mere things）、"用具"（use objects）、"艺术作品"（artworks）的区别，在文本的框架中定位设计物品，将使我们有可能首次进入设计的物在人类存在中所起的作用。

其次，我将着重于人类实践和经验中的物质人工制品的作用：如何理解物的作用。最后，我将重点介绍设计实践本身的特点，更具体地说，阐释在实践中，物所起到的作用。

在器具和艺术间设计

"物"在古希腊语中为pragmata。这个词完美地诠释了人和物之间的亲密关系："物"（pragmata）是属于"实际运用"（praxis）的实体，是人类所从事的实践。对于设计人类学而言，两种具体的实践有一个中心位置：人工设计的实践和人工使用的实践。在这两种实践中，人与物之间产生了特定的关系，人与物在其中扮演着特定的角色。如何概念化人与物之间关系的本质？如何理解设计在这些关系中所起到的具体作用？

为了回答上述问题，我将会在哲学上绕一圈。首先，我们来看海德格尔著名的文章《艺术作品的本源》。有趣的是，这篇文章不仅可以理解为一种艺术哲学，也可以理解为一种设计哲学。海德格尔在他的文章中提出的中心问题是如何理解纯然物、用具（器具），艺术作品——这三种物质实体之间的区别。物（things）的这三种形态，物质实体的这三种分类，与建立设计人类学有很大相关性。海德格尔将纯然物、用具、艺术作品的区别概念化如下：

> 器具（a piece of equipment），比如鞋具吧，作为完成了的器具，也像纯然物那样，是自持的；但它并不像花岗岩石块那样具有那种自生性。另一方面，器具也显示出一种与艺术作品的亲缘关系，因为器具也出自人的手工。而艺术作品由于其自足的在场却又堪与自身构形的不受任何压迫的纯然物相比较。尽管如此，我们并不把作品归入纯然物一类。我们周围的用具物毫无例外地是最贴近和本真的物。于是，器具既是物，因为它被有用性所规定，但又不只是物；器具同时又是艺术作品，但又要逊色于艺术作品，因为它没有艺术作品的自足性。假如允许作一种计算性排列的话，我们可以说，器具在物与作品之间有一种独特的中间地位[①]。

这样的顺序如何帮助我们理解设计物品？对器具和艺术作品而言，这些物品之间有什么关系？乍眼一看，设计物品似乎与器具有密切的关系。毕竟，器具是拿来使用的。但与此同时，器具的"器具性"（equipmentality）不会耗尽它们在人类存在中的作用。就像艺术作品

[①] Martin Heidegger. 1971. The Origin of the Work of Art in *Poetry, Language, Thought*. trans. A. Hofstadter. New York: Harper and Row. 1971. p.29. 中译文引自（德）马丁·海德格尔《林中路》，孙周兴，译，上海译文出版社，2008年，第12页。

一样，器具有审美的维度。那么，器具和艺术作品之间到底有什么区别呢？

对海德格尔而言，用具就像"纯然物"：它们就像其他物一样，是物质的客体，区别在于用具是制作而成的，而不是自己形成的。但是，另一方面——并不像同样也是制作而成的艺术作品，用具不是自给自足的，而是需要一个使用环境，以便真正作为一个使用物品呈现。只有当它们在人类的使用环境中发挥作用时，用具才能以使用物品的形式出现，而不仅是被放置物品。

在这里，艺术作品和器具之间的一个重要区别变得清晰可见，这对理解设计很重要。当一个物作为一个器具被使用，只有当它从我们的注意力中抽离，使我们能够通过我们使用的器具进行活动时，它才会变得有用。用海德格尔的话来说，使用的物是"上手的"（ready-to-hand）。仿佛它们是我们自身的延伸，甚至是我们双手的延伸，我们通过我们所使用的物与世界建立联系。当器具成为我们经验的终点［"现成在手"（present-at-hand），海德格尔这样描述它］，器具不能使我们用它们做任何事情，但能让我们与物自体（themselves）互动。在《艺术作品的本源》中。海德格尔分析了"上手状态"（readiness-to-hand）的可靠性。当它磨损或损坏时，用具就失去了用处，变成纯然物；因此，器具以可靠性的方式存在。只有通过可靠性，用具才有可能与世界上的其他实体建立联系，而不是陷入照顾器具本身（itself）的冲动中。

同有用的物相比，艺术作品有全然不同的存在方式。用具需要使用的实践，而艺术作品栖息于自身。然而，通过这种自持，艺术作品能够揭示一个有意义的世界。艺术作品为那些体验它的人打开了一个现实。用海德格尔的话来说，在它们形成的物质基础上，它们"把世界带入存在"（bring a world into being）。海德格尔通过对文森特·凡·高（Vincent Van Gogh）的一双农鞋的思考来阐释这个世界对艺术作品的启示能力。当我们观看这幅画时，海德格尔论道，我们"突然进入了另一个天地"①。这幅画让凡·高的农鞋成为在场，把它们带入存在。对于海德格尔而言，艺术作品不是仅和美或者再现有关，而是让它们进入存在，解蔽世界（disclose worlds）②。

为了解释艺术的解蔽力量，海德格尔对比了"世界"（world）和"大地"（earth）。如果艺术作品解蔽世界，一定有事物先决于世界，必须要有能被揭示为世界的"东西"（something）。他把这个东西，称之为"大地"。如威廉·理查森（William Richardson）所说，大地可以被视为"构成作品的物质元素(如颜料、大理石、音符)"③。大地存在于自行锁闭的领域，通过它，实体可以作为一个世界显露出来（revealed）。

体验一个艺术作品，对海德格尔而言，就是体验在世界和大地之间的"争执"（struggle）。在此争执中，"隐藏在大地里的"转换为"被揭示为世界的"；艺术作品塑造作为自行锁闭者的大地，解蔽大地，让它敞开为世界。海德格尔在这里用的"争执"，因为大地隐藏（concealed）在艺术作品之中，与此同时，通过一个特定的方式显露（revealed），而艺术作品把大地带到世界的敞开之中。

海德格尔在另一篇文章《技术的追问》（*The Question Concerning*

---

① Martin Heidegger. 1971. The Origin of the Work of Art in *Poetry, Language, Thought*. ibid. p.35. 中译文引自（德）马丁·海德格尔《林中路》，前引书，第18页。

② Martin Heidegger. 1971. The Origin of the Work of Art in *Poetry, Language, Thought*. ibid. p.39. 中译文引自（德）马丁·海德格尔《林中路》，前引书，第21页。

③ William Richardson. *Heidegger: Through Phenomenology to Thought*. The Hague: Martinus Nijhoff. 1963. p.406.

Technology）中，就艺术作品与器具间关系的讨论加了另一个维度：他解释道，在经典哲学中，二者都位于"创制"（poiesis）的领域。他并没有把创制理解为现代意义上的制造（making），而是提出了一个更好的理解，"带来"（bring forth）。那么，制造就是帮助实现一个从隐藏的（大地）到显现的（世界）的转变。

海德格尔对用具与艺术作品之间关系的分析，使设计物品具有了特殊的地位。正如器具置于纯然物和艺术作品之间，设计物品置于器具和艺术作品之间。一方面，设计物品是有用的物，实用的器具，使得它们的用户能够做事情；另一方面，这种有用性并没有耗尽它们在人类生存中所起的作用。设计物品并不仅仅是可靠的和从我们的注意力中抽离的，它们也像艺术品一样，存在于自身之中：它们的审美特性使得它们在人类存在中占据了一个超出功能性的位置。

在进入存在的过程中，设计物品在器具和艺术品之间占有特殊的位置。对海德格尔而言，在艺术作品的创作和器具的生产中存在着分歧。首先，世界和大地的争执，存在于艺术作品的创作中。大地的维度存在于艺术作品的创作中，而在器具的生产中，大地的维度消失了。艺术作品把大地揭示为世界，而制造器具的材料只有在器具损坏时才会出现。一件艺术作品展现了制作它的东西——通过解蔽那个东西，把它带到无蔽的状态中；而器具从人们的注意力中抽离，以便使运用器具的实际活动成为可能。此外，根据海德格尔的说法，创造性被明确地创造成被创造的存在，而器具无法展示它是被制作的，因为它会在使用中消失。

设计物品超越了海德格尔语境中器具和艺术的区别。首先，设计物品有能力展示它们既是制造的，又是有用的。其次，就像艺术作品一样，设计物品有能力揭示世界。不仅可以拿来用，还可以来体验。作为世界的一个意义元素，设计物品展示出制造它的"大地的"（earthly）材料。古希腊词techie完美地诠释了器具和艺术的融合，它具有手工艺和艺术作品的双重含义，并没有对器具的制作和艺术作品的创作之间做出明显的区分。

物的两种形态都是手工的，在这一层面上，二者都可被视为"进入存在"（having come into being）。

设计物品区别于艺术作品和器具的特性，是我们进入设计人类学的第一步：它为分析人与设计物品之间的关系提供了一个概念上的基础。本部分的四篇文章在两个方面展开论述。①设计物品在其特定存在方式的基础上，体现了艺术和器具两个方面，在人的存在中扮演着特定的角色。设计物品帮助人们塑造感知、体验、决策、社会关系。这种影响的性质，以及人与物之间相互作用的具体形式将进一步研究。②设计的实践需要更细致的分析。这些实践如何能从对人与物之间关系的实证研究中受益？如何理解设计实践中物的作用？设计过程中所涉及的材料如何帮助形成设计过程本身？

设计中的人道主义

将设计物品的特性概念化之后，下一个问题是如何理解设计物品在人类存在中的位置。在过去的几十年里，这个问题在技术哲学和哲学人类学中发挥了重要作用。事实上，"人—物关系"的三种基本模型，对物质客体在人的存在中的作用有不同的概念化表达。第一个模型是辩证的（dialectical）。在此，"人—物关系"的基本模型是张力。人与物之间存在着对立；对立或产生有益的摩擦，或产生令人窒息的摩擦。第二个模型是混合的（hybrid），在此，人类和非人类（nonhumans）被视为属于同一本体论范畴: 诸如代理性、器具性、意向性这样的属性不是人类或非人类所独有, 而是两者都涉及。第三, 我要论述的是"中介"（mediation）的模型。在此模型中, 人与物之间不是全然的对立, 也不是完全的对称。相反, 物质客体在人类和世界之间的关系中扮演一个角色, 帮助塑造人类经验和活动的性质。

辩证法

在哲学人类学的历史中, 对人与技术关系的辩证研究一直起着核心作用。令人惊讶的是, 从哲学人类学的子领域开始, 技术就一直在其中发挥着重要的作用。为了理解人类的特殊性, 许多"哲学—人类学"方法的中心思想是人类作为不完美的存在来到这个世界上, 必须通过技术的手段来弥补这一缺憾。在阿尔诺德·盖伦（Arnold Gehlen）笔下, 人类是"有欠缺的本质"（Mängelwesen）, 在这一点上, 他同约翰·戈特弗里德·赫尔德（Johann Gottfried Herder）一致。由于人类没有专门的器官或本能, 他们无法在自然环境中生存很久。为了生存, 我们必须补充自己; 因此, 人类有机体和技术之间的关系对于理解人类是至关重要的。

恩斯特·卡普（Ernst Kapp）的《技术哲学纲要》（*Grundlinien einer Philosophie der Technik*, 1877）是第一本仔细研究人与技术关系的专著。他的核心论点是"器官投射"（organ projection）: 有意识或者无意识, 技术是人类器官的投射。锤子是拳头的物质投射, 锯子是牙齿的投射。电报网络（在卡普的年代建成）是神经系统的投射。人类把他们的器官外化为技术, 处理技术就是面对自身。

值得注意的是, 卡普的论点完全颠覆了笛卡尔对人体有机体的主导地位。笛卡尔, 以一种典型的现代主义的方式, 试图从机械的角度来理解有机体：心脏是一个泵，血管是管道等。卡普的做法恰恰相反，用有机的方式来解释机械世界，用自然的方式来解释技术。人类通过外化自身的各个方面来创造一个技术的物质世界，在使用这些技术的过程中，人类对自身越加了解。

赫尔曼·施密特（Hermann Schmidt）更详细地阐述了有机体与技术之间的关系。他区分了技术发展的三个层面，从施密特的视角来看，卡普的分析实际上只涉及第一阶段：工具（the tool）的阶段。工具需要人以两种不同的方式来参与。首先，工具所需要的动力来自人类的劳动；其次，为了特定的目的，人类的智能需要使用工具。第二阶段是机器（the machine）的阶段。在这里，工具的物理操作被外化到设备中。机器本身可以提供动力，但它们仍然需要由有智慧的人类来操作才能投入使用。第三阶段也是最后一个阶段，自动化（the automation）的阶段。这类设备的动力和目的都来自技术本身。机器人不仅能自如地执行任务，它们还能协调自身的所作所为。从某种意义上说，人在第三阶段是多余的；机器人在机能和智力上都是独立的。

德国哲学人类学家阿尔诺德·盖伦在施密特的研究基础上又提出了一个问题，即这些技术如何与人类有机地联系在一起。他也同样区分了"人—技术关系"的三种类型，不过与施密特的观点截然不同。第一，盖伦认为技术可以成为"器官替代"（organ replacement）的一种形式，就像用锤子代替拳头一样；第二，技术是"器官强化"（organ strengthening），就像显微镜扩展人眼的功能一样；第三，技术可以带来一种"器官促进"（organ facilitation），如轮子的发明使移动重物成为可能，而不必把全部的重量加在人的身上。

上述分析给辩证视角增添了一个有趣的维度：当技术被视为人类器

官或能力的"外化"（externalizations）时，人类可以发展与这些外化的特定关系。盖伦还指出，有机体正日益被无机体所取代。技术越来越多地占据了属于人们的位置——根据盖伦的说法，这一发展最终可能会与人类作对。因此，人与物的辩证法不会导致自我理解的积极动态，而是导致自我毁灭的消极动态。这种思路在20世纪早期的技术哲学中相当普遍。雅克·埃鲁尔（Jacques Ellul）、卡尔·雅斯贝尔斯（Karl Jaspers）和海德格尔等有影响力的思想家认为技术是对人类的威胁，使我们与自身疏离，与自然疏远，造成的功能主义和高效的社会，只能用新技术来解决技术引起的问题。

混合性

描述人与技术的另一个极端是"混合性"。在此，没有人与技术之间没有斗争，而是二者的归并（merger）。描述这种人与技术融为一体的隐喻形象是"赛博格"（cyborg），尤其是自从唐娜·哈拉威（Donna Haraway）的《赛博格宣言》（*Cyborg Manifesto*, 1987）出版以来。赛博格以一种物理的方式体现了人类和科技的融合：赛博格是半人半科技的。它没有自然，因为它是制成的。它没有本质（essence），因为它可以被构建。

赛博格要求我们在理解人类和技术之间的关系时，需要跨越巨大的概念障碍。毕竟，我们认为我们自身是自然的，技术是人造的，基于此，我们体验到人性和技术之间的界限变得模糊，这是对人性本真的侵犯，是对人性状态的背离。古希腊哲学家已经将技术（techne）和自然（physis）区分为创制（poiesis）的两种不同的形式：自然自己创造自己，而技术是人类的介入。鲜花独自盛开，但建筑和绘画，需要人的双手来创造。技术是人的作品，但人本身并不是技术的产物。

法国哲学家贝尔纳·斯蒂格勒（Bernard Stiegler）令人信服地表明，这种技术与自然之间的区别需要彻底改变。毕竟，作为"有欠缺的本质"，一个有缺陷的存在，人类总是不得不从技术上干预自然，一直生活在一个人为环境中，形成了人类发展的环境——如果你愿意，也可以说是人类进化的环境。在组织层面上，人们从一开始就与技术紧密相连。

这种"原始技术性"（originary technicity）的概念与辩证法恰恰相反。它并没有把人和技术对立，而是让二者融合。事实上它声称，人类和技术之间从来就没有明显的区别。机械与有机体的融合——赛博格并没有表现出人类与自身的异化，而是描绘了人类的基本结构。事实上，我们不断地重塑自己，正是我们成为人类的原因。技术是人类本性的组成部分，最近的技术发展使这一主题有了一种新的和更激进的解释。我们不仅在以一种存在主义的方式，也在以一种生物学的方式塑造我们的生活——在施蒂格勒看来，这是我们一直在做，却没有意识到的事情，但随着当前技术发展的步伐，这一点正变得越来越明显。

中介

第三种处理人与物之间关系的方法并不是将这些关系概念化为斗争或融合，而是阐释为一种中介关系。在这个概念中，技术成为人类与世界关系的一部分；技术是人类体验世界、塑造自身存在的中介。在这种方法中，北美哲学家唐·伊德（Don Ihde）的著作发挥了核心作用。从（现象学的）观点出发，即人类的存在只能被理解为我们与现实的关系，伊德研究了这种关系实际上是由技术中介调节的许多方式。他区分了四种关系。第一，具身化（embodiment）关系；技术被整合到一个人的身体体验中，比如说人戴眼镜，不是为了去看（at）眼镜，而是为了通过（through）眼镜去看。第二，阐释（hermeneutic）关系，这种关系意味着我们必须去解读技术，比如去看温度计提供的温度信息，或者去看超声波提供的胎儿信息。这些技术并没有提供对世界的直接经验，而是提供了一种需要解释的再现形式。第三，他者关系（alterity relation），在此关系中，人们同技术互动，比如操作咖啡机或者修车。最后，在伊德的框架内，技术也可以在我们的经验背景（background）中发挥作用。风扇的声音，室内的灯光，并不是直接体验的，而是形成了人们体验现实的环境。

通过上述中介关系，技术得以塑造我们的体验和活动。电话和电脑协调人与人的接触；报纸、电视、电脑屏幕影响我们的观点和想法；汽车、火车、飞机协调我们的运动和交通。如果胎儿有遗传疾病，是否应该终止妊娠的决定不再是一个自主的选择；在很大程度上，它是由现代技术，如超声波扫描呈现胎儿的方式预先设定的。

这种中介方法对我们理解人类，理解人类意味着什么，有着深远的影响。它敦促我们放弃一个想法——人是自主和有主权的存在，人拥有对技术及其含义的权威。中介理论表明，我们是被技术深刻调节的存在。然而，作为启蒙运动的产物的现代人，这个事实可能很难接受。毕竟，启蒙运动将人从专制、无知、依赖中解放出来，但西格蒙德·弗洛伊德（Sigmund Freud）在《精神分析引论》（*A General Introduction to Psychoanalysis*，1920）中论道，这一自主主体的现代自我形象，已经遭受了严重的损害。首先，哥白尼（Copernicus）把我们从宇宙中心驱逐出去，让地球绕着太阳转。然后，达尔文将人类与其他动物通过进化联系起来，使人类成为众多哺乳动物中的一员，从而取代了我们在创造世界中的独特地位。最后，弗洛伊德指出，自我（ego）实际上不是它自己的主人，而是许多潜意识因素的产物。"技术"应该是损害自主主体（the autonomous subject）的现代自我形象的第四个源头。弗洛伊德所列出的现代主体的揭露者完全是由思想家组成的，这些思想家认为我们应该尝试用不同的方式来理解人；现在我们需要扩展这个列表，加入一些工程师和设计师，他们在物质客体的助力下质疑人类的自主性。

实际上，在这里我们遇到了一个重要的形而上学的议题。现代主义关于人作为一个自主主体的观点，其根源在于人与现实关系的一个非常具体的形而上学概念。法国哲学家/人类学家布鲁诺·拉图尔（Bruno Latour）详细阐述了这一概念，它具有所有"后启蒙现代主义"（post-Enlightenment modernism）的特征，在主体和客体之间划清了根本的界限——主体是能动的，具有意向性和自由性；客体是没有生命的、被动的，充其量是人类意图的投射或器具。这样的形而上学使得人们不可能正确地辨别主体和客体（人类和技术）之间的相互关系（interrelatedness）和相互联系（interconnectedness）。技术的道德意义，以技术为媒介的人类自由，以及人类通过与技术的关系塑造人性的所有方式，所有这些都被现代主义的形而上学（彻底分离的主体和客体）所忽视，看不到主客体在中介关系中错综复杂的状态。

有趣的是，当代的技术发展使伊德对人类与技术关系的分析发挥到了极致。伊德模式的核心是技术，被运用的（used）技术：眼镜、望远镜、锤子、助听器等。然而，许多当代技术已经不能再被描述为"使用"（use）配置。例如在智能环境的发展中，飞利浦公司启动的"环境智能"（Ambient Intelligence），指向一种可命名为沉浸式的格局：在这里，人们沉浸在一个对他们的存在和活动做出明智反应的环境中。这样的技术超出了伊德的"背景关系"的范畴，因为它们构成了一个对人类活动有积极反应和干扰的交互式背景。同样，与人体融合的技术也超出了使用的框架。大脑植入、假肢等技术，超出了伊德的"具身化关系"。更确切地说，它们是融合形态的一部分，因为它们很难在人类和技术之间划清界限。当一个失聪的人通过直接连接到他们听觉神经的人工耳蜗重新获得部分听力时，这种听觉是人与技术的共同产物。

有趣的是，中介关系能进一步推进海德格尔对纯然物、器具、艺术作品关系的讨论。如果人与技术之间也有"争执"，中介理论表明它应该被概念化，就像海德格尔把艺术作品概念化为大地和世界的争执一样。正如我们所见，在海德格尔看来，一件艺术作品在诸如布料、颜料、青铜的"大地"元素上，把世界带入存在。体验一件艺术作品就是体验世界从这些物质元素中进入存在的过程。当人们使用技术时也有类似的现象。人类存在的具体形式和社会安排显露在技术的物质性与人的关系中，以及人们设计、组织、运用技术之中。人类的存在可被视为"大地"，通过对产品和技术的运用，把自身解蔽为"世界"。

这就回答了本文开头所提出的问题。"设计人类学"需要对人与物之间的关系进行全面的概念化，因为设计客体也意味着设计人类自身。对物质世界的干预总是对人类世界的干预。设计人类学不仅关注"设计过程的人类学"（the anthropology of design processes），还关注设计活动的人类学影响。如在技术（techne）或工艺中，设计聚合了技术与艺术，器具性与创作性。因为有用，设计的物品有助于塑造人类经验和实践，并据此创造特定的人。这是设计终极的工艺潜能。

人与物：四个观点

本部分的四篇文章展示了人与物关系的四个不同观点。史蒂芬·多雷斯蒂恩（Steven Dorrestijn）的《技术中介的理论和形象》、尼可·特隆普（Nynke Tromp）与保罗·赫克特（Paul Hekkert）的《设计行为》概念化了设计的人工制品对人类存在和社会实践的影响。

杰米·华莱士（Jamie Wallace）的《民族志的新兴人工制品与设计的进程性参与》、梅特·柯斯加（Mette Gislev Kjærsgaard）和汤·奥托（Ton Otto）的《人类学实地研究与设计潜力》考察设计过程中物的作用，聚焦于设计中的物本身，也关注设计过程中其他人工制品的作用。

《设计行为》描述了产品对人类行为施加影响的诸多概念。他们从不同的学科中获得这些概念，从心理学到哲学，从经济学到社会学。通过研究如何概念化产品的"行为影响"作用，他们进一步阐明了设计的人类学含义：人类是如何被设计的客体影响的。他们讨论的概念有詹姆斯·吉布森（James J. Gibson）的"供给"（affordance），理查德·塞勒（Richard H. Thaler）和卡斯·桑斯坦（Cass R. Sunstein）的"助推"（nudge），布莱恩·福格（B. J. Fogg）的"说服"（persuasion），以及苏联心理学的"活动"概念，社会学的"实践"概念，系统动力学的"副作用"概念。

通过阐述一个虚构的设计简案（关于防止人们暴饮暴食的产品设计）特隆和赫克特令人信服地证明了这些不同的概念是如何相互联系的。在阐述中，他们区分了分析的方法和综合的方法来处理"人—产品"的关系。分析的方法聚焦用户与产品在微观层面上的互动：设计的人工制品如何塑造人类行为和活动？综合的方法更关注具体情况，在宏观层面上理解与产品的互动是一个更大的整体的一部分。这两种方法不仅对理解人类和设计的人工制品之间的相互作用至关重要，而且对在设计过程中考虑产品的行为后果也至关重要。

《技术中介的理论和形象》是对上文饶有趣味的补充。多雷斯蒂恩的方法是识别设计对象对人类产生影响的各种"应用点"。他没有将这些影响本身的性质加以分类，而是将这些影响的影响范围（where）加以分类。多雷斯蒂恩确定了产品在人的四个方面发挥作用。第一，对"手"的影响：被运用的产品帮助塑造如何（how）使用它们，以及人类通过这些产品如何同世界互动。第二，"眼前"的影响：有些产品的影响是通过信息形成的，比如视觉提示，或者对一个人行为的反馈。"手"的感官特征与人类和技术之间的认知连接点相辅相成。第三，"背后"的影响。在这里，产品有助于形成人类行为发生的社会或物质结构。第四，"形而上"（above the head）的影响，这是更抽象的影响。产品是更大的文化模式和理念的一部分，它们或含蓄地体现或明确地"辐射"（radiate）。

这四个"应用点"是理解"人—产品"关系的重要出发点。技术哲学的中介理论发展了关于人工制品在人类与世界关系中作用的广义观点，而多雷斯蒂恩的方法使区分各种中介成为可能，并将更抽象的技术分析整合到我们对人与产品关系的理解中。他的方法是向前迈出的重要一步，因为它从人的角度分析了产品对人类生存的影响；这是对以产品本身为起点的现有概念化理解的一个非常必要的补充。

华莱士的《民族志的新兴人工制品与设计的进程性参与》在人与物关系上开辟了一个完全不同的视角。在引人入胜的分析中，华莱士研究了物品如何在机构中发挥作用，尤其是在设计进程中。会议室、PPT演示文稿、客户办公场所，所有这些类型的物质实体都在他的分析中占有一席之地。为了概念化这些不同物质类型之间的相互作用，华莱士研发了一种高度原创的器具：人工制品乐谱（the artefact score）。就像音乐记谱法一样，他发展了一个在不同的环境中，人工制品之间的一系列相互作用的符号系统。

这种方法不仅使我们能够更好地观察和记录人类与人工制品之间的交互是如何发生的，而且还使我们能够更好地概念化设计进程本身。有趣的是，导致人工制品产生的进程本身，在很大程度上是由人工制品调节的。存在一个人与物的生态系统，在这个生态系统中，设计过程自行完成。更好地理解这样的设计生态可以极大地提高设计过程的质量。

最后，《人类学实地研究与设计潜力》把人类学引入人与物的关系的研究中。柯斯加和奥托利用为儿童设计互动游乐场的项目，研究产品和用户之间的关系，展示了设计过程如何从人类学研究中受益。他们的方法侧重于物质干预，如使用道具、原型、实物模型等设计人工制品。

对这些干预措施的分析，不仅使我们对材料实体在设计过程中的作用有了新的认识，也使人类学实地研究作为设计过程本身的一个组成部分成为可能。设计人类学家不只是提供用户实践的详细描述，作为设计师想象力的助力，他们也不可避免地积极参与到设计过程和使用过程中。因此，人类学家概念化和解释人与物关系的方式，可以对设计师和使用者的潜在能力做出重大贡献。

这四篇文章探讨了人与物关系的诸多角落（corners），帮助我们理解以下若干方面：①事物对人类影响的特性；②人与物之间的连接点，这些影响发生的场所；③产品影响的实证研究方法；④用户和设计师在产品对人类实践影响中的作用。这让我们再一次回到物的古典哲学概念：实践（pragmata）。

物是属于实践的实体。设计人类学是深入理解人与物的重要一步。

参考文献

Aarts, E. and Marzano, S. 2003. *The New Everyday: Views on Ambient Intelligence*. Rotterdam: 010.

Fogg, B.J. 2002. *Persuasive Technology: Using Computers to Change What We Think and Do*. San Francisco: Morgan Kaufmann.

Freud, S. 1920. *A General Introduction to Psychoanalysis*, trans. G. Stanley Hall. New York: Boni and Liveright Publishers, 246.

Gibson, J.J. 1979. *The Ecological Approach to Visual Perception*. Boston: Houghton Mifflin.

Gehlen, A. 1940. *Der Mensch: Seine Natur und seine Stellung in der Welt*. Berlin: Junker und Dunnhaupt.

Gehlen, A. 2003. A Philosophical-Anthropological Perspective on Technology, in *Philosophy of Technology: The Technological Condition*, edited by R.C. Scharff and V. Dusek. Oxford: Blackwell, 213-20.

Haraway, D. 1991. A Cyborg Manifesto: Science, Technology, and Socialist-Feminism in the Late Twentieth Century, in *Simians, Cyborgs and Women: The Reinvention of Nature*. New York: Routledge, 149-81.

Heidegger, M. 1971. The Origin of the Work of Art, in *Poetry, Language, Thought*, trans. A. Hofstadter. New York: Harper and Row, 15-87.

Heidegger, M. 1977. The Question Concerning Technology, in *The Question Concerning Technology and Other Essays*, trans. W. Lovitt. New York: Harper and Row publishers, 3-35.

Ihde, D. 1990. *Technology and the Lifeworld*. Bloomington/Minneapolis: Indiana University Press.

Ingold, T. 1999. Tools for the Hand, Language for the Face: An Appreciation of Leroi Gourhan's Gesture and Speech. *Studies in History and Philosophy of Biology and Biomedical Sciences*, 30(4), 411-53.

Kapp, E. 1877. *Grundlinien einer Philosophie der Technik: Zur Entstehungsgeschichte der Kultur aus neuen Gesichtspunkten*. Braunschweig: Verlag George Westermann.

Latour, B. 1993. *We Have Never Been Modern*, trans. C. Porter. Cambridge, MA: Harvard University press.

Richardson, W.J. 1963. *Heidegger: Through Phenomenology to Thought*. The Hague: Martinus Nijhoff.

Schmidt, H. 1954. Die entwicklung der technik als phase der wandlung des menschen. *Zeitschrift des vdi*, 96(5), 118-22.

Stiegler, B. 1998. *Technics and Time, 1: The Fault of Epimetheus*, trans. R. Beardsworth and G. Collins. Stanford, CA: Stanford University Press.

Thaler, R. and Sunstein, C. 2008. *Nudge: Improving Decisions about Health, Wealth, and Happiness*. New Haven, CT: Yale University Press.

Verbeek, P.P. 2005. *What Things Do: Philosophical Reflections on Technology, Agency, and Design,* trans. R.P. Crease. University Park, Pennsylvania: the Pennsylvania State University Press.

Verbeek, P.P. 2011. *Moralizing Technology: Understanding and Designing the Morality of Things*. Chicago and London: University of Chicago Press.

第十章　人类学实地研究与设计潜力

梅特·柯斯加　汤·奥托

本章展开了人类学和民族志实地研究在设计过程中所起作用的新视角。尤其探讨了在社会和物质关系的背景下，民族志实地研究与批判的整体方法相结合，将设计过程塑造成更感性的用户潜力。我们主张在人类学家和设计师之间进行一种不同的分工，这种分工不同于通常采用的以民族志为灵感的设计和参与式设计。最后，我们探讨设计在实地研究和人类学中的作用。

我们的论点建立在一个具体案例［身体游戏项目（the Body Games Project）］的扩展分析上，重点在于为儿童以及和他们一起设计互动游乐场。在这一章中，我们聚焦于这个项目中实地工作与设计的物质干预，特别是设计的人工制品，如道具、模型、原型的使用。我们对物质干预的关注不仅反映了设计实践，而且也契合最近人类学理论兴趣的转变。我们认为，这些干预需要放在一个更广泛的框架中，以实现其用户参与和设计的潜力。在我们看来，这是设计的特殊贡献之关键——人类学设计：人类学家不仅合作设计，参与物质设计的干预措施，他们还从关键的整体角度研究整个设计过程，以识别和表达其基本假设。这样做可能会改变设计框架，并使其对用户的加工能力更加敏感。

人类学在设计中的地位

设计中的民族志和实地研究的实践，在很大程度上受到了民族学方法论和参与式设计传统的影响。我们设计人类学的方法得益于这些传统，尽管我们也试图挑战传统。

民族学方法论上的设计，意味着民族志和设计之间的严格的劳动分工。在实地研究中，不管是设计师还是民族志学者，只需详细地报告在那里的人们，以及人们如何去做他们认为应该做的事情，而不从事实际的设计工作。无论是由设计师还是民族志学者进行的实地研究，都是带着观察和一定的分析框架进入实地并返回，据此来为设计师提供当前所处实践的描述，以便提取设计需求。这些描述和（或）"需求"（requirements），构成实地和设计工作室之间以及实地工作人员和设计师之间的唯一连结点。

作为一种设计方法，参与式方法构成了一种对设计的批判，它是一种基于形式化规范或需求的纯粹理性过程。相反，参与式设计技术的目标，是在设计过程中直接利用用户对自己(工作)实践技能的基础知识，从而为用户创建更合适、更民主的技术解决方案。这里的重点主要是开发促进用户参与设计的方法和技术，从而似乎绕过了实地研究和人类学解释的需要。

正如我们所看到的，实地研究和人类学在设计中的作用，并不是像传统的民族学方法论上的设计一样，为设计师提供对用户的描述和使用实践；也不是像传统的参与式设计那样，简单地在设计过程中直接提供方法和技术来吸收用户及其知识。相反，我们建议一种设计人类学的方法，在实践和环境的使用和设计之间的交集处运作，通过在实地和在设计工作室的批判性的整体与材料参与（a critical holistic and material engagement），来构建和挑战既有理解。我们将在本章中分解这种方法的要素。图10.1概述了与民族志和设计领域中固定地位相关的，我们对设计人类学的观点。

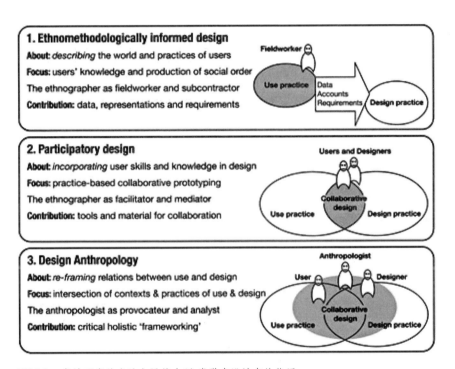

图10.1　实地研究的方法与民族志/人类学在设计中的作用
图源：梅特·柯斯加绘制。

身体游戏项目

　　"身体游戏项目"是由丹麦"科学、技术、发展部"（Danish Ministry of Science，Technology and Development）资助的一个研究和产品开发项

目。它包括一个游乐场公司、一个主题公园、三个大学研究小组，分别专注于计算机科学、游戏研究，以及以用户为中心的设计。该项目旨在通过开发数字游乐场来减少儿童的肥胖状况，鼓励儿童和年轻人进行更多的体育活动。

该项目基于这样一种假设，即媒体使用的增加，尤其是电脑游戏，导致了儿童身体活动的减少。在这个项目中，玩耍不是被理解为一种固有的能力，而是一种文化遗产，以基本规则、公式、审美技巧的形式从年长的孩子那里传承下来。有人认为，儿童成长过程中的变化，例如更制度化的生活，自由和无人监督的玩耍场所越来越少，限制了游戏"导师"传授这些规则的可能性。这破坏了孩子们的游戏文化和他们创造自己的（身体）游戏的能力，并迫使他们从其他地方寻找灵感，例如久坐的电脑游戏。身体游戏游乐场被想象成一个大型的实体电脑游戏，嵌入了结构和规则，可以弥补游戏导师和文化"技能"（know-how）的损失，从而使孩子们再次玩身体游戏和户外游戏。

"身体游戏"是一个参与性设计项目，其中儿童的参与和参与性设计技术的使用被理解为一种行为研究的形式。

儿童参与设计实践主要被视为一个方法问题，目的是在设计过程中吸收儿童（默会的）的知识和技能。虽然儿童参与设计活动，但他们并不是参与式设计民主传统中的设计伙伴。参与身体游戏项目的儿童并不是这一设计过程结果的直接受益者，也不像成人设计团队那样在项目中拥有相同的兴趣、利害关系、地位。因此，在儿童和设计师之间存在着基本的不对等；儿童参与其中不是出于理想主义和民主的原因，而是因为他们以实践为基础的知识和对游戏与童年的体验。

修建游乐场，设计玩耍或者玩耍的设计

经过最初一段时间的实地研究，身体游戏设计团队将其重点转向生成和开发有未来可能性的游乐场的设计想法。这里的意图是让儿童作为创造性的参与者（设计师）参与到设计过程中，期望他们能够为创造他们梦想的游乐场提供想法和方向。为了激发后续原型开发的灵感和创意，项目团队在操场上举办了一个为期一天的设计工作坊，参与者都是九到十岁的孩子。这些孩子分为若干小组，每组五到七人，创造他们自己的游戏和游乐场。

第一个活动是使用团队准备的"工具箱"（toolkit），利用工具箱，孩子们可以设计他们喜欢的游乐场。团队期望的是孩子们比成年人更自然、更有创造力，因为成年人应该承担社交和生活经验的重担。该工具箱的部分灵感来自伊丽莎白·桑德斯（Elizabeth B.-N·Sanders）的"生成工具"（generative tools），由未完成的组件组成，在设计师与用户开放式对话中进行组合。然而，工具箱方法的结果让团队失望，因为孩子们建立的是他们熟悉的环境，而不是实验创新的想法。孩子们并没有如团队期待的那样，用工具箱去"设计"未来的游乐场，而是在创建游乐场之中"玩耍"。

在身体游戏项目中，有一种倾向是根据已有或嵌入的公式（或脚本），把游乐场理解为一个演练游戏的舞台，这就暗示着游戏宇宙和规则的设计，与游戏本身的参与是分离的。但是对孩子们而言，设计和修建本身就是玩耍，而不仅仅是准备工作。在这里，宇宙、法则、游戏是相互交织、构建与展开在玩耍的过程中的，而设计、修建、玩耍之间的分歧消解了。因此，在并非我们所期待的层面上，孩子们的确是在设计。但是他们的设计结果并没有在游乐场的模型中找到，而是在玩耍和修建的过程中被发现。因此，这只能是一个在特定的"修建与玩耍"设计语境中才有意义的设计。

因此，这个工具箱并不是孩子与设计师交流的语言，孩子们没有就游戏与活动本身分离的问题与设计师"交谈"（如桑德斯的方法）。工具箱也没有带来参与式设计所期盼的合作原型。工具箱真正呈现的是一种现场材料，开辟了一种完全不同的方式来理解游乐场——它是作为新出现的宇宙和游戏的产物，而不是对预先设定好的游戏有步骤地呈现；借此，这一活动挑战了身体游戏项目的一些重要元素：假设、框架、设计方法。这表明，与其将"身体游戏"游乐场设计成一个提供特定类型游戏的、完整的、随时可以玩的世界，还不如将其设计成一个未完成的状态，这样可以在玩耍中重新配置。通过关注构建的实践，而不是简单地关注结果模型，将看似参与式的设计活动重新组织（reframing）成一种实地研究的形式，这就提供了一个不同于原有的项目框架和桑德斯"生成工具"的角度，来看待此次设计活动，看待它的结果和含义。

通过演练来设计，或者演练设计

工作坊的另一项活动是重新设计现有的游乐场，探索加强目前在那儿的游戏的可能性[①]。孩子们得到了各种各样的修建材料、物品、电子设备、互动设备，他们可以把这些东西连接到现有的游乐场结构上，使它成为一个更好、更令人兴奋的游乐场。虽然这个实践看起来与上文的身体游戏项目类似（范围更大，并且使用的是工具箱中的不同元

[①] 梅特·柯斯加参与了这部分活动的策划，但没有参与活动的推进或者向设计团队展示成果。我们对这部分的描述部分基于录像记录，部分基于后续设计过程中活动和材料呈现方式。

素），但实际上这个实践是非常不同的。身体游戏项目中使用的生成工具箱体现了一种基于诺姆·乔姆斯基（Noam Chomsky）的句法结构（meaning in syntax）的设计方法，即"意义"存在于元素在再现中的组合方式（如游乐场的模型）中，正如意义可以通过词语的组合而出现在语言中一样。然而，在这个实践中的修建材料并没有被理解为与玩耍截然不同的，儿童用视觉或有形的方式，表达或（再现）他们观点的语言要素。而是被理解为具有维特斯根坦式的（Wittgensteinian）运用中的意义（meaning-in-use），修建材料被设计为一种戏剧道具，运用在以实践为基础的剧本中，探索可能的未来。这个设计活动的灵感来自托马斯·宾德尔（Thomas Binder）在情景剧中使用简单的实物模型作为道具，以获取隐性知识，并引发一场关于适合特定场景的新设计理念的对话。

根据约阿希姆·哈尔瑟（Joachim Halse）的博士论文，道具的使用是关于"唤起"熟练使用者在未来场景演练中的具体习惯。因此，这一环节可以被看作是一种仪式，通过使用道具和情景游戏，未来的游乐场和游戏被演练出来。这里，意义是指使用中的道具，而不是其中的东西。这些道具的目的在于，通过建立一个设计师和用户之间不同的实践和"语言游戏"的共同点，来支持用户和设计师之间的交流。据此，道具被视为一种"边界对象：它是可塑造的，能适应局部需求和运用它们的若干限制，也足够强硬，以维护不同地点间的公共身份。①"

作为边界对象，在孩子们和设计师的不同社交世界（或语言游戏）

---

① Susan Leigh Star, James R. Griesemer. Institutional Ecology "Translations" and Boundary Objects: Amateurs and Professionals in Berkley's Museum of Vertebrate Zoology, 1907-39. *Social Studies of Science*, No.3, 1989, p.393.

中有着不同的含义，但也被赋予了足够的共享意义，以便它们在不同的世界（或语言游戏）之间穿梭。与佩尔·埃恩（Pelle Ehn）描述的协作原型一样，儿童和设计师不必在这些道具中看到相同的东西。道具只是作为从不同角度协商设计思想的共同基础。只要我们都认同，从不同的角度来看待设计都是有意义的，那么道具就被认为是推动设计过程向前发展的因素。

孩子们被要求使用设计团队提供的各种道具重新配置游乐场，然后运用重新配置的设备，在摄像机前为我们玩一个游戏。游戏结束后，孩子们和设计师们就场景、设计理念、整个过程进行讨论（也是在镜头前）。这次活动与上文讲的修建游乐场的实践不同。"修建"是对未来场景的演练，如同重新设计的游乐场是设计活动的目标一样。而这次活动被拍摄了下来，是作为设计的结果。

在一个视频中，我们看到一群女孩在重新设计游乐场的过程中，加入了设计团队介绍的各种技术小工具和其他类型的材料（图10.2）。我们看到她们热情地准备一款游戏，灵感来自经常在游乐场里玩的一款海盗游戏。当她们在给游乐场结构加"东西"（stuff）时，她们在聊这些东西可能的用途。虽然她们在准备游戏时非常热情，但最后呈现在影像中的执行结果是非常枯燥的，看上去她们对实际玩的游戏没多大的兴趣。在影像中，女孩们看起来毫无想象力，设计了一个无聊的，连她们自己都不想玩的游戏。这显然与该项目所追求的"在玩耍中"（being-in-play）的神奇状态相去甚远。之后，当女孩们和设计师讨论她们的场景和游乐场设计时，下面的对话就开始了：

女孩：修游乐场挺有趣的，但修完后我们就不想玩了。

图10.2　重新设计游乐场
图源：© SPIRE，马斯·克劳森研究所。

设计师：那你们知道为什么要修它吗？你们有计划吗？

女孩：就是修游乐场吧。

设计师和女孩对于设计游戏和游戏的目的有着截然不同的看法。设计师的目的在于结果——场景和重新设计的游乐场；而女孩们则完全沉浸在修建和设计的过程当中，把这个过程当作玩耍的一种形式。设计师的评论与这次活动的设置，似乎暗示着一种分离，一方面是计划游戏和设计宇宙（即设计）；另一方面是游戏的实际"表现"（即活动）。从设计师的视角来看，重新设计游乐场只是为后续的"真正的"游戏（未来场景）的准备而已；而在孩子们看来，修建就是玩耍，而不仅仅是准备。因此，设计和游戏之间的区别并不像设计师设想的那么简单，所以设计师问女孩们有没有计划，而这个问题对她们毫无意义。她们不是在玩设计师面向未来（语言）的设计游戏，而只是修建游乐场，作为此时此地游戏的一个组成部分。因此，这次设计活动所假定的产品（场景和重新设计的游乐场）从其生产过程和语境中分离了出来，没有产生多大意义。

因此，就对孩子们和设计师都有意义的未来场景而言，参与式设计方法和技术本身并没有产生预期的结果。问题部分在于场景方法假定了某种严格和稳定的实践（这些方法最初针对的是成年人工作实践的特征）即这是一个具体和默许的实践，都可以根据"脚本"（script）重复和自觉实施。但是玩耍，以及玩耍如何在孩子们的日常活动中体现出来，却不好去规定它的时间、惯例、形式，因此在场景玩耍中，更难以有意识地演练和重演。更为重要的是，设计团队并没有直译他们的参与式策略与框架，而只是假设这些道具是一个共享的语言设计游戏中的边界对象，而不去检查是否果真如此，以及出现这些情况的原因。但是女孩们基于对玩耍不同的认识（以及玩耍和设计之间的关系），玩她们自己的游戏。在她们看来，设计就是玩耍，设计材料为交流和创造未来提供了游戏设备，而不是道具。她们不是设计伙伴，而是玩耍的孩子，她们的行为和"设计"应该这样被理解。

　　只有把我们的注意力从产品（录像的场景）转移到设计活动的过程和语境中，设计师和孩子们的反应才有建设性的意义。然而，从这个角度来看，道具就不是维护不同地点间公共身份的边界对象，而是激发设计师和儿童产生有价值的观点的催化剂，引发儿童游戏世界和设计师的设计世界（或语言游戏）之间相当复杂的互动的思考。

　　孩子们并没有在这些参与式设计活动中产生预期的"创新设计理念"。但这是否就如项目中普遍认为的那样，孩子们在玩耍和游戏的过程中没有想象力呢？说孩子们缺乏创造力和想象力，部分原因在于我们对他们的期望被夸大了，即未被宠坏的孩子天然就比社会化的、保守的成年人更有创造力。另一部分原因在于，设计团队缺乏识别孩子们实际表现出的创造力和设计能力，这是一种不遵循既定议程或不符合预先定义的创造力。儿童做的是另一种设计，不是在我们计划中的对游乐场概念的宏大设计，而是在玩耍过程中，对游戏世界和游戏规则的日常设计。

我们协同设计想要的游乐场，在孩子们的手中已经变成了玩耍。虽然设计师和孩子们一起设计和游戏，但他们却不在同一个游戏场景中。参与式设计的方法与技巧没有建立起一个共同的基础，以消除用户和设计师在实践和观点上的分歧。虽然参与式设计也许不需要上述二者之间互相理解，但它确实需要二者共同参与到同一门设计语言中，但就这个事例来看，孩子们和设计师并没有玩同一个游戏。因此，为了使这些活动有建设性意义，我们的参与式设计框架是不够的。我们不能依靠预先建立起来的框架来理解游戏和参与式设计，而必须采取一种更批判和更全面的方法，挑战这些设计活动中方法论和观念上的框架。

重构设计：一个批判性的整体视角

和孩子们一起进行的身体游戏项目未能取得预期的，具有合作、创新、有意义的设计效果。问题在于，该项目的方法以及（与儿童一起的）参与式设计从总体上来说是对合作方式与技巧的预先设定，而不是指导和理解这些合作及约定的框架和语境。然而，本章呈现的案例说明，重要的不是产生设计和实地材料的方法和技术，而是使设计活动和结果与环境相关联的框架，这些框架才是对做出有意义的解释和拿出有创新的设计更为重要的。

将参与式设计活动重新定义为一种以设计为导向的人类学实地研究，这使得玩耍与童年，以及二者与设计相关的潜在方面变得饶有趣味起来，也挑战了预先定义的、最初理解这一活动的游戏和设计的框架。在新的观点中，孩子们不是设计师，但他们也不是"非设计师"
（non-designers）。在参与式设计的概念层面上，孩子们设计游乐场的行
为显示出他们并不是设计师。然而，就身体游戏项目在玩耍的话语表述
层面上，他们也不是缺少创造游戏和世界的非设计师。实际上，孩子们
是用一种意料之外的方式和形式来设计游戏的。与设计团队不同的是，
孩子们似乎并没有对设计规则和世界，与玩游戏之间进行区分。在他们
看来，世界、规则、游戏是相互构成的，在游戏的过程中不断发展和
变化。

在新的设计框架中，游乐场被理解为新出现的世界和玩耍的产物，
而不是对已经存在的游戏的固定的、预先设计好的执行——无论是在孩
子们的观念中，还是游乐场的设置中。因此，作为设计师和用户之间的
协作，游乐场在玩耍和设计之间形成了交集，但并不是以项目在最终设
计概念产生之前通过工作坊所设想的方式。在此过程中，设计和使用并
不是截然分开的不同阶段，因为对儿童而言，游乐场的设计是其使用中
不可分割的一部分。这也意味着身体游戏游乐场需要未完成的属性，使
得持续的、玩耍中的重新塑形（re-configuration）成为可能。游乐场设
备的设计，开展与玩耍及其可能的配置相关的工作，是重新构建的一个
概念上的作品，它置于使用和设计、社交和材料、现在和未来的交集
之中。

我们并不是说把参与式设计重新构建为实地研究的一种形式，而玩
耍和设计作为一种自然现象才抓住了儿童、游戏、设计之间关系的那个
（the）真相。我们想要阐述的是，重构参与式设计揭示了一个不同的和
相关的维度。它不是为用户和他们的世界提供一个完整和完美的分析框
架来理解、表征、设计；相反，我们的目标是挑战和打破现有的使用和

设计框架，试图摆脱我们的认知习惯，展开对当下不同的理解和对未来的想象。因此，人类学对设计的贡献并不是在单一的"框架"中，而是在批判性的整体框架工作（frame working）中，让尚未解决的实践起到促进作用。

设计中的实地研究与设计作为实地研究

我们的案例表明，无论是以视频快照的形式，还是更详细的描述，如民族志设计的方式，设计人类学并不只是向设计师提供有关儿童和玩耍的信息和材料。设计人类学也不是如同参与式设计那样，只把用户囊括到设计过程的方法开发中，而专家们在他们自己的"世界"中；也不仅仅是关于管理利益和促进用户和设计师的"世界"、视角、兴趣之间的接触。相反，通过构建和挑战对使用与设计二者关系的理解，人类学积极参与到二者的实践、观点、议程、语境中。简而言之，设计人类学并不是简单地以用户的世界和实践为对象，而是以设计过程本身的实践和语境为对象。通过概念化以及重新概念化不同领域之间的关系，设计人类学在使用与设计的实践和语境之间运作。因此，设计人类学家在设计过程中既是局内人，又是局外人；既要在设计过程中，又要在设计领域内，平衡主位（emic）与非位（etic）的观点。我们认为这种实践是人类学批判性整体传统的延续和更新，强调了民族志研究在文化批判方面的潜力。

因此，这是在更宽泛的文化和"社会—政治语境"（socio-political context）层面上，我们与我们的主体（subject）、信息提供者、设计合作伙伴建立关系，探讨如何影响创造知识与设计相互交织的过程。在此过程中，设计人类学的方法与参与式设计不同，与民族志的设计、民族志方法论方面的设计也不同。

将参与式设计活动看作实地研究的形式，不仅是人类学对设计有用的一个方面。参与式设计作为人类学方法的一部分，可能会激发人类学家以不同的方式参与该领域，从而激发行动、引出见解、挑战假设。在这里，干预成为一种明确的现场策略，而不是参与观察的副产品。在协作和基于实践的人工制品开发过程中，理解与变化并行，成为人类学家研究在使用和设计交集处的新兴实践的一种方式，无论是出于设计的利益，还是出于纯粹的学术原因。

因此，将重构设计看作实地研究的形式，并不仅是对参与式设计的批判（参与式设计把方法视作开发有意义的设计途径的配方），同样也挑战了传统的人类学实地研究，以及挑战了实地研究作为人类学的一个决定性因素。如乔治·马库斯（George Marcus）所言："实地研究作为人类学的一个本质和定义特征，在其经久不衰的经典结构中，其工作的解耦（decoupling）是至关重要的，它使我们能够在今天更广泛的探究语境中以不同的方式思考实地研究。[①]"

马库斯的兴趣点在于把传统的实地研究从身份定义的地位中解放出来，并与詹姆斯·福比恩（James D. Faubion）一起论证，实地研究并不具有明显的人类学性质，并不是某一特定的调查实践——即经典的田野调查；而是将调查问题化，并从概念上定义其对象——即我们这里讨论的构建工作。问题在于，经典的"田野调查"基于长期沉浸和现场参与观察，其目的是研究"遥远的"和"永恒的"；但就研究"此时此地"

---

① George Marcus. How Short Can Fieldwork Be? In *Social Anthropology*, Vol.15, 2007, No.3. pp.353-54.

的问题，以及研究新兴的（如设计人类学）、没有固定场景和主题的问题，却有着相当的困难。马库斯建议将设计过程和设计工作室作为人类学研究的模型或隐喻：

在我熟悉的设计过程中，个人和集体作为知识生产的主体，不断发挥作用。在应用思想时，既有概念上的严格性，又有实践上的严格性。自始至终，不同的主体会持续汇报与反馈。最终的结果具有多重属性，这是整个项目都要考虑的（最后的结果并不一定是最终的结果，至少概念上如此），设计是开放的，一件作品是一个解决方案，它可以被后来的作品和其他作品修改[①]。

同本章论述的设计人类学途径一致，马库斯认同合作在人类学（实地）研究中的复杂作用及其不完备性（incompleteness），以及把"合作"融入项目的设计和制作中。马库斯将设计作为一种隐喻或模型来设想一种不同的人类学，我们在此感兴趣的是设计作为研究人类学的方法，以及人类学作为设计的方法。在我们的观点中，设计和人类学并不仅是互相映衬，而是积极地参与彼此的实践和观点表述之中。

因此，设计人类学的实地研究是设计师和人类学家之间的合作，研究、试验、概念化表述人、实践、事物三者之间的潜在关系（在我们的案例中体现为儿童、玩耍、游乐场之间的关系）需要持续不断地反思与概念化重述。设计人类学的实地研究并不是提供当前用户实践的详细描

[①] James D. Faubion, George Marcus. *Fieldwork is Not What it Used to Be: Learning Anthropology's Method in a Time of Transition*. Ithaca, NY: Cornell University Press. 2009. pp.26-27.

述，以激发设计师对未来产品的想象力；而在于探索，并运用概念来重构人与物之间的关系，以便提升设计师和用户二者的工艺潜能。这就是我们所说的，通过批判性的、整体的人类学实地研究来进行设计的可能性。

参考文献

Binder, T. 1999. Setting the Stage for Improvised Video Scenarios, in *CHI,99 Extended Abstracts on Human Factors in Computing Systems*. Pittsburgh: ACM press, 230-31.

Blomberg, J., Burrell, M. and Guest, G. 2002. An Ethnographic Approach to Design, in *Human-Computer Interaction Handbook: Fundamentals, Evolving Technologies and Emerging Applications*, edited by J.A. Jacko and A. Sears. New Jersey: Lawrence Erlbaum Associations Inc., 964-86.

Blomberg J., Giacomi, J., Mosher, A. and Swenton-Wall, P. 1993. Ethnographic Field Methods and Their Relation to Design, in *Participatory Design: Principles and Practices*, edited by D. Schuler and A. Namioka. London: Lawrence Erlbaum, 123-55.

Body Games Konsortiet. 2002. BodyGames - IT, *leg og bevoegelse: At udvikle produkter, der udnytter IT teknologi til at skabe interactive legetilbud med udfordrende fysiske lege for alle aldersgrupper*. Projektansogning til IT-korridoren. Denmark.

Brandt, E. 2007. How Tangible Mock-ups Support Design Collaboration. *Knowledge, Technology & Policy*, 20(3), 179-92.

Bruckman, A. and Bandlow, A. 2002. Human-Computer Interaction for Kids, in *Human-Computer Interaction Handbook: Fundamentals, Evolving Technologies and Emerging Applications*, edited by J.A. Jacko and A. Sears. New Jersey: Lawrence Erlbaum Associations Inc., 428-40.

Bubandt, N. and Otto, T. 2010. Anthropology and the Predicaments of Holism, in *Experiments in Holism: Theory and Practice in Contemporary Anthropology*, edited by T. Otto and N. Bubandt. Oxford, UK: Wiley-Blackwell, 1-15.

Button, G. 2000. The Ethnographic Tradition and Design. *Design Studies*, 21(4), 319-32.

Crabtree, A., Nichols, D.M., O'Brian. J. et al. 2000. Ethnomethodologically-Informed Ethnography and Information System Design. *Journal of the American Society for Information Sciences*, 51(7), 666-82.

Crabtree, A., Rodden, T., Tolmie, P. and Button, G. 2009. Ethnography Considered Harmful. *Proceedings of CHI 2009*, ACM Press, 879-88.

Dourish, P. and Button, G. 1998. On 'Technomethodology': Foundational Relationships between Ethnomethodology and System Design. *Human-Computer Interaction*, 13(4), 395-432.

Druin, A. 1999. Cooperative Inquiry: Developing New Technologies for Children with Children. *Proceedings of the SIGCHI Conference on Human Factors in Computing Systems: The CHI is the Limit*, ACM Press, 592-9.

Druin, A. 2002. The Role of Children in the Design of New Technology. *Behaviour and Information Technology*, 21(1), 1-25.

Ehn, P. 1993. Scandinavian Design: On Participation and Skill, in *Participatory Design: Principles and Practices*, edited by D. Schuler and A. Namioka.

Hillsdale, NJ: Erlbaum Associates, 41-78.

Faubion, J. and Marcus, G. 2009. *Fieldwork is Not What it Used to Be: Learning Anthropology's Method in a Time of Transition.* Ithaca, NY: Cornell University Press.

Garfinkel, H. and Rawls, A.W. 2002. *Ethnomethodology's Program: Working out Durkheim's Aphorism.* Boulder, CO: Rowman and Littlefield Press.

Halse, J. 2008. Design Anthropology: Borderline Experiments with Participation, Performance and Situated Intervention (PhD dissertation, IT University Copenhagen).

Henare, A., Holbraad, M. and Wastell, S. 2007. *Thinking through Things: Theorising Artefacts Ethnographically.* London: Routledge.

Iversen, O. 2005. Participatory Design beyond Work Practices: Designing with Children (PhD dissertation, Department of Computer Science, University of Aarhus).

Kensing, F. and Blomberg, J. 1998. Participatory Design: Issues and Concerns. *Computer Supported Cooperative Work,* 7, 167-85.

Kjærsgaard, M.G. 2011. Between the Actual and the Potential: The Challenges of Design Anthropology (PhD dissertation, Department of Culture and Society, Section for Anthropology and Ethnography, University of Aarhus).

Marcus, G. and Fischer, M. 1986. *Anthropology as Cultural Critique: An Experimental Moment in the Human Sciences.* Chicago: University of Chicago Press.

Marcus, G. 2007. How Short Can Fieldwork Be? *Social Anthropology,* 15(3), 353-67.

Mouritsen, F. 1996. *Legekultur: Essays om bornekultur, leg og fortoelling*. Odense: Syddansk universitetsforlag.

Otto, T. and Bubandt, N. 2010. Beyond the Whole in Ethnographic Practice？ in *Experiments in Holism: Theory and Practice in Contemporary Anthropology*, edited by T. Otto and N. Bubandt. Oxford: Wiley-Blackwell, 19-27.

Rabinow, P., Marcus, P., Faubion, J. and Rees, T. 2008. *Designs for an Anthropology of the Contemporary*. Durham, NC: Duke University Press.

Reason, P. and Bradbury, H. 2008. *The Sage Handbook of Action Research: Participative Inquiry and Practice*. Second edition. London: Sage Publications.

Sanders, E. 2000. Generative Tools for Co-Designing, in *Collaborative Design: Proceedings of CoDesigning 2000*, edited by A.R. Scrivener, L.J. Ball and A.Woodcock. London: Springer Verlag, 3-12.

Star, S. and Griesmer, J. 1989. Institutional Ecology 'Translations'and Boundary Objects: Amateurs and Professionals in Berkley's Museum of Vertebrate Zoology, 1907-39. *Social Studies of Science*, 19(3), 387-420.

Sharrock, W. and Hughes. J. 2001. Ethnography in the Workplace: Remarks on its Theoretical Bases. TeamEthno-Online, Issue 1, November 2001. [Online] Available at: http://www.teamethno-online.org/Issue1/Wes.html [accessed 14 February 2002].

Strathern, M. 2004. *Commons and Borderlands: Working Papers on Interdisciplinarity, Accountability and the Flow of Knowledge*. Wantage, UK: Sean Kingston Publishing.

Tsing, A. 2010. Worlding the Matsutake Diaspora: Or, Can Actor-Network Theory Experiment with Holism？ in *Experiments in Holism: Theory and*

Practice in Contemporary Anthropology, edited by T. Otto and N. Bubandt. Oxford: Wiley-Blackwell, 47-66.

Wasson, C. 2000. Ethnography in the Field of Design. *Human Organization*, 59(4), 377-88.

第十一章　设计行为

尼可·特隆普　保罗·赫克特

　　从帝国大厦楼顶俯瞰，似乎很难想象没有建筑、交通工具、智能手机、鞋店的生活。我们的生活与使用产品、享用服务的交织程度呈指数级上升，它们直接或间接地，在人类的进化中发挥着越来越重要的作用。产品是价值的载体，它们可以表达信念或态度，甚至可以潜移默化我们的行为。因此，产品的使用对团体、组织、社会、世界都有所影响。为设计师提供必要的知识和工具是我们的责任，这些知识和工具能让设计师认识到产品在塑造人类生活中所起的特殊作用。这样一来，他们可能会自觉地承担起塑造自己设计的产品和服务的责任，从而更好地为一个我们所有人都能安全、快乐、健康地生活的世界做出贡献。

　　本章关注人工制品如何影响或改变人类行为，以及在更大范围内可能产生的影响。在使用产品时，不管产品是新是旧，我们的行为都会发生改变。有些变化是随时间流逝慢慢显现的；另一些变化更为激进，会立即发生。例如，如果我们的智能手机上有地图应用程序，那么，当我们迷路时，可能就不那么倾向于问路了：这种行为上的变化主要影响的是那些住在城市里的人。而如果我们希望设计师们设计出足以引导所有人的行为做出有益改变的产品，就会出现两个问题。第一，对于"什么是有益的"，设计师该如何做出道德判断？哪些价值以及哪些人的价值应该被纳入考虑范围？第二，在实际设计中，设计师要如何将这种影响转化为产品和服务？第一个问题非常重要，但由于篇幅所限，本章将仅就第二个问题进行探讨。我们会介绍各种可能解释产品对人类行为产生影响的概念，并讨论这些概念如何在设计过程中发挥作用。

本章以一个虚构的设计简案开始，其中改变人的行为是这个设计的既定目标。下文会介绍六个不同的理论概念，我们相信这些概念有助于解释产品在塑造人类行为方面所起的作用。下文会指出每一个概念的起源、关键原则、与本章写作目的的关联，并举例说明每一个概念如何能够在设计时提供设计概要。最后，本章对这些概念进行了简要的理论比较，讨论了它们的差异，并考察了它们在设计领域的潜在价值。

设计简案示例

在发展中国家和发达国家中，肥胖症患者人数正在迅速增加，肥胖症已然成为欧洲和美国共同关注的一个重大的健康问题。可以想见，政府需要一种能够真正防止人们暴饮暴食的产品（或服务）。

本部分将具体阐明，这些被挑选出来的概念如何能够在产品设计过程中起作用，以防止人们过度饮食。我们的例子所基于的假设并不总是有文献可考的，但它们为当前的目的提供了便利的出发点。

概念：供给（affordance）[1]。

学科：生态心理学。

小结："供给"这一概念最初是由知觉心理学家詹姆斯·吉布森（James J. Gibson）提出的，它描述了知觉如何告知人们他们所处的物理环境的意义。根据吉布森的观点，人们首先感知的并不是一个物体的属性，比如颜色、形状、纹理，而是这个物体提供给他们的东西。环境的供给是"它能提供给动物的东西，它能提供或装备的，可能是好可能是坏的东西"。虽然供给产生于直接知觉，并由此促使知觉者的行动，但它们是独立于知觉而存在的。这意味着它们既是客观的，也是主观的。在某种意义上，无论主体是否感知到了它们，它们都可以被客观地描述。一个沉重的石头为成年人提供了"扔"它的可能性，但这一"供给"不可能提供给一个一岁的婴孩。扔石头由成年人的（或更大、更强的）的感觉催生，因此是主观的。即使是成年人没有察觉到他具有扔石头的行动可能性，但这一"供给"依旧是客观存在的。克莱尔·迈克尔斯

---

① Affordance这个概念在本书中涉及两个学者。一是首次提出这个概念的詹姆斯·吉布森（James J. Gibson），在其1979年的专著 *The Ecological Approach to Visual Perception* 中，吉布森强调affordance概念中"一种在环境中对个体可用的行动可能性，独立于个体感知这种可能性的能力"，本书译者将吉布森的affordance译为"供给"。二是把这个概念延伸到人机互动领域的唐纳德·诺曼（Donald A. Norman），在其1988年的专著 *The Psychology of Everyday Things* 中，诺曼将其定义为"指的是事物可感知的和实际的属性，主要是那些决定事物如何被使用的基本属性"，本书译者将诺曼的affordance译为"可感知性"。诺曼affordance概念的运用见本书第十三章《技术中介的理论和形象》。关于两个概念的区别与联系，可参见https://www.interaction-design.org/literature/book/the-glossary-of-human-computer-interaction/affordances#:~:text=The%20concept%20of%20an%20affordance%20was%20coined%20by,book%20The%20Psychology%20of%20Everyday%20Things%20from%201988.

（Claire F. Michaels）认为，"供给"应被定义为是与行为相关的，它指的是主体与客体，或主体与环境相关的潜在行为的范围。供给一旦被人所感知，就会将人的行动指引回提供供给的对象。因此，一把椅子所提供的信息，是人可以坐在这把椅子上；一个开关所提示的信息，是人可以去使用这个开关；而一堵墙的存在则意味着任何特定的物体都可以躲在墙后。

关联性：供给的概念能够帮助设计师阐明产品如何影响行为，能表明用户对产品属性的感知在实现产品所能提供的行为类型方面起着重要作用。因此，行为被解释为一个无意识过程的结果，在这个过程中，感知到的产品属性与个人能力相联系。这意味着，若想对行为产生影响，要么需要改变与人的能力有关的产品特性，要么需要增加或减少这些特性的显著性。

图解：就肥胖而言，设计并纳入一种能够防止过度饮食的"供给"(对可能接触到该产品的广大用户而言)，意味着设计一种"不经吃"的产品。考虑到这一点，我们设计了一个容量极小的小碗（图11.1）。

图11.1　一只小碗，用来阻止人们舀太多的食物
图源：尼可·特隆普绘。

概念：助推（nudge）。

学科：行为经济学。

小结："助推"这一术语描述的是我们在环境的微妙推动下做出的选择。这个理论由理查德·塞勒（Richard H. Thaler）和卡斯·桑斯坦（Cass R. Sunstein）提出，与"人的行为是理性的，只要他们有适当的信息，他们就会选择对自己最有利的东西"的观念截然相反。塞勒和桑斯坦展示了各种例子，参考了各种实验。他们表明，人们最终做出的选择

往往不是他们基于理性的最佳选择。为解释这一现象，他们提出，人们大部分的选择出自"自动系统"（automatic system），即一个置于无意识层面的认知系统。在做出"自动"选择时，人们并不是被合理的论据所引导，而是被潜在的，或有意安排的微妙暗示（即"助推"）所诱发的倾向所引导。"助推"以可预测的方式，悄然改变人们行为的选择架构的各个方面，它并不明令禁止任何选择，也不显著改变人的经济动机。这意味着设计师（为人们提供选择的建筑大师）通过产品展示或通过选择环境的设计对这些选择具有相当大的影响。请思考"投票"这一行为：影响投票的，不仅包括不同候选人的呈现方式，如描绘候选人的名字或图片，还包括记录投票的环境。研究表明，当在学校进行投票记录时，人们更倾向于支持教育改革计划。

关联性："助推"表明了产品和环境是如何激发人们的特定倾向的。行为被解释为是提供选择的结果和助推所触发的自动行为反应。通过认识产品所提供的选择，以及发展基于基础研究的预测行为反应的能力，设计师能够有意识地设计"影响"。

图解：要想对抗过度饮食，意味着这件产品应该具备让人自然而然减少进食的倾向，而不会有刻意克制的感觉。面对"正常"的事物时，人们会无意识地引导自己的行为，我们从一个与人类本性相关的倾向中获得灵感，并设计了一个盘子，这个盘子能盛下一份标准的，或说"正常"分量的食物。盘子上有几条同心的"分割线"，将盘子划分成多个部分，其中一条被标为"标准线"。食物盛

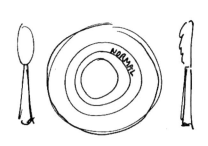

图11.2　一个盘子，用来促使人们吃"正常"分量的食物

图源：尼可·特隆普绘。

放在标准线内，可能会促使那些习惯性饱食的人少吃一些（图11.2）。

概念： 说服（persuasion）。

学科： 社会心理学。

小结： "说服"这一概念是用来描述人们如何在人际关系中相互影响，以及人们如何通过大众传播受到影响的。布莱恩·福格（B. J. Fogg）结合了自己对"有说服力的技术"（persuasive technology）的研究，第一次把"说服"用来描述产品（可能）对人类行为的影响。所谓"有说服力的技术"，指的是"任何旨在改变人的态度或行为的交互式计算系统"[①]。得益于硬件与软件上的技术进步，这种交互已经成为可能，产品也开始"相互回击"。福格开始研究计算机究竟能在多大程度上改变人们的想法和行为。他的研究很大程度上依赖于社会心理学家罗伯特·西奥迪尼（Robert B. Cialdini），西奥迪尼的工作旨在探究人类选择服从某一请求时存在哪些心理学原理。虽然西奥迪尼明确强调了自动处理（automatic processing）在引导人们行为方面上的作用，但"有说服力的技术"这一领域已经扩展到理解产品在基于刻意和有意识的层面上，如何支持行为改变。福格、格雷戈里·奎利亚（Gregory Cuellar）、大卫·丹尼尔森（David Danielson）将"宏观劝说"（macrosuasion）与"微观劝说"（microsuasion）区分开来：宏观劝说，是指那些将行为的改变作为设计的主要目标的说服式技术。"好好想想吧，孩子"（Baby Think It Over Doll）就是一个例子，它的设计目的是通过让青少年体验照顾新生儿来解决少女早孕的问题；微观劝说，是指那些含有一些说服性元素的技术，例如

---

① B. J. Fogg. *Persuasive Technology: Using Computers to Change What We Think and Do.* San Francisco: Morgan Kauffman Publishers. 2003. p.1.

自动取款机会发出"哔哔"声来提醒你，不要忘记取出自己的银行卡。

关联性：将说服的概念应用到人与产品的交互中，意味着产品可以被视为展示人类品质的社会行动者，从而具有说服的影响力。随后，用户的行为则被视作与产品互动的结果，这种互动与人机互动具有类似的原则。通过将社会原则传递到设计中，"有说服力的技术"领域为说服式设计提供了丰富的设计原则。

图解：通常而言，有说服力的技术是在人们有动力，并准备改变自己行为的情况下才被开发出来，戒烟或节食都是例子。因此，在这个例子中，我们假设用户已经具有了减少食物消耗量的动力。这一假设使得提供准确的反馈成为刺激行为改变的有效策略。因此，我们设计了一个体重/卡路里刻度表来显示食物特定部分所含的热量。这使用户得以轻松地控制自己消耗的卡路里量（图11.3）。

图11.3　一个体重/卡路里量表，用来帮助人们控制饮食中的热量
图源：尼可·特隆普绘。

概念：活动（activity）。

学科：（苏联）心理学。

小结：活动理论由阿列克谢·列昂节夫（Aleksei N. Leontiev）提出，作为对行为主义方法的回应而发展起来。活动理论家并不把行为看作是对刺激的自动反应，而是把行为解释为一种复杂的、社会建构的现象。在这种现象中，产品被明确地分配了一个角色。一个活动是由一个主体（一个人或一组人）、一个客体（活动目标）、动作和操作组成。活动是一种有意识的、目标导向的过程，它可以被进展中的无意识的自动操作所支持。例如学车时，换挡是一个有明确目标的动作，需要下意识去注意。然而随着时间的推移，换挡就能够成为一种自然而然发生的一个动作程序。维克多·卡普特林（Victor Kaptelinin）和邦妮·纳迪（Bonnie Nardi）两位活动理论家，认为产品不能被视为中性工具，尽管他们在是否赋予产品代理权上犹豫不决。在他们看来，产品会造成（行为）副作用，但绝不能在一个人没有意愿的情况下"授权"（delegate）行动。行为暗示了设计师或用户的意图。活动理论家因此主张主客体二分法。因需要更换新电池而发出"哔哔"声的手机就是一个例子。他们认为，因为用户下意识选择了使用手机，所以他们会更换电池。在他们看来，用户可以自由地做出不同的行为，而不是像手机那样按程序发出"哔哔"声，这显示了人和产品的不对等。

关联性：虽然活动理论家明确指出了产品在活动中的作用，但他们强调人类的意图和动机才是驱动行为的主要因素。尽管如此，他们指出设计师可以设计出改变人类行为的产品，而且产品可能会对行为产生意想不到的影响。为了给行为的变化做出解释，活动理论将用户与产品的交互置于社会语境中。这种设计产品影响的概念，其价值并不在于对产品影响如何发挥作用的详细描述，而在于语境活动的概念可以帮助设计师系统地描绘出在社会语境中，产品使用的相互作用和有影响的行为因素。

图解：如果将进食看作一种活动，就必须把过度饮食放在一个相关的社会"使用语境"（context of use）中，以便构思出要设计的产品。我们认为，在这里，学习饮食习惯的语境是最具相关性的，因此，我们选择聚焦于在家的晚餐时间。我们发现，父母经常施威让孩子把饭吃完，即使孩子会争辩说自己已经吃饱了。这有可能让健康的孩子从小就进食过度。我们设计了一本关于饮食与关爱的书，目的是要让父母意识到在自己管教孩子时在食物与健康上犯的错误（图11.4）。

图11.4　一本为父母设计的书籍，让他们了解在管教孩子时对食物和健康的误解
图源：尼可·特隆普绘。

概念：实践（practice）。

学科：社会学。

小结：实践理论认为人类行为本质上是社会性的，并认为"实践"是最小的分析单位，行为是实践的一个组成部分。实践是"一种程序化的行为类型，它由几个相互关联的要素组成：身体活动的形式、心理活动的形式、'事物'及其使用形式，以及理解形式的背景知识、技能、情绪状态和动机知识。[①]"总而言之，构成实践的动力可以表现为惯例、技能、人工制品之间的相互作用。为阐释这一点，我们可以回顾一下荷兰的骑行习惯。骑行者给行人让路的行为，是实践的一部分，包含若干要素。在让路的时候，骑行者注意行人的能力、促使骑行者让路的刹车装置、为骑行者和行人设置的不同车道，以及相关的交通规则，

---

① Andreas Reckwitz. Toward a Theory of Social Practices: A Development in Culturalist Theorizing in *European Journal of Social Theory*. Vol.5. Issue 2. 2002. pp.243-63.

以上种种，都是相互作用并共同塑造这一行为的因素。伊丽莎白·肖夫（Elizabeth Shove）、马修·沃森（Matthew Watson）、马丁·汉德（Martin Hand）、杰克·英格拉姆（Jack Ingram）同意布鲁诺·拉图尔（Bruno Latour）的观点，即强调人们与产品之间的"相互关系"（interrelatedness），以及在塑造行为的方面，产品所起的有影响力的作用；不过，他们强调了理解这种关系的性质在不断发展的重要性。在实践理论中，强调实践的历史发展和实践要素之间的相互作用，解释了这种发展。

关联性：实践理论建立在"行动者网络理论"（actor-network theory）的基础上，其目的在于理解产品在改变行为中的作用，即使在这里这个作用是放在文化历史语境下来讨论的。虽然实践理论强调了产品在塑造行为方面的影响作用，但它也强调了产品在历史与文化意义上对环境的依赖。这种设计产品影响力概念的价值在于，它有助于认识历史和文化对产品社会意义的贡献。更具体地说，它可能有助于理解行为中各种影响因素之间的持续相互作用。

图解：在将饮食视为一种实践的过程中，我们受到启发去研究了饮食随时间而发生的变化，并研究了与之相关的各种习俗和规范。我们发现，即使在猎人和采集者的时代，以及在之后的各个时期，拥有充足的食物并非寻常之事，而是罕见的例外。扔掉食物简直是难以想象的。鉴于此，过度饮食可以理解为不愿意扔掉食物的基因或上述观念社会转移的结果。因此，我们设计了一种特殊的容器，这种容器能让食物在冰箱外保鲜数天（图11.5）。

图11.5 一个容器，可以让剩菜在冰箱外保鲜数天
图源：尼可·特隆普绘。

概念： 副作用（Side Effect）。

学科： 系统动力学。

小结： 通常来说，许多关于设计对人们行为的影响的例子，都是通过其副作用来描述的。这个术语尤常用于描述那些由于产品使用而产生的不可预见的行为后果，随着时间的推移，这些后果变得明显起来。例如，去年夏天荷兰的一则新闻报道显示，在海滩上失踪的儿童数量逐年增加。人们对其原因有许多猜测，其中一种解释是，现在的父母过度沉迷于智能手机，对孩子的关注减少，这就是一种副作用。智能手机向用户提供了大量的高价值选择，但它可能造成的行为缺陷只有随着时间的推移才会变得明显。杰·福瑞斯特（Jay. W. Forrester）发起了系统动力学（system dynamics）领域，明确研究干预（interventions）的长期后果。系统动力学使用系统思维和系统建模来理解干预如何导致即时影响和副作用。通过这种方式，"系统思考者"（system thinkers）强调所谓"反馈循环"（feedback loops）的重要性，例如加强循环或平衡循环，这正是因果关系之所以总是双向运作的原因。

关联性： 虽然系统动力学并没有特别关注产品在改变行为上的作用，但它确实有助于理解产品是如何对行为造成意料之外的副作用的。若想定义具体的因果关系，还需要参考其他理论，但"反馈循环"原则可以帮助设计师持续地意识到，产品也会随着时间的推移而发挥影响。它的系统方法可以从预期的副作用中反推出产品在特定系统中的作用。

图解： 通过将过度饮食视为其他事物的副作用，我们对暴食进行了深入研究。我们了解到，饮食通常是一种应对压力的机制，而这种机制幼年就开始发展了。正是由于这种竞争和以成绩为导向的文化，孩子们变得焦虑，以致他们的进食量远大于他们真正需要的量。为防止这种情况发生，我们制订了一项教育干预计划。这一干预措施包括：学校为孩子们提供一本小册子，让他们写下当天完成的让自己感到自豪的事情。每天这样做是为了减轻孩子们的压力，防止他们过度饮食。此外，这本小册子还可以帮助孩子们发现自己的长处，以便老师评估孩子的表现（图11.6）。

图11.6　一本小册子，旨在鼓励孩子们记录他们在学校感到自豪的时刻
图源：尼可·特隆普绘。

概念的理论比较

之所以选择把上述大相径庭的概念进行比较，是因为至少我们能在理论层面上探讨，在设计行为中每个概念可能促成一种新的倾向。

虽然每个概念都包括了产品在其行为研究中的作用，但每个概念都是由不同意图激发导致的结果。因此，这些概念所涉及的行为类型可能会有很大差异。一些研究者可能有兴趣研究基于人们反应的产品的选择框架效应，而其他研究者认为有必要了解产品对文化发展的影响。"行为"（behaviour）这一术语所指涉的可能是在自助餐厅选择冰淇淋，也可能是荷兰人庆祝圣诞节的方式。例如，当我们考虑使用牙刷时，牙刷在以下若干方面起着作用：首先，在操作方面，人如何刷牙？牙刷的方向？刷牙的持续时间？其次，在（社会）行为方面，比如当一个人在给孩子刷牙时，它是如何产生亲密互动的？甚至在属于特定文化的日常行为方面，比如在上床睡觉之前，牙刷是如何成为睡前刷牙规范的一部分的？

前三个概念（供给、助推、说服）通过详细分析用户与产品之间的关系，描述了产品的影响力。在理解产品在改变行为中所起的作用时，

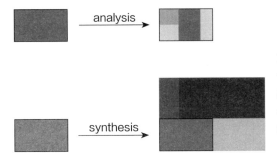

图11.7 为了理解一个现象，人们可以采用分析的方法，即把现象理解为其各个部分的总和；或者综合的方法，即把现象理解更大的整体的一部分

图源：尼可·特隆普绘。

前三个概念将用户与产品的交互作为分析的重点。这意味着产品的属性与解释行为变化的各个过程相关。后三个概念（活动、实践、副作用）都是基于这样的论点，即如果不把共同决定这种影响的语境囊括在内，就无法获得对产品影响的完整理解。后三个概念揭露了产品在塑造行为方面的重要性，但同时它们也认为，如人、文化、历史等其他因素也与这个过程不可分割地联系在一起。产品与这些因素联系在一起，以理解行为的变化。通过对概念的比较，可以看出前三个概念通过分析（analysis）的方式来解释产品的影响，即研究产品各部分的构成对产品的影响；而后三个概念则通过综合（synthesis）的方式来解释产品的影响，也就是研究产品作为更大组成部分的影响（图11.7）。

讨论

在理解产品如何影响行为上，来自不同学科的各个概念为设计师提供了帮助。在本章中，我们提出了六个值得仔细研究的概念，阐释了它们的理论基础，并说明了它们对设计潜在的工具价值。这些概念理论层面上的比较，揭示了它们理解产品对改变行为的作用的不同方式。文中讨论的所有概念，对于设计师来说都具有独特的价值。并且，当这些概念得到应用时，设计师们能更加有意识地为自己产品的影响承担责任。

然而，我们认为，分析方式中的概念和综合方式中的概念所提供的价值不尽相同，不过，对于设计师成功开发能预测行为结果的产品而言，这两种概念都是必不可少的。

与通过放大用户与产品的互动来解释产品影响的概念相比，一个解释产品影响极其语境的概念，为设计师提供了不同的工具价值。在设计行为时，综合法可以帮助设计师识别那些除产品之外的，影响这种行为的其他因素。设计师受到刺激，将这些因素列成清单，并支持理解它们之间的相互作用。这种方法能够加强设计师对行为背景的理解，从而增加适当干预的机会。如何更好地融入人们的日常生活，是一个经常被忽视，但却很重要的改变设计行为的层面。回头看看我们的设计简案和设计图片，后三个概念确实能够促使我们思考并挖掘人们过度饮食的原因。后三个设计图片基于对语境的理解，而前三个设计图片则是基于毫无根据的猜测。

然而，综合方式中的概念（后三个概念），对于实际的设计以及对产品的影响几乎没有指导作用。尽管设计师在理解语境上得到了支持，并因此了解到应该在哪里进行干预；但对于如何进行干预，他/她可能是毫无头绪的。再一次回头看看我们的设计图片：当我们把过度饮食视为"活动"的一部分时，我们发现行为是父母教养子女方式的反映，那么书本是改变亲子行为的最好方法吗？与后三个设计图片相比，前三个设计图片更多地基于具有强大影响力的策略。这些设计的实施可以根据其预期影响来解释：碗很小，盘子的尺寸暗示着进食标准量，刻度则给出反馈。显然，前三个概念在帮助设计师定义影响行为的产品属性时发挥着更重要的作用。

对设计师而言，要更充分地担负设计产品的任务，并引导用户的正向变化，综合法和分析法的应用都是至关重要的，因为每一种方法都有助于更充分地理解产品的影响。综合法，即设计人类学的方法，澄清了设计的"塑造"（shaping）作用，并就适当性（appropriateness）而言，使设计师具备设计产品影响力所需的知识。对构成人类生活的动态的、相互作用的因素有了明确的认识，设计师就可以更好地理解旨在改变行为目标时，应该在哪里进行干预。

作为补充，一种理解产品影响的更有分析性的方法（例如"有说服力的技术"的方法）提供了一种知识，设计师需要在有效性（effectiveness）方面设计产品影响。更好地理解在"用户—产品"交互过程中发生了什么，以及这种行为是如何改变的，加深了设计师理解如何进行有效干预。虽然这两种描述及理解产品影响的方法，可能基于两种截然相反的世界观，但这不应该影响设计实践。如果我们的目标是要支持设计师塑造一个更美好的世界，二者中任何一个都不能忽视。

参考文献

Ackoff, R.L. 1994. Systems Thinking and Thinking Systems. *System Dynamics Review*, 10(2-3), 175-88.

Berger, J., Meredith, M. and Wheeler, C.S. 2008. Contextual Priming: Where People Vote Affects How They Vote, in *Proceedings of the National Academy of Sciences*, edited by R. Schekman, PNAS. [Online] Available at: www.pnas.org/cgi/doi/10.1073/pnas.0711988105 [accessed: 11 July 2011], 8846-9.

Cialdini, R.B. 2001. *Influence Science and Practice*. Boston, MA: Allyn and Bacon.

Consolvo, S., McDonald, D.W. and Landay, J.A. 2009. Theory-Driven Design

Strategies for Technologies that Support Behaviour Change in Everyday Life, paper presented at *CHI 2009, in Proceedings of the Conference on Human Factors and Computing Systems*. Boston, Massachusetts, USA, 6-9 April 2009.

Fogg, B. 2003. *Persuasive Technology: Using Computers to Change What We Think and Do*. San Francisco: Morgan Kauffman Publishers.

Fogg, B.J., Cuellar, G. and Danielson, D. 2003. Motivating, Influencing, and Persuading Users, in *The Human-Computer Interaction Handbook: Evolving Technologies, and Emerging Applications*, edited by J.A. Jacko and A. Sears. Hillsdale, NJ: Lawrence. Erlbaum Associates, 133-47.

Forrester, J.W. 1961. *Industrial Dynamics*. Cambridge, MA: MIT Press.

Gibson, J.J. 1979. *The Ecological Approach to Visual Perception*. Hillsdale, NJ: Lawrence Erlbaum Associates.

Jones, K.S. 2003. What is an Affordance? *Ecological Psychology*, 15(2), 107-14.

Kaptelinin, V. and Nardi, B.A. 2006. *Acting with Technology: Activity Theory and Interaction Design*. Cambridge, MA: MIT Press.

Kuijer, L. and De Jong, A. 2009. A Practice Oriented Approach to User Centered Sustainable Design, paper presented at *EcoDesign, The Sixth International Symposium on Environmentally Conscious Design and Inverse Manufacturing*. Sapporo, Japan: The Japan Society of Mechanical Engineers, 7-9 December 2009, 541-6.

Leontiev, A.N. 1974. The Problem of Activity in Psychology. *Soviet Psychology*, 13(2), 4-33.

Michaels, C.F. 2003. Affordances: Four Points of Debate. *Ecological Psychology*, 15(2), 135-48.

Nardi, B.A. 1996. Studying Context: A Comparison of Activity Theory, Situated Action Models, and Distributed Cognition, in *Context and Consciousness: Activity Theory and Human-Computer Interaction*, edited by B.A. Nardi. Cambridge, MA: MIT Press, 35-52.

Reckwitz, A. 2002. Toward a Theory of Social Practices: A Development in Culturalist Theorizing. *European Journal of Social Theory*, 5(2), 243-63.

Richmond, B. 1994. Systems Thinking/System Dynamics: Let's Just Get on with It. *System Dynamics Review*, 10(2-3), 135-57.

Shove, E., Watson, M., Hand, M. and Ingram, J. 2007. *The Design of Everyday Life*. Oxford: Berg.

Sterman, J.D. 2000. *Business Dynamics: Systems Thinking and Modeling for a Complex World*. New York: Irwin/McGraw-Hill.

Thaler, R.H. and Sunstein, C.R. 2008. *Nudge: Improving Decisions about Health, Wealth and Happiness*. New Haven, CT and London: Yale University Press.

第十二章　民族志的新兴人工制品与设计的进程性参与

杰米·华莱士

通过观察专业设计师的实践，我们可以清楚地看到，为了完成工作，他们需要依赖于多种类型的人工制品的构建和转化。事物的这种中介作用，必然与工程师、科学家、艺术家、会计师的研究实践不同。很大程度上，实践的出现与专业设计师使用或制造人工制品的不同方式有关。这种中介在他们专业参与的特定动态中运作，其技能与知识和他们所处的环境都是独一无二的。

首先，我此处所指的"人工制品"（artefacts）是一切由物理或数字组成的媒介或实体，为了进一步完成专业实践，这些媒介或实体被制造、挪用，或转换。设计人类学同样是这样一种实践，它涉及跨学科的（transdisciplined）研究形式，关注复杂的语境与互动，涵盖了人与社会、经济、技术视角之间的相互作用。这为实践的扩展提出了重大挑战，即如何适应跨民族志方法和日益广阔的不同设计理论和实践的合作。

本章通过使用两个特定且相互关联的例子，重点关注人工制品的种类以及如何制造新的人工制品，才能够协调研究过程，并引起实践层面上的变化。首先，我们用民族志的方法，研究了设计作品中不同人工制品类型的关联性使用；其次，描述上述研究中记录的民族志观察结果的符号。在这里，设计和民族志的实践均被束缚在对表征和物质性的探索中，并通过探索，实践得以转化。那么，我们是否可以说研究的方法总是物质地位于新兴的、用于制造人工制品的实践之中呢？如果是这样的话，设计师和人类学家就能更好地决定适合的策略与程序。实现这一目的的方法是对我们设计进程中的物质中介特性给予更多关注，并减少对信息和数据恰当收集的散漫的协商。

探索这些问题时，我的第一个描述涉及一个丹麦工业设计机构的个人日常实践。在这部分中，我的重点并不在于试图理解任何理性的决策、任务的协调，或对认知过程的推测，而是将研究视作通过对比物质性，从而改变物质实践的形式。

与设计工作室里的其他人一样，巴里（Barry）的桌子上堆满了各式各样散落的文件和图纸，仿佛从置于中央的电脑屏幕周围辐射出来。这是对一个不断变化的设计人工制品排列的瞬间捕捉，为他在这个空间进行的实践活动提供了一个视点。在我指向那些堆积的、散布在一张大木桌上的大量文字和视觉材料后，他说："你本该在周一看到它，那时它完全就像……（乱糟糟的一堆东西）像闪电来了一样。"这些纸质文件之所以存在，是因为它们要么是巴里自己制作的，要么是与其他设计师共同积累起来的，要么是他自己寄送、要求或带来的。这些文件与他负责的设计活动相关，在分配给他的工作空间中寻找各自的位置，这意味着这些文件可以发挥作用，或移动、修改，作为他设计研究的一部分。

就像在巴里办公桌上的其他时刻一样，图纸、文件、计划、照片、打印的材料、部件和设备的小册子、方案、项目的具体截止日期、电子邮件和CAD（计算机辅助设计）模型，都讲述着特定的故事。它们使用不同的代码和符号，是一连串以物质为中介的事件的结果。设计活动正式或非正式地在项目和公司文化的动态边界构建。出于不同的，甚至可能相互冲突的原因，其他设计师在设计进程的不同阶段也会产生多样的人工制品。

除了电脑上的CAD系统和其他软件，巴里的工作空间充斥着各种各样的绘图工具、铅笔、钢笔、标尺、模板、夹子、圆规等。这些笔包括精选的细纹墨水笔、木质铅笔、活动铅笔，还有橡皮擦、两个盒形笔架，其中装有一百多支不同颜色、色调、笔尖大小的纤维笔。堆纸中点缀着胶带、厨房卷尺、描图纸，还有四种不同形式的线性测量工具，包括比尺、卷尺、可伸缩的木尺。再加上无处不在的电脑键盘和鼠标，这些都是他在办公桌前进行实践的材料。这些工具，配合着他的技能，生成新的设计方案，这些方案能够彰显不同类型的设计工作者和合作者的实践与技术。在这个设计进程之中，他必须对不同形式的介质和表征进行解释、分类，做出改变，创造新的人工制品，比较见解，并将其意义传达给别人。这种交流是他的提案和别人出于自己的考虑和工作方式的提案之间的一种协商形式。这些交流要么通过口头进行，要么通过与各自人工制品的相互接触，要么通过人工制品从一种形态到另一种形态的转换来进行，这种转换对他人的技能和兴趣是更有利的。比如，在CAD模型分析中创建一个书面的尺寸规范就是一个例子。

根据定义，设计工作者受雇或签约，目的是为既定的设计进程贡献价值。与其他人一样，巴里拥有一套特殊的技能，他能够在任意时间和有利情形中发现新见解，并由此影响项目的展开。这些见解来自协商中的感知和判断，而协商是与其他设计师的讨论，以及他们对人工制品的制作和改造的讨论的集合。

　　电脑显示器上放着前一天打印出来的演示文稿（PowerPoint presentation），旁边放着一叠现场访问时拍摄的照片，还有一份来自用户小组会议的报告。屏幕上显示着三维CAD模型，周围有许多图标，以示可以显示、打印、转换等功能，从而将数字模型转换为与设计规范中所述的，与当前要求一致的，更适当和完整的表现形式。巴里专注于CAD模型，在键盘上输入常用命令和数值来改变模型参数——其中包括空间维度、缩放值或几何图形。他那右手食指、拇指、中指之间总是夹着一支铅笔。即便是正在操作键盘或鼠标，铅笔都得随时待命。在这个过程中，他间歇地调整鼠标来旋转和缩放CAD模型的位置。虽然通过鼠标，巴里的手和手腕的微妙运动使模型的旋转几乎无法被察觉，但这些通过不断改变角度和变焦来重复模型的运动，给人一种物体确实存在于三维空间中的错觉。这些持续运动的效果类似于用手物理地检查某物的触觉动作，能够从稍微不同的方向旋转并观察物体，同时考虑物体形式的性质。

　　CAD模型上灵巧的鼠标操作，随之而来的与视觉判断的相互作用，二者并不是孤立进行的。这些是在"使用中的设计"（design-in-use）进程（这一进程包括在工作空间中与可接触的人工制品互动，在互动之间转移焦点）中的短暂"参与"（engagements）。一些参与，在很大程度上仍然是静态的、可参考的；而其他的参与，如CAD模型，则通常处于某种形式的变化或转换中。素描尤其容易在一瞬间出现，然后迅速被扔到桌子下的大垃圾箱里。纸质文件，例如CAD模型中的方案和打印稿，都是具有参考价值和变革性的。这些纸质文件上面满是手写笔记和修改痕迹，还能用来勾勒不同的想法。使用影印机、打印机，意味着这些文件要不断经历复制、重绘、修改以及与他人共享的过程。这些存在和变化中的"展开的人工制品"（unfolding artefacts）并不是孤立的，而是基于不同形式的物质技能与知识，是相互关联的物质进展的一部分。

与许多设计工作者的工作室不同，巴里的桌子上常有乱丢的描图纸碎片，他利用这些视觉辅助资源来快速绘制草图。半透明的纸可以叠放在其他图像、照片、CAD模型打印稿和以前的草图上。通过这种方式，绘制草图的过程能以那些已描绘、已建造的东西为基础，既节省时间，也能为其制作提供帮助。这可能是一些有益的观点或安排，如果不这么做，就需要仔细重新绘制。通过使用描图纸，巴里可以快速勾画出新的布局并确保工作流程不被扰乱，同时仍然可以用现有工作呈现出复杂的视觉和空间配置。

当巴里像往常一样从桌子中央的卷轴纸上撕下一张新的描图纸时，出现了一种特有的撕纸声。他将描图纸叠放在CAD模型的打印稿上，把它们摆在电脑键盘前的桌子上的一小片空白处，然后往椅子上一坐，开始构思这幅新草图的起稿点。将铅笔在描图纸光滑的表面上稍稍抬起，它就开始快速移动，仿佛在匆忙地思索草图的最佳初始方向。一旦与纸张接触，石墨的细痕就会迅速被加工为二维和三维空间的新的表征排列。铅笔从描图纸表面抬起，草图的绘制也不断随着笔尖的快速运动被迫中断。只过了一小会儿，铅笔还在他的手中，他伸手去拿鼠标，对CAD模型视图的角度进行微调。随后，他重新开始草图绘制，又再次迅速中断，再恢复CAD视图上的操作。

虽然巴里在办公桌上工作，但办公室并不是他尝试着去理解一系列不断变化的人工制品的唯一环境。他在同事的工位之间来回走动，在会议室，或是在类似于模型、样机或项目区域的建模工作室中与同事一起参加会议。他并不局限于公司内部，而是积极参与小组讨论和实地考察，与设计研究人员、客户、用户交谈，或是检查、记录并测量基础设施和硬件。类似的事情还有他可能会与潜在的供应商相谈，或是参观预定的生产设施。任何与人、与观念、与事物的相遇都可能促使他创作出一个全新的草图、图表、笔记、电影剪辑或照片，并最终在他的工作空间内促进相关的、巧合的人工制品的融合。

设计工作已经变成不同物质技能和参与之间的一种运动，其中迭代的片段来自暂时成对的人工制品的构建和转换。在这种情况下，它可以是草图，可以是CAD模型，但它随时都有可能与照片，技术数据文档，各种绘图类型、模型、组件等相关联，这些都是在不断变化的行为流动中被提取或引用的。

这些草图成为空间问询的基础，通过涉及不同来源的文件，鼓励以"利用手头材料创作"（bricolage）的形式进行包容性的进展和生成过程，产生不同的、可修改的原材料之间的相互作用和合并。

上述观察揭示了设计活动的技能，即它是通过身体律动和动态排列的人工制品的特定集合呈现出来的。因此，通常认为，工作方式以不同形式嵌入（embedded in）不同的文化背景中，具有不同的人工制品类型。在绘图室中组装的人工制品，与那些参与了实地考察的人工制品，或在模型工作室中产生的人工制品，是不同的。

现在，我将从描述设计作品转向描述一种对民族志分析阐释有用的方法。刚刚的描述强调了在一个设计空间、一个设计活动的某一特定时刻中，涉及多重设计人工制品类型的转换参与的物质技能。无论在机构内部还是外部，空间都是多种多样的。人工制品种类丰富，由无数尚未完成的、开放的物品（open objects）构成，并且它们能够以动态的方式对他人的工作进展产生影响。因此，设计研究正在成为一种人工的、以空间为媒介的活动，在这种活动中，转化的物质实践与协调性实践是密切相关的。所以，合作者们也需要具备这份"嵌在"人工制品制造流程中的洞察力，并具备让对话顺利进行的能力，这正是设计工作的基石。

上文对民族志的详细描述清晰地阐释了在"参与"的空间之中，以及不同空间之间，人工制品类型的转换进程，揭示了设计师物质实践的相互依赖——超越了符号学的逻辑必然性的相互依赖（如探究的一个方面需要同另一个方面交谈），也揭示了物质和感知活动的相互依赖。凯伦·拜拉德（Karen Barad）将这些交织的关系理解为动态的重构和不断变化的拓扑结构，其中"时间性和空间性在这研究过程的历史性里出现了"[①]。

正如我之前所说的，这些置于环境中、有感知参与的活动与人工制品类型之间的物质相互依赖关系，可以通过民族志视角来观察，并借助一种特殊的符号形式——"材料乐谱"来记录。参照管弦乐乐谱，材料乐谱包括一个与物理环境相关的"五线谱"。在这个环境中，五根平行的线代表从业者可用的人工制品类型，实践就在这五线谱中展开，比如在巴里桌子上的人工制品。"音符"代表了在展开的工作序列中对人工制品类型的参与或使用，可通过两种方式来描述，一个是"开放的音

---

① Karen Barad. Posthumanist Performativity: Toward an Understanding of How Matter Comes to Matter. *Signs*, 28(3), 2003. p.801.

符"，描述了一个新的人工制品的创造或引入；另一个是"封闭的黑色音符"，显示了现有人工制品的转变。这些黑色音符在它们的方向上交替出现，以描述同一人工制品的后续变换。事件可以视为一个接一个地发生，从左到右，就像音乐符号一样，尽管在这种情况下没有严格的时间尺度。在构建了这个特殊的人工制品之后，"材料乐谱"为民族志实践提供了新的机会——在设计研究阶段对人工制品相互作用的回顾性分析。

我们使用"材料乐谱"来记录巴里的行为转换顺序，如图12.1所示。这幅图显示了他如何利用CAD模型来进行长期研究，受益于描图纸之上的草图的生成和变化，以及CAD模型生成的纸质打印件。

这个新兴进程的映射（mapping）提供了一个观点，循环材料的反复使用在相辅相成的人工设计类型之间摇摆不定。工作的顺序从开始到结束，都受到发生在其他环境中的活动的影响。囊括更多的"五线谱"，扩展音符用以说明在其他环境中相关的工作和实践也在进行。例如其他人的办公桌，工作室，实地考察或客户会议的地点。"材料乐谱"最后一个方面是"影响线"。这些波浪形的垂直线显示了在一个环境中从事的人工制品，影响到另一个环境中人工制品的转化或创造。这可以通过人工制品从一个环境到另一个环境的物理或数字转移的运动中发生，或者由于在一个环境中发生的对话生成了对另一个环境中的关注点的洞察。

许多设计作品都体现在物质性的身体交互作用中，并依赖于感知到改变或产生见解的机会。从业者把常规和计划中的方法与对本地可能性的反应结合起来，具体化的知识通过对新出现的情况的创造性和直觉的反应而发展，使从业者看不到大量的设计工作。材料乐谱的图像音符提

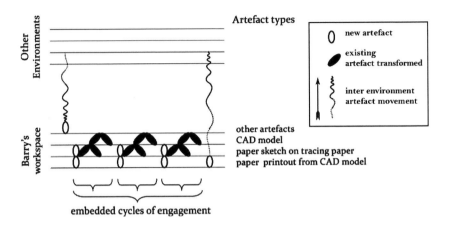

图12.1　巴里不断变化的参与的"材料乐谱"
图源：作者制谱。

供了一种对巴里设计进程中人工制品使用转移模式的看法，揭示了由于对不同材料的熟练使用而可能产生的物理、数字、触觉参与的嵌入式周期。这种对新兴人工制品的使用构成了一种民族志方法论资源，与布伦达·法内尔（Brenda Farnell）在研究行动符号时采用的动作脚本相似。

　　在一个层面上，巴里所使用的那些无穷无尽的描图纸，为创建视觉的、非语言的选项提供了一个较为仓促的方法，这可以将CAD绘图的空间精度一起纳入考虑。这个观点与马斯·本迪克斯（Mads Bendixen）和克里斯蒂安·科赫（Christian Koch）所提到的"建筑师记事本上的空白纸"相似，"为技艺娴熟的插画家提供一种讨论替代方案的方式，并试图反对其他参与者的工程和财务论点"[1]。在触觉层面上，手绘实践为衡量纸张质量、书写材料以及这些东西在工作空间的各种触觉体验提供

---

[1]　Mads Bendixen, Christian Koch. Negotiating Visualizations in Briefing and Design. *Building Research and Information*. Vol.35, 2007. p.51.

了可能。这暗示了在强调对比纸与笔的质量变化和计算机界面的单一触感的绘画过程中，物理参与的美学维度。蒂姆·英戈尔德对这种物质性对置于环境中、有感知参与的活动过程的重要性曾有过十分恰当的描述：

正是因为从业者与他们工作材料的接触是非常深入的，而不仅仅是机械的结合，所以技能性活动有它自己内在的意图，它并不需要参与到任何设计或计划的实施中①。

从"材料乐谱"来看，这种内在意向性与其他意向性并存，而且是相互连接的。设计行为并不是孤立的，而是反复浮现到一个有利的位置，在工作场所的生态环境中，人能够感知到这些人工制品。所有人工制品类型都提供了特定的（吉布森视域中的）"供给"，然而通过不同的行为形式的耦合，存在着一种"差别的供给"（differential affordance），在这种供给中，机会来自多种人工制品之间的转换，而非某种单一类型。

我们理解的合作研究的动态，不同学科内部和学科之间的知识交流和形式生成，对我们对设计学、人类学、民族志的理解以及它们之间如何互相学习，都是有利的。以这种方式将人工制品类型的出现概念化，无论是通过共同点的"并置"，还是通过不同的方法，都为不同的设计方案提供了机会。

---

① Tim Ingold. Beyond Art and Technology: The Anthropology of Skill in *Anthropological Perspectives on Technology*, edited by H.B. Schiffer. Albuquerque: University of New Mexico Press. 2001. p.22.

对从业者的学科差异的关注中能够看出：尽管不同的知识传统和公司文化对口头话语造成了阻碍，我们仍能通过他们采用的表征性代码以及这些代码所具有的物质性，看出巨大的对比差异。换句话说，他们用来做中介性研究的人工制品和技术，要么是自己亲力亲为，要么是与他人合作。以工程师团队为例，这些团队成员通常具有相同的专业知识背景，他们的人工参与，与那些跨专业的从业者之间的合作（比如设计师和用户组成的多学科团队）是有显著不同的。可以说，由于缺乏共同形式的人工制品，后者无法改变或协调那些来自不同学科惯例的观点和见解，因此，出现新的跨学科方式是很有必要的。换句话说，在多学科语境中，动态变化的拓扑结构需要协商，而新的方式则应采用适用于这一协商的人工制品类型。

我的论述出发点也就是我的主张，即：设计工作可以被描述为一种通过物质实践的人工制品的构建、改造、分布。不过这些物质实践不能被理解为工作中独立的理性程序，而是在正式和非正式的参与中，在协商中，作为相互的伙伴共存。映射实践中不断变化的参与表明，人工制品能够在空间中成倍地增长、改变、重新分配，因为不断增加的物质性和它们能够指示的不同含义，为新的见解提供了进一步的机会。请参考图12.2，图中显示了使用"材料乐谱"来研究一个更长的设计工作序列，多学科的人工制品类型在多个机构环境中发生。

在这种情况下，使用"材料乐谱"将注意力转移到不同的新兴学科之间，技艺（techniques）、技术（technologies）、技能（skills）三者的关系上（这三者用于转换和分配中介的人工制品）。如果没有这些从实践中收获的大量知识和经验，这些认知和行为的方式就不容易转移，正如英戈尔德如所言，"在塑造特定事物时，要将特定主体的经验嵌入进

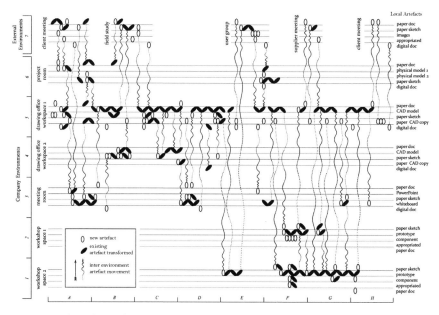

图12.2 一个设计工作序列的"材料乐谱"
图源：作者制谱。

来，不得分割"[1]。这并不意味着它们所传达的意义是不可转移的，也不是说它们在其物理转化范围之外具有相关性。恰恰相反，正是这种调动和分配的能力，使它们能够充当边界对象，在群体之间传递洞察力，并激发进一步行动的需要。暂时存在的人工制品成为进一步参与的资源，从凯尔·施密特（Kjeld Schmidt）和艾娜·瓦格纳（Ina Wagner）所描述的"形成相互关联的实践和人工制品的综合体"中所产生的"多边关联"中获得不同的收益[2]。

---

① Tim Ingold. *The Perception of the Environment: Essays in Livelihood, Dwelling and Skill*. London: Routledge. 2000. p.314.

② Kjeld Schmidt, Ina Wagner. Ordering Systems, Coordinative Practices and Artefacts in Architectural Design and Planning. *CSCW: The Journal of Collaborative Computing*, Vol. 13, 2005. p.349.

无论是实体的还是数字的，人工制品都是通过其支持的潜力来协调创造性的探究。尽管没有足够的定义，但物质性和物质客体仍然和实践的动力学联系在一起，不管这些实践是由设计师还是人类学家进行的。因此，同他们相关的，不仅是他们的想法和理论概念，还有他们的方法论。想要理解人工制品在研究中的中介影响，就需要理解物质性是如何与技术实践相联系的。无论是合作塑造新产品，还是重建生活的物质性，都不该被视为"偶然的或间歇的"，而是"不可或缺的"。

实地考察中有利于研究的类型，与机构环境中偏爱的类型不同。在这些环境中生成和转换的人工制品是不同的，需要不同的技能，对方法有不同的接受。技能在经验领域中或即兴发挥地或习得地进行，与在绘图室或生产车间地板上发现的技能不同。由于需要在一个综合的方法内部调和差异，这意味着研究的进程在人工制品和参与形式之间含蓄地转换。尽管广泛的假设是技能和知识存在于离散的教育或专业领域中，但在不同的实践和人工制品之间的干扰，抵制着固有的边界或属性，"以动态的、局部的和可能矛盾的方式聚合和发散"。这导致了实践的对抗，比如唐纳德·舍恩（Donald Schon）的"严谨性或相关性"的困境，或者存在于理论概念化和情境行为之间的摩擦。实践的对抗也是一种漫无边际的协商，满足了跨学科工作者在有限资源的框架内就一系列广泛的相互关联的目标达成共识的需要。此外，对抗指出有意义的（相似性）和含混的（陌生性）人工制品类型之间的差异导致的不协调，类似于雷切尔·哈德利（Rachel Hurdley）和贝拉·迪克斯（Bella Dicks）所描述的"感觉上的亲近和模态距离之间的张力"[1]。这些干扰反映了变

---

① Rachel Hurdley, Bella Dicks. In-Between Practice: Working in the 'Thirdspace, of Sensory and Multimodal Methodology. *Qualitative Research*, 11(3), 2011. p.277.

革性工作在研究的偶发事件中不断变化的动态。

以民族志实践和归纳推理为基础的设计人类学，不仅为其他专家的活动提供了支持，还通过创建跨越现有障碍的新合作空间，影响了设计和创新实践。这为在新兴学科配置中操作的从业者提出了进一步的挑战，以发展对研究内容的本地动态的理解，例如方法和人工制品类型之间的相互关联的耦合。

通过这两个相互关联的例子（巴里的工作状态及其民族志描述），我已经展示了在新兴人工制品中的研究中介，同样适用于民族志和设计的实践。两个例子都可视为活动——独特的环境和机会塑造了参与的模式，这两个活动建立在参与的不同形式的相互作用之上。

表征法的构建和转换在不同的学科之间变得一致，在这种情况下，一个表征为另一个表征提供了一个特定的观点。这揭示了学科实践是短暂的，与如何操控正式和非正式结构之间的相互作用的诸多问题相连。工作方式不再依赖于分割的实践和知识，而是依赖于它们在相互交织、新兴的人工世界中的集体航向。如何在这动态的世界中，在技能、表征、实践未知的进展中，最好地自我定位和定位不同的群体，仍然是一个挑战。我们渴望知道方向或可能的方向，这使得挑战变得更为艰难。

参考文献

Barad, K. 2003. Posthumanist Performativity: Toward an Understanding of How Matter Comes to Matter. *Signs*, 28(3), 801.

Bendixen, M., and Koch, C. 2007. Negotiating Visualizations in Briefing and Design. *Building Research and Information*, 35(1), 42-53.

Carlile, P. 2002. A Pragmatic View of Knowledge and Boundaries: Boundary

Objects in New Product Development. *Organization Science*, 13(4), 442-55.

Cetina, K.K. 1997. Sociality with Objects: Social Relations in Postsocial Knowledge Societies. *Theory, Culture and Society*, 14(4), 1-30.

Cetina, K.K. 2001. Objectual Practice, in *The Practice Turn in Contemporary Theory*, edited by T.R. Schatzki, K.K. Cetina and E. Von Savigny. London: Routledge, 175-88.

Deleuze, G. and Guattari, F. 1988. *A Thousand Plateaus: Capitalist and Schizophrenia*, trans. B. Massumi. London: Athlone Press.

Fahlander, F. 2008. Differences that Matter: Materialities, Material Culture and Social Practice, in *Six Essays on the Materiality of Society and Culture*, edited by H. Glorstad and L. Hedeager. Gothenburg: Bricoleur Press, 127-54.

Farnell, B. 1994. Ethno-Graphics and the Moving Body. *MAN, Journal of the Royal Anthropological Institute*, 29(4), 929-74.

Gibson J.J. 1979. *The Ecological Approach to Visual Perception*. Boston, MA: Houghton Mifflin Company.

Halse, J. 2010. Programmatic Vision, in *Rehearsing the Future*, edited by J. Halse, E. Brandt, B. Clark and T. Binder. Copenhagen: The Danish Design School Press, 182-201.

Hasse, C. 2011. *Kulturanalyser i Organisationer: Begreber, Metoder og Forbloffende Lmreprocesser*. Kobenhavn: Forlaget Samfundslitteratur.

Henderson, K. 1999. *On Line and On Paper: Visual Representations, Visual Culture, and Computer Graphics in Design Engineering*. Cambridge, MA: MIT Press.

Hurdley, R. and Dicks, B. 2011. In-Between Practice: Working in the 'Thirdspace, of Sensory and Multimodal Methodology. *Qualitative Research*, 11(3), 277-92.

Iedema, R. 2007. On the Multi-Modality, Materiality and Contingency of Organizational Discourse. *Organization Studies*, 28(6), 931-46.

Ihde, D. 2006. The Designer Fallacy and Technological Imagination, in *Defining Technological Literacy: Towards an Epistemological Framework*, edited by J.R. Dakers. New York: Palgrave Macmillan, 121-32.

Ingold, T. 2000. *The Perception of the Environment: Essays in Livelihood, Dwelling and Skill*. London: Routledge.

Ingold, T. 2001. Beyond Art and Technology: The Anthropology of Skill, in *Anthropological Perspectives on Technology*, edited by H.B. Schiffer. Albuquerque: University of New Mexico Press, 17-33.

Levi-Strauss, C. 1966. T*he Savage Mind*. Chicago: Chicago University Press.

Louridas, P. 1999. Design as Bricolage: Anthropology Meets Design Thinking. *Design Studies*, 20(6), 517-35.

Miller, D. 2005. Materiality: An introduction, in *Materiality*, edited by D. Miller. Durham, NC and London: Duke University Press, 1-50.

Orlikowski, W.J. 2007. Sociomaterial Practices: Exploring Technology at Work. *Organization Studies*, 28(9), 1435-48.

Schmidt, K. and Wagner, I. 2005. Ordering Systems, Coordinative Practices and Artefacts in Architectural Design and Planning. *CSCW: The Journal of Collaborative Computing*, 13, 349-408.

Schon, D.A. 1983. *The Reflective Practitioner: How Professionals Think in Action*. London: Temple Smith.

Star, S.L. and Griesemer, J.R. 1989. Institutional Ecology, 'Translations' and Boundary Objects: Amateurs and Professionals in Berkeley's Museum of Vertebrate Zoology, 1907-39. *Social Studies of Science*, 19, 387-420.

Suchman, L. 1987. *Plans and Situated Actions: The Problem of Human-Machine Communication.* New York: Cambridge University Press.

Suchman, L. 2001. Building Bridges: Practice-Based Ethnographies of Contemporary Technology, in *Anthropological Perspectives on Technology*, edited by M. Schiffer. Albuquerque: University of New Mexico, 163-77.

Wallace, J. 2010. Different Matters of Invention: Design Work as the Transformation of Dissimilar Design Artefacts (PhD dissertation, The Danish School of Education, Aarhus University).

Wangelin, E. 2007. *Matching Bricolage and Hermeneutics: A Theoretical Patchwork in Progress.* Presented at Design Semiotics in Use, SeFun International Seminar/6th Nordcode seminar and workshop, University of Art and Design (UIAH), Helsinki, Finland, 6-8 June. [Online] Available at: http://www2.uiah.fi/sefun/designsemioticsinuse.html [accessed: 28 February 2012].

第十三章　技术中介的理论和形象

史蒂芬·多雷斯蒂恩

引言

　　人类的生活如何被技术改变，这是技术哲学的一个关键课题，尤其是在最近的以经验为导向的技术哲学以及相关的"科学与技术"研究的跨学科领域。这衍生出一些概念，这些概念不仅对历史和人类学的分析感兴趣，也对在设计里的应用感兴趣。比如布鲁诺·拉图尔（Bruno Latour）从人到技术的行动授权（delegation）的分析，比较了在心理学和设计学交互界面的若干观点：唐纳德·诺曼（Donald A. Norman）的"可感知性"（affordances），布莱恩·福格（B. J. Fogg）的"有说服力的技术"（persuasive technology），以及理查德·塞勒（Richard H. Thaler）和卡斯·桑斯坦（Cass R. Sunstein）的"助推"（nudge）。为了在设计中制造应用，对于用户研究和可用性工程来说，可行的是需要一个能收集不同概念和方法来处理用户对技术影响的框架。问题在于什么样的框架对此是最方便的。

　　技术中介（technical mediation）的概念已经成为衡量人类如何被技

术改变的关键概念。在拉图尔和唐·伊德（Don Ihde）的基础上，韦尔贝克阐述了可称为技术中介的哲学。然而，在伊德、拉图尔、韦尔贝克的著作中，技术中介并不是第一次提出，也不是唯一的概念。其他方法也产生了技术中介理论，或者至少提供了技术中介的例子。为了解决如何使技术中介研究适用于设计的问题，本章提供了来自哲学、媒体理论、人类学、行为科学等多个领域中技术中介理论的概况。为了能够利用不同的方法，本章将采用以实践为导向的人类学方法，呈现在交互模式模型中排序的示范性中介效应的汇编。

这样一种收集和阐明技术中介理论形象的方式，可以被看作是对韦尔贝克呼吁的一种（后）现象学方法相当激进的后续行动。因为这种方式欣赏技术，能够并且始终会产生不同于既定概念的惊人效果。无论是已经存在的还是正在设计的产品，由此产生的各种效果是作为一种工具来探索产品的中介效应的。

论技术中介

技术中介已成为当代技术哲学中的一个关键概念，如在韦尔贝克的《"物"能做什么》（*What Things Do*, 2005）中，技术中介对韦尔贝克来说意味着人类的存在总是与技术交织在一起。"世界在人类看来是怎样的"和"人类如何在世界上行动"（对世界的感知和在世上的行动）总是在或多或少地被技术所构成和转化。

韦尔贝克以实践为导向的技术中介哲学是在与海德格尔、雅斯贝尔斯、雅克·埃吕尔(Jacques Ellul)等学者对技术的敌对批判的讨论中提出的。他们的批判超越了与具体技术的探索，而寻求技术的本质。韦尔贝克拒绝这种他称之为"先验主义的"（transcendentalist）或"回眸式的"

（backward looking）方法。回眸式的方法通过揭示感性世界现象多样性背后的条件来研究现象和事件。根据韦尔贝克的说法,由于使用这种方法，新的技术现象往往与已经揭示的条件相一致。这样一来，一项新技术及其对人类的影响就很容易成为支撑技术本质理论的又一论据。这种方法忽略了与假定的技术本质不同的效果。其结果往往是对具体技术的偏见（不明确和完全否定）。

相比而言，前瞻性的（forward-looking）方法旨在以面值（face value）描述现象，而不是首先寻找现有理论的证实。它关注的是给已知的集合增添新的主题的效果。这种方法是为了复兴现象学的格言"回到事物本身"。在伊德之后，韦尔贝克称这种方法为后现象学（postphenomenology）。这种方法使人们能够看到技术和人类是如何共存的，并从它们的相互依赖中获得它们的特性。韦尔贝克的前瞻性技术中介哲学并不敌视技术，而是对技术的影响感兴趣。无论好与坏，技术已经塑造并不断改变人类的存在。

示范性技术中介效应汇编

韦尔贝克的中介方法与技术哲学思想史中的主流方法相对立，他反对回眸式的方法。尽管如此，我们还是可以利用今天的技术中介概念来回顾技术研究的历史。可以提出的问题是，被学者或技术所发现或承认的技术中介形象（figures）或示范性技术中介效应有哪些？我不认为中介方法和其他方法是对立的，这些方法只是对待技术的不同方式，并不存在非此即彼的关系。

我将把技术面值的本质主义和消极理论作为技术如何协调人类生存的一个可能的解释，这一解释有时确实会是主导观点。

虽然韦尔贝克和拉图尔倾向于制定最好的理论来捕捉事物的存在和影响，但我假设理论搜索本身就是生活实践的一部分，涉及应对事物和探索它们对我们的影响。我的建议和阿米利亚·亨纳尔（Amiria Henare）等人的人类学方法类似。他们提出一种方法，"其中'事物'本身可能支配多个本体。当他（拉图尔）向我们展示一种统一的、修正主义的事物理论时，我们主张一种可能产生多种理论的方法。可能并不是每个事物都像混合动力网络一样运作。[①]"

我不打算建立一个明确的技术中介理论，我打算收集学者们是如何设想技术的转化效应的典型描述。其结果不是一个综合的技术中介理论，而是一个技术中介的形象汇编。因此，我建议以人类学的方式对待我们自己文化中技术中介的不同概念，就好像它们是应对在不同文化中发现的技术方法一样。由此产生的方法可以称为理性人类学（anthropology of reason）：不是理论构建，而是对人们如何概念化事物的中介效应的探索，以应对它们，以适应它们。

因此，收集和阐明技术中介的形象肯定不会与韦尔贝克、拉图尔、伊德的路径冲突。这一方法赞赏并跟进了拉图尔识别不同的技术中介含义的方法，或伊德审视示范性概念的方法（如海德格尔的锤子或梅洛·庞蒂的羽毛）。事实上，赞成对事例的探索而非创建一种理论，可以被看作是对韦尔贝克的"前瞻性"方法（而不是回眸式的方法）的一个相当激进的深入。

---

① Amiria Henare, Martin Holbraad, Sari Wastell. *Thinking Thorough Things: Theorising Artefacts Ethnographically.* London and New York: Routledge. 2007. p.7.

模型：交互模式与示范效应

在对示范性中介效应的回顾中，我将使用一个简单的模型。这个模型反映了我的研究方法的存在主义、后现象学视角，即人们，无论是用户、设计师还是科学学者，是如何探索和构思技术对他们的存在产生影响的。我们的存在如何通过技术来调解被明确地描述为：中介的技术在哪里与人类接触，效果是什么？当一个人体被绘制时，中介效应象限的结果（可视化效果见结论，第293页）如下所示：

形而上（above the head）：关于技术如何在先验层面推动历史的观点。

在背后（behind the back）：技术环境间接地构成了主体性。

在眼前（before the eye）：技术与思想联系并影响决策。

作用于手（to the hand）：产生的影响通过与身体接触来运作，并指导姿态。

形而上

许多对技术哲学研究的典例，如海德格尔的著名论文《技术的追问》（*The Question Concerning Technology*），是说技术的本质是超越特定的、具体的技术。在这样一种抽象的哲学方法中，技术和人类之间没有明显的接触点。影响发生形而上的层面上。这一哲学方法值得赞扬，因为它首先发现了技术变革效应的重要性。此外，技术中介的抽象形象对于理解和批评（设计者、决策者、使用者）对技术的态度的评价是有相关的，且相关性会持续保持。作为技术中介的两个形象，我将从技术哲学史的角度讨论乌托邦（utopian）和反乌托邦（dystopian）的概念。

乌托邦：人类完成的奇迹技术

从启蒙运动到20世纪，技术作为一个整体的主导概念是非常积极的，有时是乌托邦式的。技术被视为灵丹妙药，准备好并等待被人类发现和发展。技术作为人类进步的必要中介的作用首先由恩斯特·卡普（Ernst Kapp）系统地发展起来。他将黑格尔的辩证法应用于人与技术的关系时，发现人类只有在技术扩展中的自我再现之后才能获得自我理解。骨架被看作是一种机制；心脏被定义为泵；现在大脑被比作计算机。技术中介的乌托邦形象是，技术是人类的完满所必需的奇迹手段。

现代技术乌托邦主义的一个例子是"跨人类主义者"（transhumanists）的运动，他们认为人类进化的下一步是将人类提升为一种后人类的赛博格状态。从字面意义上说，对于跨人类主义者而言，人类和技术的结合是完成人类次等生存方式的自然途径。韦尔贝克认为，跨人类主义者只对技术有工具性的理解，而忽略了中介效应。然而，人们也可以说，缺乏的不是承认中介的重要性，而是对技术奇迹的惊人信念，以及对人类生存的技术变革的矛盾心理缺乏敏感性。

反乌托邦：积累技术需要管控

在20世纪，核弹、环境问题、压迫性官僚制度的出现破坏了人们对技术奇迹的信念。人们震惊地发现，技术进步是有代价的。没有任何技术可以简单地解放人们，但技术似乎使人们产生依赖，掌控技术发展似乎很难。技术的总体概念从乌托邦转向反乌托邦。反乌托邦的示范性中介效应是，所有的技术都可能积累成一个支配人类的系统。

从乌托邦到反乌托邦的技术愿景逆转的典型案例是米歇尔·福柯（Michel Foucault）对"圆形监狱"（Panopticon）的分析。圆形监狱是杰里米·边沁（Jeremy Bentham）在18世纪末构想的一座环形监狱。圆形设计使人可以从中央瞭望塔进行无处不在的监视。边沁声称，他的想法是一项伟大的发明，可以用于任何需要审查的人。他兴奋地讨论了无处不在的监控作为社会的一般模式的想法：每个人都审查其他人。福柯和边沁一样对这个想法感到兴奋，但对福柯来说，就像对其他具有批判性思想的学者一样，边沁描绘的全景社会的乌托邦形象更像是反乌托邦的噩梦。

在背后

这个效应和下面的象限涉及具体的技术，而不是抽象地质疑技术与人类的关系。具体的技术可能通过直接的"用户—产品交互"来改变决策或身体姿态；或间接地影响，因为它是在背后的。在后一种情况下，技术可能构成一个环境，这个环境指导人类的历史，就像河床决定河流的流动，或者可能配置用户主体的自我意识。很明显，关于在设计中的应用，改变环境设置只能在有限的程度上。然而，探索技术背后的影响确实有助于把握趋同或冲突的趋势（converging or conflicting trends）。并且也可能有助于理解隐私和自由等概念是如何在与技术环境的相互作用中形成的：即用户主体的塑形（configuration of user subjects）。

社会技术演变趋势

技术对人类在环境中工作的一个影响是不同技术的共存和相互依赖。环境安排中的不同技术可以构成趋势趋同，或者相反，造成趋势冲突。一个例子是马歇尔·麦克卢汉（Marshall McLuhan）阐述的印刷术的发明与眼镜之间的联系。印刷术通常被认为是人类发展的重要一步，不仅是有学问的精英，而且整个社会都能识字。

但是麦克卢汉指出，如果没有同时出现可用的眼镜，印刷术就不可能取得这一成功。没有眼镜，很大一部分人口都无法阅读。眼镜的可用性是一个环境因素，没有它，印刷术就不可能如此成功，也不会对社会产生如此重大的影响。这两种技术都是同一趋势的一部分，即视觉在日常生活中发挥越来越大的作用。这是一种示范性的中介效应，可称为趋势趋同或强化（trend convergence or reinforcement）。

在印刷术和眼镜的案例里，两种趋势相互加强。但技术也会产生相反的效果：趋势冲突（conflict of trends）。汽车的历史提供了两个例子。汽车保证每个人都能快速发生位移。然而，汽车成功的一个结果是交通堵塞。这种效应，即超过某一点的技术（快速运输）的利好转化为它的反面（交通堵塞），被麦克卢汉称为过热或逆转。第二个与汽车有关的例子是由雷吉斯·德布雷（Regis Debray）提出的慢跑效应。汽车的可用性意味着人们不再需要步行，于是在闲暇时间，大量的人开始慢跑。这里也有两种相互冲突的趋势：一种是对速度和方便的渴望，但当二者被大大满足后，似乎呈现了与之相反的愿望，即保持身材匀称和健康的愿望。

塑造主体性

技术的另一个环境效应是技术安排如何塑造主体性。在现代哲学中，一个自觉的、自主的主体被假定为先天（a priori）。技术中介研究是当代思想的一条主线，表明自主主体不是一个普遍的、永恒的主体。通过对变化感（sense-ratios）的分析，麦克卢汉展示了写作的引入是如何重新塑造主体性的。随着脚本和阅读的出现，视觉以听觉和触觉为代价变得重要起来。他估计，电子媒体预示着今天的网络信通技术将引发新的变化。在脚本和眼睛的时代，主体脱离客观世界来分析它。在网络技术时代，随着听觉和触觉重新变得重要起来，这个学科将再次沉浸在世界中摸索。

福柯同样提出，道德意识并非普遍存在的，而是由包括技术在内的社会机器塑造的。他申明，现代社会以圆形监狱为标志性蓝图，典型的监视和控制正被人们内化，成为自我审查。这提供了一个模型来研究今天的技术如何重新塑造我们作为主体的意识，包括我们对自由和隐私的概念。例如，在荷兰，公共交通电子支付卡存在着争议，被批评为侵犯隐私。"只要你愿意，随时跳上跳下火车，付款就会自动进行，但入住和退房总是强制性的/强迫实行的"，这实为一种规训制度。不过，"行程计划、购票、列车内控制"是一种组织和执行行动的制度。从中介理论的视角来看，更有趣的是看隐私和自由体验没有被侵犯，而是被重新塑造。

在眼前

除了抽象和间接的交互模式之外，"在眼前"和"作用于手"的象限收集技术对人类的影响，这些技术通过产品和用户之间更直接的接触来运作。"在眼前"表示处理决策指定的中介效应，在这里可以使用更常见的术语，认知的和身体的互动——人类工程学（ergonomics）。由于直接、具体的"用户—产品"交互，很容易看到这些象限中的行为指导效应如何与设计相关。以工具的使用为例，在第一种情况下，认知互动是最重要的模式。在这种模式下，用户拿起工具，想想工具的用途，并根据他们的意图和需要使用工具。如有必要，在设计中包含对预期用途的暗示，可以帮助用户充分利用产品。然而在第二种情况下，人们可能会想到产品通常是如何使用的，而不会过多地去思考。这使人们认识到"人类—技术"交互在"作用于手"的象限中的重要性。但首先，我将描述技术对决策的示范性效应。

建议

"在眼前"的一种技术中介是给出产品可以提供给用户可能用途的建议（suggestion）。一个众所周知的，有助于我们通过认知建议来理解行为影响的概念是"可感知性"（affordance）。唐纳德·诺曼是认知人机工程学的先驱学者，他从环境心理学的角度出发，提出了可感知性的概念，并在设计的背景下展开论述。在应用意义上，可感知性是用户在感知产品时，识别出的使用行为可能性。可感知性的概念有助于分析按钮、手柄、显示器、仪表、肋拱等所有物理特征是如何与可能的动作、用途进行认知关联的。

诺曼的许多例子涉及门和开关。例如，诺曼讲述了一个人在欧洲邮局的两排门之间被夹住。门看上去是锁住了，但实际上那个人只是推错了一扇门。诺曼的做法不是责怪用户，而是指出手柄和门显然传达了错误的信号。在另一个例子中，诺曼描述了门自动打开时，人们是如何在火车上被绊倒，或者当人们确实期望门自动打开的时候，他们却撞到没有打开的门。根据诺曼的说法，在建议引导用户正确行为的意义上，可感知性是缺失的。诺曼提供了一个好的设计例子，汽车中的门把手，它利用了车门上适合人手的凹槽。门把手的设计准确地建议了人们解锁、开车门的动作。

说服

除了为恰当用途提出建议外，产品还可以说服用户改变行为。布莱恩·福格在"有说服力的技术"的概念下阐释了此效应。福格方法的核心是"关注的魅力"（取其修辞含义），这表明他专注于认知上起作用的效应，解决用户的决策。与建议相比，说服可以被描述为对行为的更强势的影响。一个例子是路边的记速器，它显示靠近的汽车的速度。这个设备不仅提供了关于速度的中立反馈，而且试图说服司机改变他们的行为，保持在限速范围内。

另一个主要属于认知互动范畴的概念是助推，这是理查德·塞勒和卡斯·桑斯坦在其享誉盛名的同名书中提出的。尽管从字面上讲，助推意味着很少的推动，因此让人想起身体互动，但书中提供的例子涉及技术在行动的前结构选择（pre-structuring choices）中起到的作用。例证之一是在学校食堂对食品的陈列。商品在陈列中的排列影响着消费者的选择。健康食品陈列在货架的正中，或快餐在正中，会产生不同的效果。塞勒和桑斯坦肯定，当这一点得到承认时，它必须成为一种设计考虑，特别是当它涉及诸如健康这样的共同的价值观时。

作用于手

行为的技术中介中一些最明显的例子来自身体行为指导。一些限制性技术很普遍，通常与安全、保障、健康方面的高风险相关，以围栏、锁等形式呈现。当行为不那么重要，或当缺乏对行为目标的共识时，为决策提供信息的认知指导似乎是设计师和决策者设想的主导选择。身体限制似乎被认为比认知暗示更令人不安。然而，从技术中介哲学的角度看，这并不一定正确。从身体胁迫（coercion）到协调后的姿态（mediated gestures），"作用于手"这一类别的示范效应各不相同。

胁迫

一个有助于探索这种身体影响的概念是拉图尔阐述的授权。许多日常产品对人类行为产生某些强制影响。拉图尔机智地讨论了让司机减速的减速带，确保门是锁住的门栅，酒店钥匙配有沉重的钥匙链，规训着（disciplining）客人将钥匙留在酒店桌上。技术伴随着脚本（script），像电影脚本帮助演员一样，技术引导用户。当产品引导人类时，拉图尔认为这意味着从人到产品的道德授权。显然，当行动从人类转移到事物上时，决策就会被推翻。典型的中介效应是，技术可以通过更强硬或更柔和的身体胁迫的形式来指导人们。

通常来说，技术中介连接着设计师和产品、产品和用户。技术中介的分析可以集中在产品影响用户的层面上，或者集中在人们通过技术来指导他人的层面上。拉图尔的方法确实考虑了角色的分布，但重点是产品如何影响用户。人们用技术指导他人的一个很好的例子是兰登·温纳（Langdon Winner）对通往长岛的立交桥的分析。建筑师罗伯特·摩西（Robert Moses）把这些立交桥设计得非常低，公交车无法通过，从而利用建筑作为其种族主义政治思想（远离黑人、穷人）的载体。温纳以此为例，表明人工制品具有政治性。

协调后的姿态

胁迫不是身体干扰的唯一形式。产品还可以构造姿态常规。像铅笔或自行车这样的产品是可以不假思索地使用的。如果一个人真的认真思考，作为产品的铅笔和自行车给人的体验是舒适协调和给人生机的，而不是让人受限制。然而，技术却确实限制或构建了人类活动。福柯对规训的历史研究，例如在学校学习写作，突出了许多日常技能依赖于过多的训练，而这些训练后来几乎都被遗忘了。通过训练，技术被"具身化"（embodied）了，就好像它们是我们自己的一部分一样。同时，这些技术引领并标志着用户不断发展的动作习惯。身体技艺（熟练使用自己的身体部位)和技术(人工的"具身化"部分）相互影响。

在一项关于日本草鞋（zori）的研究中，爱德华·特纳（Edward Tenner）指出，鞋类不会轻易地让行走变得更容易，但在这一过程中，特定类型的鞋确实改变了人们的行走步态，甚至改变了他们的足部形状。很难想象西方的徒步旅行者会在其他地区轻易赤脚走很远的路。很多练习和习惯是必要的，以改变从穿着鞋走路到赤脚走路或其他方式。此外，鞋的种类也标志着步行的风格。日本人经常因脚尖点地而被辨认出。特纳认为这种步行方式肯定与穿草鞋走路的传统有关：孩子们在学校不得不穿草鞋，至少是这种特殊行走技艺的形成和传播的部分原因。

结论

上文讨论的示范性技术中介效应汇编，可以归纳为一个模型：该模型和"汇编"收集了技术如何影响人类的概念。它不是一个终极的理论，而是描述了人类在应对技术的同时，如何探索和概念化技术的影响。这种方法被称为理性人类学、技术中介的概念化。作为对技术中介哲学的贡献，这种方法可以把不同时期和不同方法中的各种发现结合起来（图13.1）。

我试图结合和欣赏技术哲学中经常发现的关于技术的强烈主张、人

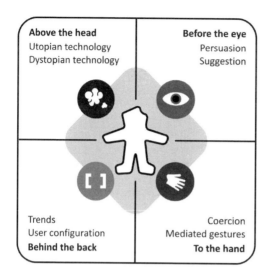

图13.1 技术如何影响人类的概念
化理解
图源：本章作者绘制的模型。

类学研究中常见的更微妙的分析，以及可用性设计中的操作概念。因此
不一定非要把收集到的不同概念认为是可以完美组合在一起的拼图部
件，而当某些部件无法拼嵌在拼图中时，就必须抛弃它们。相反，我允
许不同的观点保持竞争或显示重叠。因此，"形而上"的技术哲学分析
不需要被驳回，但它们必须辅以（在其他三个象限中）对更具体的互动
的研究。

　　"汇编"的预期功能是帮助设计师（也包括技术的用户和学者）更
好地意识到技术的变革效应。汇编可以支持以另一种方式思考的场景：
分析正在设计的产品如何改变用户，而不是用设计中的主导方法去寻求
为预先拟定的用户需求设计的技术方案。在这样的场景中使用该模型使
人们更好地意识到，往往有一种选择，一方面是身体的、直观的互动模
式，另一方面是认知的互动模式。这一模型不仅可以检验假定的普遍价
值观，而且可以评估产品如何与塑造和改变价值观的技术及社会潮流趋
同，从而让社会和伦理问题得以探讨。

致谢

感谢荷兰经济部、农业与创新部门的创新型研究项目 "集成产品的创造与实现"（Integrated Product Creation and Realization）的支持。

*本章初稿为佘雅迪译。

参考文献

Achterhuis, H. 1998. *De Erfenis Van De Utopie.* Amsterdam: Ambo.

Bentham, J. 1995. *The Panopticon Writings*, edited by M. Bozovic. London and New York: Verso.

Debray, R. 2000. *Transmitting Culture.* New York: Columbia University Press.

Ellul, J. 1964. *The Technological Society.* New York: Alfred A. Knopf.

Foucault, M. 1977. *Discipline and Punish: The Birth of the Prison.* New York: Pantheon Books.

Fogg, B.J. 2003. *Persuasive Technology: Using Computers to Change What We Think and Do.* Amsterdam and Boston: Morgan Kaufmann Publishers.

Heidegger, M. 1977. *The Question Concerning Technology, and Other Essays.* New York: Harper and Row.

Henare, Holbraad, M. and Wastell, S. 2007. *Thinking Thorough Things: Theorising Artefacts Ethnographically.* London and New York: Routledge.

Ihde, D. 1990. *Technology and the Lifeworld: From Garden to Earth.* Bloomington: Indiana University Press.

Jaspers, K. 1931. *Die geistige Situation dee Zeit.* Berlijn/Leipzig: De Gruyter.

Kapp, E. 1877. *Grundlinien einer Philosophie der Technik.* Braunsweig: Westermann.

Kockelkoren, P. 2003. *Technology: Art, Fairground and Theatre*. Rotterdam: Nai Publishers.

Latour, B. 1992. Where are the Missing Masses？: The Sociology of a Few Mundane Artifacts, in *Shaping Technology/Building Society: Studies in Sociotechnical Change*, edited by W.E. Bijker and J. Law. Cambridge, MA: MIT Press, 225-58.

Latour, B. 1999. *Pandora's Hope: Essays on the Reality of Science Studies*. London: Harvard University press.

McLuhan, M. 2003. *Understanding Media: The Extensions of Man*. critical edition by W.T Gordon. Corte Madera, CA: Gingko Press.

Norman, D.A. 1988. *The Psychology of Everyday Things*. New York: Basic Books.

Rabinow, P. 1996. *Essays on the Anthropology of Reason*. Princeton, NJ: Princeton University Press.

Tenner, E. 2003. *Our Own Devices: The Past and Future of Body Technology*. New York: Alfred A. Knopf.

Thaler, R.H. and Sunstein, C.R. 2008. *Nudge: Improving Decisions about Health, Wealth, and Happiness*. New Haven, CT: Yale University Press.

Tromp, N., Hekkert, P. and Verbeek, P.P. 2011. Design for Socially Responsible Behaviour: A Classification of Influence Based on Intended User Experience. *Design Issues*, 27(3), 3-19.

Verbeek, P.P. 2005. *What Things Do: Philosophical Reflections on Technology, Agency, and Design*, trans. R.P. Crease. University Park, PA: The Pennsylvania State University Press.

Verbeek, P.P. 2011. *De Grens Van De Mens: Over Techniek, Ethiek En De*

Menselijke Natuur ['The Limit of the Human Being: On Technology, Ethics and Human Nature']. Rotterdam: Lemniscaat.

Winner, L. 1986. Do Artifacts have Politics? in *The Whale and the Reactor: A Search for Limits in an Age of High Technology*. Chicago, IL: University of Chicago Press.

后记　乌托邦的物

佩尔·埃恩

那是1982年。我们在瑞典国家制图工会（the Swedish national graphic labor union）的会议室里，董事会正在召开。会议议程上似乎有矛盾之处，一个基于新计算机技术的乌托邦项目，以应用于技术性工作。作为项目负责人，我应邀汇报，并决定是否继续这个项目。我已陈述了未来的场景，但对许多参与者来说，这些场景是不确定的、抽象的、不真实的。有支持者也有反对者。董事会主席很是怀疑。我拿了一个塑料袋，里面有各种形状的木质鼠标（我们设计好的未来交互设备的模型）。会议的转折点是我把鼠标拿出后，让它们绕着桌子转。与会者非常渴望亲身体验。乌托邦式的未来不仅有形，而且可以想象。项目的后续事务在一片掌声中通过。一个事物（一个设计物品）的性能进入另一种事物（一个决策会议），并改变它的性能。

"后记"常常讲述后来发生的事。就这本书而言，它将讲述那些我们过去称为设计师和用户的人的命运。当然，这是一个正在发生的故事，并以许多不可预见的方式展开。作为个人的反思，我将从过去的事情出发；从四十年前，斯堪的纳维亚人开始的参与式设计和工作场所民主化的努力中出发。我的出发点是乌托邦，不过并不是一个快乐的乌有之乡，而是20世纪80年代初，技术娴熟的印刷工人与多样化的设计师和研究人员合作开展的"乌托邦项目"及其具体实验。这个项目是在有关工作场所民主化的论述和实践中进行的，尤其是在报业中关于在工作场所使用新技术的争议中展开。当时它有一个不同寻常的目标，针对技术性工作的工具，以及工作和产品的质量的技术设计，用今天的话来说，就是"由用户驱动的创新过程"（user driven innovation process）。为了跨越设计和使用之间的界限，以制图工人的职业潜力为基础，并对抗工作场所的管理特权，出现了一种设计方法，它以合作实践实验为中心，如"通过行动来设计"（实物模型和原型)和"通过玩耍来设计"(组织游戏和其他执行型干预）。这些实用的设计干预，在概念上反映了后期维特根斯坦的实用主义和非正统的解释。

设计被理解为一种语言实践和使用实践相互交织的参与性活动，而技能和创造力则是人类在实践中遵循的一种完全不可预见的规律。在设计过程中使用的人工制品被理解为"边界对象"（boundary objects），这一概念后来借用了苏珊·雷伊·斯塔尔（Susan Leigh Star）的观点，将不同的实践结合在一起。

在本书的语境中，有趣的是不仅要注意这一方法的持续相关性，还要注意它在当下，阐释了多少对设计、使用、技能的理解——既作为干预策略，如拍摄民族志和设计游戏；又作为重构关系和重塑假设的工具、概念、理论，如技术性实践的人类学理论，技术在生产和使用中的交流和人格，日常生活的感官和美学。在此后记中，我将反思在这不复存在的乌托邦项目中的种种挑战，思考接下来属于（of）日常生活，以及在日常生活中的（in）设计时刻。当然，我们应该清楚地看到，一个宏大设计项目的现代理念（不管它是不是乌托邦的）将不得不让位于更温和的设计干预，将许多设计推迟到实际的日常使用当中。然而，这一设计立场并不比前者所主张的工作场所民主化的政治性更少。在筹划有争议的事件，筹划相互关联的事物当中，依旧存在挑战。所谓事物的相连，并不只是存在于作为潜在的边界对象当中，还更多地存在于"物"当中，即古代北欧和日耳曼社会的统治集会，以及布鲁诺·拉图尔（Bruno Latour）的当代"事物哲学"将事物公之于众。我将探索设计的未来，将其作为人类和非人类的"事物"，如在集会、仪式、场所当中，分歧可以消除，政治决策可以制定。从更实际的角度来说，我认为我和同事们所参与的生活实验室，可能会为这种"竞胜的设计事物"（agonistic design things）打开一扇门。

对乌托邦项目的再思考

有没有一种基于制图工人的专业实践和兴趣的选择，让他们和工会可以为之争取？设想的是一个跨专业的民主合作的工作场所，在这里，制图工人使用先进的计算机辅助工具进行熟练的页面编辑和图片处理。

设计的挑战在于找到一种参与式的方式，既可以利用专业平面设计师的技能，也可以利用专业设计师和工程师的技能，也就是我们今天所说的交互设计师。这是我们的目标，但我们最初的合作范围更广，包括报纸和杂志在购买或使用地点的本地印刷，以及可以进行高级制图工作的本地数字制图工作室。这些场景，即我们现在所知的"按需印刷"（print-on-demand）和"桌面出版"（desktop publishing），这在当时是被认为不可取也不尽如人意的。在此我要提一下，这些活动是在多年前进行的，当时的个人电脑还没有图形界面，激光打印机在普通纸张上打印的产品还未进入市场。然而，在这些场景中——从自己动手的杂志，到博客，混搭，到各种跨媒体、跨用户/生产者/设计师的网络产品——没有一个场景能够真正预见到当代"用户兼生产者"的实践。

我们能从本书中设计人类学的主题和概念中学到什么，以作为当今反思乌托邦项目的批判？换言之，我将通过建立使用和生产的关系（人类学），建立设计和使用的关系（设计学），建立人与物的关系（哲学），来进行反思。

乌托邦的物

今天，我想我们可以说，乌托邦项目代表了一种强烈的以人类为中心的人与物的关系。从工具的角度来看，人们非常强调人和机器之间的区别。人类被认为是熟练的专业人员，配备了强大的工具，旨在提高人类的技能，使他们能够生产高质量的产品。这是一个比本书中韦尔贝克提出的"中介"的概念更狭隘的观点。一个不同于自动化人类技能的愿景，尽管它具有人文价值，但它同时减少了人与个体及其工具之间的人机关系，所有的能动性都归因于人类对工具的使用。隐藏起来的是人类生活世界里的物质性所起到的积极作用，更为复杂的"装配"（assemblage）、"混合"（hybrid）、"物"（thing）或"人类与非人类的集合"（collective of humans and non-humans）被认为是看不见的。从拉图尔开始，以科学和技术传统的视角重新审视乌托邦项目，我们可能会问，哪些人类和非人类的要素可以更好地包括在设计中。显然有人类的行为主体，如做无须技能（unskilled）排版工作的女性，威胁要接管熟练（男性）印刷工人工作的记者，理应是产品用户的读者和观众等。并不是说这些参与者被正式排除在外，而是人机交互的"专业制图工具"的设计视角使他们成为边缘参与者。我们囊括了传统的制图工具和材料，数字图形显示器、键盘、网络、激光打印机等技术，但并不是所有的日常物品都与制图活动交织在一起。尤其是这些"非人类"要素，被理解为没有代理的被动参与者。但如果设计视角是一个"设计物"？如我们这些追随拉图尔的人指出，人类和非人类是一个不断发展、不断涌现的集体，他们聚集在一起处理那些经常引起争议的问题。由于我们现在看到的"用户兼生产者"集体正在形成，这是否有可能让设计成为一个开放的空间？今天能否不把乌托邦看作一个设计项目，而是就印刷界有争议问题的持续"事物化"（thinging）？这样的物能被设计吗？

再设计乌托邦

作为一个设计项目，乌托邦采用了经典的参与式设计策略来调整设计和使用。潜在的未来用户（制图工人），与专业设计师一起被招募进来，设想未来的使用。从用户的日常工作实践和新的技术可能性出发，未来通过模拟和原型，暂时地被描绘出来。这些例子包括探索未来生产流程和相关能力的游戏，研究未来图片处理和页面制作的数字工作站模型，带有"桌面激光打印机"字样的纸盒，探索技术、记者、印刷工人之间如何分工的场景。在"设计人类学"和"科学与技术研究"两个学科语言中，人与非人的行为主体都参与其中，但设计的人工制品的主体却不被认可。

基于对这些原型的（prototypical）未来的体验，产生了对未来体系的要求，作为实际生产和实施技术、组织等各项协商的基础。也许受到雷德斯托姆的《决定性时刻》启发的读者，会说这些"时刻"是设计想象力的活动与创新的社会和经济逻辑相遇的时刻。

约翰·雷德斯托姆将设计和使用的区别问题化了，不管它是否具有乌托邦项目的参与性，设计和使用的区别都暗示着工业革命的怀旧。正因如此，设计和使用的区别与资本主义市场条件下的"决定性时刻"和特定设计形式有关。首先，作为从设计原型到（大规模）生产的过渡；其次，在购买时作为对使用的获得。设计被简化为生产和购买的物品。

从雷德斯托姆的视角来看，反思乌托邦项目中的设计，我们便会发现，随着时间推移，项目中不是只有一个，而是多个互相矛盾的，不同的"用户兼生产者"，以通常无法预见的方式执行他们的行为。在一个设计项目中，创造力不会被缩减为设计的时刻，生产方式也不会被限制在早期资本主义的工业模式中。但我们仍然无法摆脱这样一个问题：随着时间推移，这种"使用中的设计"（design-in-use）是否能够通过专业设计，以某种方式进行编排，以及怎样的价值观能够指导这样一个过程？如斯塔尔所言，应专注于正在进行和部分重叠的"基础设施建设"（infrastructruring）实践，而不是仅仅关注于基础设施（infrastructure）。"基础设施建设"涉及并交织着潜在的有争议的、先前的基础设施活动（如筛选、设计、发展、调度、执行），把日常的设计活动运用到实际使用之中（如中介、阐释、表述），以及"使用中的设计"活动（如改编、借用、裁剪、再设计、保养）。设计如何支持，以符合民主理想和挑战早期参与式设计的方式，编织到"基础设施建设"活动当中？这当然与参与、开放、可配置性、灵活性等不同的策略有关，也与治理有关。在罗尔夫斯塔姆和布尔的《用户的即兴与设计》中，提出了受欧盟宪法启发的，一个非常有趣的"辅助性设计"的民主理念，即"设计时刻"尽可能实时实地的展开。专业设计师成为（往往具有冲突的）制度想象的（富有创造性的）制度协商者；用户通过想象和改进，成为具体的日常乌托邦的最终设计者。我想，这符合上文所提到的"事物化"和"基础设施建设"的设计。为了更详细地探讨这个问题，我将把时间向前推进四分之一个世纪，从一个工业乌托邦转向"生活实验室""社会创新""竞胜的事物化"。

竞胜的事物

十五年前，有三十万居民的瑞典城市的马尔默陷入了危机之中。所有重要的产业都消失了。今天，它是一个充满活力的大学城，有越来越多的中小规模的信息技术公司，媒体和设计公司。它也是瑞典移民最多的城市，时而有种族冲突和暴力。

自大学城开放，十多年来我们开展了许多传统的"以工作为导向"的参与式设计项目。然而，在过去的五年里，我们的参与式设计研究小组越来越多地参与到社会创新的设计中来，这些挑战远远超出了传统工业生产和创新的核心。

在"马尔默生活实验室"（Malmo Living Labs），我们致力于同日常生活中足智多谋，但却被社会边缘化的人们一起设计。"生活实验室"的设计研究和干预措施与不同的设计方式产生了很好的共鸣，同时也挑战了使用与生产的关系（见英戈尔德为本书第一部分写的导论《用户—生产者的感知》）。

这就意味着要把设计理解为"一个持续的过程，被它相继产生的事物打断，而不是终止"，设计与使用是密不可分的，并以各种方式交织在一起；设计是具有不同时间特性，不断发展的实践；用户兼生产者的日常技能是根本的；创新不一定会成为新颖性（novelty）的问题。

当我们在发展"生活实验室"时，我们的目标是建立长期关系，让参与者能成为能动的共同创造者，让设计能够进入我们一起合作的人们的日常语境之中。这是与世界上其他两百多个生活实验室所不同的。在那些实验室中，用户通常被视为参与者，或只是参与设计过程以帮助激发用户需求。

我们以干预性、行动研究为导向的方法，探索创新作为未来的创造，探索创新作为历史和地理的现象。

作为对城市的干预，我们探讨实践中的创新是否可以是问题和可能性的开放空间（而不是把创新仅仅视作生产新奇产品以供销售）。与此同时，我们试图连接城市不同的部分，并在团队和能力之间建立桥梁。因此，我们探讨创新是否必须限定于特定的特权社会团体、专家、主要用户，或者创新是一种更民主的，理解未来的方式。

在实验室里，我们与大约五百名参与者，超过二十五个组织和公司一起进行了五十多个设计实验。在最初的两年里，设计实验的范围较小，重点是发展新媒体服务，以不同的方式加强文化活动和实践。在过去的几年里，我们把这个范围扩大到三个合作实验室，位于马尔默的不同地区。其中，一个实验室专注于有争议地区的"社会创新"和"协同服务"；一个实验室持续关注"另类文化产品"；一个实验室是"创客空间"，用户兼生产者可以在这里创造他们想象的原型。合作项目包括：与一个嘻哈的非政府组织的一代、二代移民合作制作音乐和游戏；与来自阿富汗、伊朗、伊拉克、波斯尼亚的妇女组成的非政府组织合作，提供社区服务；为一个年轻的独立电影制作人团队提供新的开放内容商业模式；为一个小型回收公司提供启动支持；为一个本地的社会创新孵化机构提供合作构想。

原型作为一种设计策略仍然是生活实验室"参与式范式"的核心，原型可以被认为是材料，就像乌托邦项目中的鼠标模型一样。更常见的情况是，原型用于对可能的未来进行更广泛的思考，例如试验和体验潜在的未来场景和业务想法——比如参与者能提供某个服务。重要的是，原型较少地关注设计师和用户的对话，而更多的是探索在不同的能动者和团体之间的合作潜能。

实验室和不同团体之间的参与和协作是一个自下向上的过程，但是它不是从一个预先定义的（pre-defined）项目开始，而是持续的、长期的"基础设施建设"的过程。这一"基础设施建设"是一个积极的过程，从基层开始，通过配对活动，在不同的利益相关者之间建立建设性的联系，并不断寻找新的可能的合作伙伴。嘻哈青年组织的例子可以说明这一点，通过与实验室"基础设施建设"的合作，他们开始与大学生合作研究。这引发了嘻哈组织同下述个体或团体的进一步合作：与一个制作电子音乐工具的小型互动设计公司合作；与一个开发制作嘻哈音乐特定技术的研究者合作；当地城市管理部门和一家运输公司为嘻哈组织提供音乐服务；与一家开发社区定位游戏的数字游戏公司合作；一所当地的学校进一步探讨这些游戏对该地区的影响。被瑞典社会忽视的（unseen）移民女性组织，发起了"为举目无亲的难民儿童提供烹饪和文化服务"。她们与城市管理者会面，与一家文化制作公司合作，与一家为难民儿童提供服务的公司交流想法，与商界女性一起开发创意等。在没有实验室设计师积极参与的情况下，这些进程也在合作伙伴的协作中持续进行着。

我们的参与式设计民主参考框架是尚塔尔·墨菲（Chantal Mouffe）

的"竞胜"（agonistic）方法。"竞胜的奋斗"（agonistic struggle）是充满活力的民主的核心。竞胜的民主并不以达成共识和理性解决冲突为前提，而是在通过热情的参与而团结起来的群体之间，提出一种声音的复调和相互有力但宽容的争论，这些都是政治行为，而且总是在霸权受到潜在挑战的背景下发生。在这一观点中，空间总是多元的，不同的视角面对彼此。民主设计的挑战变成了在霸权的斗争中赋予多种声音，与此同时找到了"宪法"，这有助于将敌对转化为竞争，从敌人之间的冲突转化为对手之间的建设性争议。这些竞争对手有相互冲突的利益，但也接受其他合理观点。这些活动往往充满了热情、想象、参与。因此，这些活动更像是有创造性的创新，而不是理性的决策过程。

人们可能会注意到，这种关于民主的"竞胜"的观点与早期斯堪的纳维亚式的参与式设计和为"工作中的民主"而奋斗的模式非常一致。但是，竞胜不同于走出工作场所，试图将争议公之于世，正如我们从"生活实验室"的经验中发现的那样——在实验室中，通过充满激情的参与来揭示利益相关者之间的差异的小规模实验，可以发挥激动人心的作用。

设计的"物"有时远非双方自愿。马尔默市发起了"社会创新的分布式孵化器"，通过草根组织、非政府组织、社会企业家、商业开发商、城市管理者、政治家、设计师和研究人员的合作而产生的设计的物，从根本上挑战了传统商业（business）利益的霸权观。现在，当非参与的（non-participating）商业行为人进入这个领域时，"设计的物"面临着被简化为通常的业务（business as usual）工作孵化器的风险。嘻哈青年组织和公交公司的合作揭示了一些有争议的问题，比如公交车可以是怎样的公共空间，以及二者对国际事务的不同看法。由移民妇女组

成的非政府组织和瑞典女商人之间的会谈，揭示了在做生意（business）
时，二者对个人和集体的概念完全不同的看法。更令人担忧的是，这些
移民女性如今生意上的成功（business success）引人注目，但她们受到了
威胁，她们的办公场所遭到了匿名的非参与者的燃烧弹攻击。

正如约翰·杜威（John Dewey）所指出的，在公共空间，民主的挑
战在于"公众"从有争议的问题中出现的可能性。我们发现，在民主化
面临风险的情况下，将设计环境（比如我们的生活实验室）看作是竞胜
的"基础设施建设"和"事物化"的过程以及公共空间，是有建设性的。
这有助于探索这些环境作为社会物质框架的有争议的问题及其序列，为
意料之外的使用做好准备，开辟新的思维和行为方式。

现在，距本文开头"人鼠（标）之间"的乌托邦项目已经有三十个
年头了。从那时起，我对人与非人的"物"的观点有了变化。在本书的
导论中，编者认为在与人合作的过程中，参与技能的发展有不同的认知
和行为方式，这对建立使用与生产、设计与使用、人与物之间更紧密的
关系至关重要。在我的乌托邦项目中，"设计人类学"是在一个竞胜的
事物化的参与语境中进行的。

参考文献

Binder, T., De Michelis, G., Ehn, P. et al. 2011. *Design Things*. Cambridge, MA:
MIT Press.

Bjerknes, G., Ehn, P. and Kyng. M. (eds) 1987. *Computers and Democracy: A
Scandinavian Challenge*. Aldershot, UK: Avebury.

Bjorgvinsson, E. 2007. Socio-Material Mediations: Learning, Knowing and Self-
Produced Media within Healthcare (PhD dissertation, Karlskrona, Blekinge

Institute of Technology).

Bjorgvinsson, E., Ehn, P. and Hillgren. P.A. 2010. Participatory Design and 'Democratizing Innovation', in *PDC,10: Proceedings of the 11th Biennial Participatory Design Conference*. New York: ACM press, 41-50.

Dewey, J. 1927. *The Public and Its Problems*. New York: Henry Holt.

Ehn, P. 1988. *Work-Oriented Design of Computer Artifacts*. Hillsdale, NJ: Lawrence Erlbaum Associates.

Ehn, P., Binder, T., Eriksen. M.A. et al. 2007. Opening the Digital Box for Design Work: Supporting Performative Interactions, Using Inspirational Materials and Configuring of Place, in *The Disappearing Computer*, edited by N. Streitz, A. Kameas and I. Mavrommati. Heidelberg and Berlin: Springer Verlag, 50-76.

Hillgren, P.A. 2006. Ready-made-media-actions: lokal produktion och anvandning av audiovisuella medier inom halso-och sjukvarden (PhD dissertation, Series 7, Blekinge Institute of Technology).

Hillgren, P. A., Seravalli, A. and Emilsson, A. 2011. Prototyping and Infratstructuring in Design for Social Innovation. Special Issue: Socially Responsive Design. *CoDesign*, 7(3-4), 169-83.

Latour, B. and Weibel. P. (eds) 2005. *Making Things Public: Atmospheres of Democracy* (Catalog of the Exhibition at ZKM, Center for Art and Media, Karlsruhe, 20 March-30 October 2005). Cambridge, MA: MIT Press.

Mouffe, C. 2000. *The Democratic Paradox*. London: Verso.

Star, S.L. 1989. The Structure of Ill-Structured Solutions: Boundary Objects and Heterogeneous Distributed Problem Solving, in *Distributed Artificial Intelligence*, vol. 2, edited by L. Gasser and M. Huhns. San Francisco: Morgan

Kaufmann, 37-54.

Star, S.L. and Ruhleder, K. 1996. Steps toward an Ecology of Infrastructure: Design and Access for Large Information Spaces. *Information Systems Research*, 7(1), 111-34.

Sundblad, Y. 2011. UTOPIA: Participatory Design from Scandinavia to the World. *History of Nordic Computing 3*, IFIP Advances in Information and Communication Technology, 350/2011, 176-86.

Wittgenstein, L. 1953. *Philosophical Investigations*. Oxford: Blackwell.

Index

abstraction 100
accident 30
action
    delegation of 281, see also Bruno Latour
    description of 144
    situated 178, see also Lucy Suchman;
        ethnomethodology
    social contexts of 13
    web of 144
action research 5, 196, 229, 303
activities 13, 14, 39, 61, 63, 64, 88, 93, 144,
        150, 162, 166, 210, 218, 220, 222,
        235, 236, 255, 276, 292, 303, 304,
        301
    collaborative 5, 162
    design-in-use 302
    everyday 2, 5, 95
    experimental 11
    healthcare 46
    improvisational 14
    infrastructure 302
    Participatory Design 235, 237-9
    participatory innovation 5
    perceptually engaged activities 269
    research 4
activity theory 4, 61, 254
act
    acquisition 125, 301
    concrete 118
    creative 14
    of forward compatibility 103
    of performance 14
    of perceiving 118
Adorno, Theodor 192, 203
Advertising
    image 118
aesthetics
    relational 112
    still life 115
affordance 87, 222, 248-9, 257, 289, see also
        user-friendly place
    differential 273
    Gibson's concept of 222
agency 35, 50, 214, 254, 300-1
    performative 301
Alberti, Leon Battista 138
algorithm 34
alteration 35, 146, 153, 271, see also practice
Ambient Intelligence program 220
analysis
    ethnographic 269

gait 83
Heidegger's analysis 213, 220
institutional 93, 95-6, 99
of organizations 97
of technical mediation 292
anthropological contribution to design 237
anthropologist 9
    design 239
anthropology
    as a way of doing design 241
    for 11
    philosophical 4, 208, 214 of 11, 208, 220
    of the senses 13, see also Design
        Anthropology
    University of Aberdeen, Department of 13
    with 11
anticipation 37
apparatus 27, 40
    distributive 193
    sensing 49
    societal 288
appearance 34, 119, 127, 129, 186
    public 199
apprenticeship 37
approach
    analytic 259, 260
    Cartesian 216
    design 138, 297
    dialectical 214, 218
    institutional 95, see also social sciences
    macro-level 222
    mediation 4, 219, 282, see also mediation
    object-orientated 6
    problem-orientated 1, 86
    sustainable 129
    synthetic 259, 260
appropriation
    everyday 298, 302
    local practices of 2
archaeologist
    thinking through drawing 139, 149, 152
archaeology 134, 136, 139, 141, 142, 144,
        146, 149, 150, 153
architect 38, 39, 42, 90, 138, 139, 152, 292,
        see also Alberti, Leon Battista
architectural design 35, 42, 134
    historian 138, 148, *see also* Evans, Robin;
        Hill, Jonathan; Rykwert, Joseph
    object 134, 138, 139, 142, 148
    story 139
architecture, *see also* physical object; things

brain
    implants 220, 285
Brunelleschi, Filippo 138
Builder(s)
    human 35
    medieval cathedral 37
building 35, 37, 38
    and designing as a form of play 235
    constructive connections 304
    Design Anthropology 209
    dynamic 134, 144, 163
    in archaeology 153
    material 232
    medieval 50
    occupation of 116
    one's own practices 49
    playing and 230
    practice of 232
    project 150, 152, 153
    regulations 95
    relations 2, 4, 5, 15, 47, 168, 300, 302, 306
    theory 283
    translation between drawing and 138, 139
business 306
    concepts 196
    interests 306
    models 304
capacities 217
    anthropological 9
    to perceive objects at a distance 27 Castelo
Velho
    site of 144, 150
catalyst tools 235
categories
    fixed 158
    non-fixed 7
    material entities 209, *see also* Design
        Anthropology
    of things 148
certainty 7
change 267, 273, 274, 287, 292
    behavioural 247-62, 291
    bodily 49, 50
    endogenous 97
    exogenous institutional 97
    organizational 174
    slightness of 163
    sudden 82
Chartres
    cathedral of 35, 38
character
    mediated 264
    defining 237, *see also* anthropology
    design objects 208, 214
    homogenous 150
    human freedom 219

of design practices 209
of impact things can have on human
    beings 223
of taking shape 209
projective 157
sensory 222
temporal 123
topian 78, *see also* utopia, place unfinished
    232, 237
children, *see also* interactive playgrounds
    designing with and for 227-46
    disciplining 255
childhood 230, 236-7
Chomsky, Noam 232 choreography 40, 43
    ontological 200
Christ's College Cambridge 28
chronocide 120-5
citizen 103, *see also* subsidiarity principle
    103-6; subsidiarian design 103-5 closure
1, 39, 40, 42, 86
coalition 304
co-creation 179, 302, *see also* interdependency
    of identities 179
cognition 177, 182
cognitive approach 232
collaboration 304
collaborative design 158, 236-7
    initiatives 304
collective
    conceptualization of individual and 306
    navigation 277
    of humans and non-humans 300-1
        emerging 301
    ordering of life 70
    sense-making 70
comfort
    conceptualizations of 10
    parameters of 160
    temporal dimensions of 166
common ground 233, 236
communication 11, 179, 233, 251, 266
communities 96, 97, *see also* endogenous
        institutions
    local 5
communities of practice 61
company and university partners 164, 166,
        168, 228
complex 35, 72
    assemblage, 300
    interactions 235
    milieu 128
    relationships 144
    responsive processes of relating 174, 175,
        179, 182, 187
    role of collaboration 241
    settings 200

physical 248, 269
smart 220
social
technological 285, 287
environmental
conditions 34, 178
perception 50, 57
policy 2, 96, 105, 285, 291
equipment 37, 195, 209-14, 220, 233, 235,
237, 266
ethical domain 219
ethnographic
fieldwork 227
practice 9, 13, 17, 227, 271, 276
studies 10, 46, 199
ethnography 9, 13, 46, 63, 227, 228, 264-79,
298
of the modern job 46, *see also* Julian Orr
ethnomethodologically
informed design 228-9, 239
informed fieldwork 227
ethnomethodology 178
etymology 26
Evans, Robin 138, 139
event(s) 14, 64, 80, 90, 102, 125, 195
artefact 271
communal 199
controversial 298
design 200, 266
as a form of fieldwork 232
emergent 184
investigating 282
materially-mediated 266
of deposition 148, *see also* use of
architecture
participatory 298
everyday 1, 2, 5, 6, 10, 14, 40-41, 57, 63, 162,
236, 298, 302
aesthetics of the 13, *see also* Design
Anthropology
and design 63, 236, 302
contexts 46, 304
encounters 168
interactions 113
fabric 110
life 10, 13, 40, 42, 46, 64, 80, 87, 260,
298, 302
objects 300
of the design process 63
practices 110, 113-5, 128, 160, 196, 301
products 291
skills 292, 304
things 40
world 74
evidence, 46, 116, 134, 136
accounts of 134

archaeological 116, 139, 144, 149, 153
fragmentary 136
prehistoric 136
evolution 32, 34, 103, 116, 219, 247, 255
human 218, 285
socio-technical 287
excavation 142, 144, 146, 149
of possibilities 9
post- 142
process 142
exchange 196, 199
and mutual validation 181
and personhood in the production and
use of technology 13, 298, *see also*
Design Anthropology
between producers (sellers) and
consumers (buyers) 196
form of 14, 197
market 196, *see also* art; technology
mechanism 95, *see also* institutions
objects 199
exclusion 181, 184, 187, 300
exercise 232, 233, 239
building 232
control 95
institutional 103
of reason 28
refitting 152
tangible 113
exhibition
Heaven and Earth: Richard Long,
Retrospective at Tate Britain 88
Visual Voltage 113-5
Expectations
disrupting 114
embedded 13
exaggerated 236
experiments 166, 249, 297, 304, 304, 306
breaching 46-7, 73
health 53
experience(s) 15, 52, 80, 87, 112, 114, 116,
118, 134, 148, 160, 164, 166, 178, 197,
208, 210, 217, 218, 230, 164, 274
background of our 218
bodily 182, 186
direct 297
embodied 178
extreme 82
flow 80, *see also* friction
human 40, 125
individual 46
nature of 28, 30
non-visual sensory channels, in 118
of ourselves 57
post-design 148, 153
subjective 192

tactile 115
taken-for-granted aspects of 6
expert28, 112, 239, 304
    hands of 122
expertise 112
explanation 32, 34, 134, 142, 149, 187
expression14, 63, 72, 184, 192, 247
    artistic 112
externalizations 216, 217, *see also*
      technologies; Andre Leroi-Gourhan
eye 39, 52, 216, 222, 288, 289-6
    bird's 141-2
    human 216
    mind's 32
    observant 37
    workings of 32, 34

Farnell, Brenda14, 273
features 200, 203
    architectural 142, 144
    intertwining 144
    physical 289
    product 127, 193
    tangible 197
feelings
    activating 251
    bodily 40
      and numbers 53, 55
    of emotions 182
    field 256, 281
    empirical 276
    environmental psychology 289
    interdisciplinary 281, *see also*
      interdisciplinarity
    material 232
    of design 247
    of persuasive technology 253
    of system dynamics 256
fieldwork 227-8, 269, 276
    anthropological 237, 241, *see also*
      crafting potentials
    classical 239-241
    collaboration in 241
    design anthropological 228, 241
    design as a form of, 232, 237-9
    ethnographic 227
    incompleteness of 241
figures 42, 97, 203
    human 138
    of technical mediation 281-30
fixity
    avoidance of 5
flexibility 1, 5, 78, 86, 103, 197, 302
    diminishing interpretative 5
    flow 6, 10, 13, 37, 43, 80, 100, 125, 166,
      168, 287, 301, *see also* transitive relations,

relational building
continuous 125
experience 80
friction and 90
material 162
non-verbal processes of 10
of action 43
of dialogue 168
of movement14, 42
of unfolding artefacts 269
of work 268
ongoing 6, 162
smooth 193
fluctuations
    bodily 53, 55, 56
    environmental 2
fluidity 2, 6, 9
Flusser, Vilem26, 42
Fogg, B.J. 222, 251, 253, 279, 291
food26, 118, 120, 247-62, 291
foresight 1, 2, 32, 37, 38, 78
anticipatory 40, 42
form 5, 6, 26, 32, 34, 38, 39, 42, 57, 61,
      110-29, 134, 136, 142, 146, 157, 158,
      160, 162, 164, 166, 168, 169, 174,
      181, 192, 195, 196, 197, 216, 230,
      232, 235, 237-9, 255, 266, 276,
      292, 298, *see also* fieldwork
handbook of architectural 136
historical 192-204
life 136
nature of 267
never changing built 134
of bricolage 269
of human existence 285
of inhabitation 149
of knowledge 139
of mediation15
of notation 269
of organ replacement 216
of physical coercion 292
optimal 123
regularity of 34
relational 112-3, 116, 122, *see*
also
    Bourriaud, Nicolas
sequence of 144
static 148
    theory of 112
Foucault, Michel 196, 287, 288, *see also*
    Jeremy Bentham; idea as invention
frame working, *see also* Design Anthropology
    13, 241
    critical holistic 237
framework(s) 7, *see also* Design
    Anthropology

110
movement between kindergarten, office
and 168
human(s)
behaviour 97, 125, 222, 247, 251, 255
beings 4, 208, 209, 214, 216, 217, 218,
219, 220, 222, 223, 247
existence 209, 210, 213, 214, 218, 220,
223, 281, 282, 283, 285,
figures 138
interaction 95, 174, 178, 179
organism 216
technology relations 208, 216, 219
humanity 218, 285, 287
and technology 217, 218
dead 136
in design 208-25
Husserl, Edmund 181-2, *see also*
Phenomenology
hybrid 300
approach 214
program 61-2, 74
hybridity
position of 217

ice 82
ice-cube mould 128
idea 57, 61, 46, 63, 72, 73, 123, 146, 148, 152,
163, 219, *see also* design ideas; form;
Temporality
and object 139, 144, 146
as invention 287, *see also* Jeremy
Bentham; Michel Foucault's analysis
of the panopticon 287
Chomskian idea 232
democratic 302
drawing forth, of an 138, *see also*
drawing a line
great divide 38
modern 298
modernist 219
-object 134, 138, 139
of a retail chain 197
of design 74
of designers role 2
of dominance 63
of market exchange and institutions 199
of meaningful relationships 2
of measurable time 125
of medical adherence 57
of play 235
of prehistoric evidence as the fossils of
dead humanity 136
of prototypes as provotypes 157
of provotypes 160
of skilled designers 73

of skilled practitioner vs. passive
consumer 2
of skilled user 63
of succession in simultaneity 125
original 134
outcome 146, *see also* concept of design
phenomenological 218
philosophical-anthropological 214, *see
also* dialectics; relations between
humans and technologies
that people behave rationally 249
ubiquitous surveillance 287
identity 47, 49, 56-7, 175, 181
brand 118
co-creation of 179
common 233, 235
defining status
241 loss of 192
professional 106
projecting 57
user 174-90, *see also* social interaction
Ihde, Don 218, 269, 281, 282, 283
illustrations 138, *see also* Vitruvius
image(s) 10, 113-20, 148, 152, 181, 217, 236,
237, *see also* Weltanschauung;
Hybridity
-as-definition 120
horizons of 166, 223
of scientific reason 35
operative 97
Paley's 32
self-image 106, 219, 287
imagination 2, 34, 39, 78, 86, 301-4
design 301
designer 78, 241
institutional 302
personal 87
imaginings 2, 10, 90, 297
impact 115, 148, 196, 288, *see also* image
anthropological 220
of context 178, *see also* intersubjectivity;
Schutz; Dourish
of designed artefacts 220, 222, 223,
247-62, 281-95
of user interaction 175
implementation 38, 47, 301, *see also* future
projections
improvisation, 6, 14, 39, 42, 43, 86, 87,
150, 160, *see also* building project;
patterns of fragmentation; playing out
of time; building project; occupation
movement of, *see also* movement
skills 5
user 93, 102-6, *see also* institutional
mismatch
improvisational theatre 174

modern, 35
of designers 10
mind's eye 32, 34
of Dawkins 34
model(s)
behavioural 160
design 105, *see also* Erik Stolterman
of behaviour 34
of care 46
of classical order 136, *see also* principles
of
organizational 97
sender-receiver 179
Stolterman design 105, *see also* Erik
Stolterman
technoscientific 9
Moholy-Nagy, Laszlo 123, *see also* Bauhaus,
the
mnemonic devices 9, 168
moments
decisive 192
of design 203
defining 162, 174, 301
of purchase 122, 199
present 182, *see also* George Herbert
Mead
research into 146
uncomfortable 73
motion 123, 125, *see also* movement
movement
as found, the 153
dynamic 5
forward 6, 162, *see also* skilled
practitioner
gestural 5
of designing and using 5, 6, 14, 169,
see also concept of rhythm
pedestrian 42
mutations 35

natural selection 32, 34, 35
nature
mirror of 34
physis (nature)217, see also poiesis;
distinction between *techne* and *physis*
woven 144, *see also* conditions
narrative 162, 166, 169
of anticipated use 40
open 157, *see also* provotypes
needs
identifying user 57, 158
social and physiological 50
subsistence 199
user 294, 304
negotiation(s) 87
rules are open to 43

neighbourhoods
collaborative 304
disputed 304
new media services 304
NGOs 304, 306
non-humans 301
Norman, Donald26, *see also* ease of use
Norwegian school of Management 195
notation(s) 10, 223, 271, *see also* material
score
graphic 273
lines of influence 271
musical 223
particular form of 269
to document ethnographic observations
264
number(s) 49-55
external 50, *see also* visual perception
generated by medical tests 52
perfect 56
relationship with the body 52

obesity 228
object
-centred sociality 200, *see also* social
relations; wares
contemplation of 127
dynamic 128
epistemic 199
extended range of 148
lives of 110
original 122
perfect 150
personal 110
physical 136, 141
salable 192-204
social 184, 186, 187, *see also* George
Herbert Mead
static 113, 127-8
objective 52
and subjective 248
theme 181
world 288
observation(s) 9, 125
ethnographic 269, *see also* a particular
form of notation; material score
as form of engagement 9
is not detached 9
field 166
part of transitional practices 9
participant 239, 116
self-(sso) 64
self-reflective 63
systematic 34, see also Systemic Self
Observation (sso)
observer

of environment 57
of health 50
of inhabitation 153
of self 53, 56, 57
of user-producer 24-44
skilled 47
user 248
perceptual acuity 11
performance 297
and design 232-3, 235, 237
improvised 43
innovative 96-7
ontological 200
skilful 40
person
hard of hearing 63
personhood 4, 13, 298, *see also* Design
Anthropology
perspective 264, *see also* Design Anthropology
anthropological 13, *see also* Design
Anthropology
childrens 236-7
critical holistic 227
design 300
designers 235
dialectical 217, *see also* Arnold Gehlen
dual binding of 139
ethnomethodological 61, 73, *see also*
Harold Garfinkel
exploration-orientated 158
geometrical 139
humanist 138, 298
institutional 93
mediation 289
of the user 174, *see also* user; skilled user
participatory design 232
phenomenologist 177-9, 283
Redstrom's 301, see also Johan Redstrom
requirement-orientated 158, *see also* user
centred design
social interactionist 182, *see also*
complex responsive processes
tool 300
transhumanist 285
visual 50
phenomena
cultural 181
emergent 237
physical 125
socially constructed 254
technological 282
phenomenon 63, 74, 249, 259
phenomenologist 175
philosophy
classical 213, see also Martin Heidegger
history of 208

modern 288
of contemporary technology 222, 281
of design
of technical mediation, see also Bruno
Latour, Don Ihde and Peter-Paul
Verbeek
thing 298, see also Bruno Latour
Western 208
photograph 116
architectural 116
Polaroid 152
place(s) 78
user friendly 87, see also affordances;
James J. Gibson
speeding through 88, see also transport
plan, see also drawing
blueprint 139, 200, 288
composite 144
copies of 142
deconstruction of 112, 139
planner 42
plate 251, 260
play
as design 236-7
building as 230, 235
children's 228-33, 235-41
culture 228
design as 230, 235
relationship to design 235
scenario- 232-3, 235
playground(s) 232-5, 237, 241
as a stage 230
future 230-304
interactive digital 227, 228,
232
poiesis 213, 217, *see also* Martin
Heidegger;
metaphysics
point-of-purchase 120, 192, 301
points of application 222, *see also* human-
product relations
policies 1, 103-4
possibilities 304
excavating 9
future 160
technical 301
potentials 2, 10, 157
crafting of 6, 57, 169
designing 227-46
innovation 10
pottery 150
power
bargaining 193
explanatory 32
imperative 201, *see also* design of
products

development 230
high-fidelity 158
imperfect 158
low-fidelity 158
prototyping 157-72
as design strategy 304
traditions 158
provotype 157-72
ethnographic public
and private sectors 1
controversies 306
design 78
space 306
universal 112
purpose
evolving 39
future 32
one 90
Pye, David 26

quality
and trust 195
indicators of 197
inherent 193
of design processes 223
of life 123, *see also* industrial revolution
of the conversation 181
spatial 148
standardized 95

rationalism
industrial 120
rationality 102, *see also* institutional set-ups
endogenous 106
reality 116, 120, 136, 139, 142, 210
experience 218
in which people live 153
of not knowing 166
of past practice 144, 148
relationship between humankind and 219
relationship to 218, *see also* Don Ihde
reception
of architecture in archaeology 136
of the project 241, *see also* George
Marcus
record
material 139
past 138, 139, 142
written 136
re-design 302, *see also* design-in-use
activities
Redstrom, Johan 150, 153, 157, 301
reflection 6, 27, 187, 235, 260, 297, 304
and action 184
-in-action 9
moments of 114

provoke 160
reframe 6, 7, 9, 10, 15, *see also* Design
Anthropology
reframing 232, 236-8, 298
design 232-6
relations 168
relation(s)
alterity 218
background 218
between anthropology and materiality
208-25
between artworks and use objects 213,
see also Martin Heidegger
between theories of optics and painting
138; *see also* Brunelleschi; drawing
architecture
between using and producing 1, 2, 15,
300, 302, 306
between designing and using 15, 160,
166, 169, 239
building 2, 4, 47, 168, 300
embodiment 218
engage in 210
fossilized 127
hermeneutic 218
human beings and technologies 208
human-machine 300
human-product 222, 223
human-technology 208, 216, 219
human-thing 4, 214, 223, *see also* tension
maintaining 57
meaningful 87
with the environment 88
multifaceted 208
of mediation 218, 220, *see also* approach;
Martin Heidegger
people and things 15, 241, 300-1
political 103-8, *see also* subsidiarian
design
reframing 168, 298, *see also* reframe;
reframing
social 9, 47, 57, 122, 166, 169, 199, 200,
201, 214
trading 193
transitive 6
relationship(s)
between design and use 134, 148
between organic and technological 216,
see also Herman Schmidt
between the human organism and
technology 216
complex 144
dynamic 113
interpersonal 251
long-term 304
of cause and effect 146

playing out of 13
scale 144
span 53
studies of 122
unfolding 4, 125, 127-8
tool 7, 158, 210, 213, 214, 216, 247, 289, 298, *see also* Ernst Kapp; work; intelligence; device
  catalyst tools 235
  concept 9
  generative 230, 232
  for skilled work 297
  functional 213
  making of 214
  of measurement 53
  of science 123
  perspective 298-9
  physical operation of 216
  reflective tools 168
tool-kit 230-231
trace(s) 168
  deliverables 13
  of practice 129, *see also* abstraction
traceurs
  urban 87
trade
  discourse of 196
  fairs 199
  world 192-3
tradition(s) 97, *see also* endogenous institutions
transformation 1, 6, 7, 9, 10, 13, 56, 57, 120, 168, 187, 264-77, 285
transition(s) 9, 10, 15, 213
  between design and use, *see also* act of acquisition 125
  from passive to active 46
transitional practices 9
transitional state 4
translation 233
  between drawing and building 138
transport 88
transportation 219
trap 26, 42
triangulation 13
Turnbull, David, 35, 37, 38
typographers
  skilled 297, 300, 301

uncertainty 96, 166
  workmanship of 7
understanding
  aesthetic 118
  processual 7
  relational 112
  scientific 15
unfolding

inquiry 266, 276
practices 127
processes of becoming 113
processes of designing 168
processes of time 120, 125, *see also* time, temporality
situations 55
story 297
transformation of processes 120
use 125, 306
universes
  and rules for play 230, 235-6
  emergent 232, 237
use
  configurations 220, *see also* Ambient Intelligence
  program dichotomy 110
  objects 208-13, *see also* equipment
  of architecture 148, *see also* events of deposition
  ongoing continuity of 6
  practice 228, 236-7, 298
  situated context of 86
  tool 289
  unexpected 306
user(s) 1, 9, 57, 46, 88, 102, 103, 105, 110, 248, 254, 292
  and object 188
  and product 257
  as active participant 158
  creative 148
  decision-making 291
  democratic technological solutions for 228
  design 106
  driven innovation process 297
  end- 127
  friendly 86-8
  identity 174-88
  improvisation 93-106
  influencing effects 281
  involvement and design 61, 227, *see also* Participatory Design
  hearing aid 175-6
  lead 112
  needs 158, 294, 304
  participation 228
  passive 146
  potential 301
  practices 223, 233, 236, 239, 241
  product-interaction 254, 257, 260, 287, 289
  producer 24
  requirements 158
  research 281
  skilled 63, 174